旅游高等职业院校精品课程系列教材

大数据分析与旅游市场营销

DASHUJU FENXI YU LÜYOU SHICHANG YINGXIAO

李建涛　冉桂林　侯红山 / 主　编
李得发　刘　军　蒲成林　冯雪珊 / 副主编

中国旅游出版社

旅游高等职业院校精品课程系列教材编写指导委员会

主　任：陈　敏

副主任：郭　君　柏文涌

委　员：肖泽平　曾声隆　袁昌曲　郭艳芳　谢　强　何守亮
　　　　高　翔　于才年　刘大龙　陈　泉　代　银

《大数据分析与旅游市场营销》编委会

主　编：李建涛　冉桂林　侯红山

副主编：李得发　刘　军　蒲成林　冯雪珊

前言
Preface

随着大数据、人工智能等新技术在各行各业的赋能，互联网巨头大力布局各产业，给旅游市场营销带来了新的挑战和机遇。急需培养适合大数据时代下的营销人才，以符合现代旅游市场发展的需求，也顺应数字经济发展的需求。

本教材以党的二十大精神为指引，贯彻立德树人的根本任务，紧跟高等职业教育"三教"改革的步伐，紧扣旅游行业新技术、新规范、新标准的发展变化，针对"大数据"背景下旅游市场营销的岗位的实际需求，重点让学生掌握数据获取的流程、方法，数据在市场营销各个环节的使用方法，从而能够胜任互联网背景下运用大数据进行旅游市场营销岗位的系列工作。

本教材的内容编排科学、实用性强。在编写过程中，以职业教育的类型特色和学习者的学习认知规律为基础，设置两个部分：认知篇和应用篇。认知篇主要让学习者认识大数据分析和旅游市场营销的理论基础。应用篇要求学习者掌握每个项目模块各任务点的知识、素质、能力、技能。能够完成项目实训的相关内容。

本教材逻辑清晰、科学性强。我们紧紧围绕智慧景区专业人才培养中，景区欠缺的大数据、大旅游背景下营销工作任务及配套能力培养的难题。结合智慧景区开发与管理专业教学标准要求，在内容上以专业学生将来要从事的相关工作内容和本专业教学所要求的知识、能力、素养标准为依据进行了必要的整合。教材采用学习目标、情境案例、讨论与思考、项目测验、技能实训的栏目设置，突出了对素质的夯实、技能的训练、知识的运用及其提升，以求更加贴近岗位的实际并及时做好复习巩固。

本教材案例与情境多元，符合学生学习习惯。顺应国内外教材案例化的发展趋势，加大教材案例化的程度，各模块内容均由情境案例导入，引导学生通过典型案例、新闻报道、行业趋势等进行分析、思考与练习，加强学生理论与实践相结合的能力，体现职业教育类型特色和高职教材建设的方向。

编写过程中由于时间比较仓促，加之能力有限，书中的疏漏在所难免。恳请广大师生读者不吝赐教，以便今后不断完善。

目录 Contents

第一部分 认知篇

项目一 大数据分析 / 002
任务一 大数据及大数据来源 / 002
任务二 大数据分析 / 010

项目二 旅游市场营销 / 022
任务一 市场与市场营销 / 023
任务二 认识旅游市场与旅游市场营销 / 026
任务三 大数据时代背景下旅游市场营销 / 038

第二部分 应用篇

项目三 大数据分析与旅游市场营销环境分析 / 048
任务一 旅游市场营销宏观环境 / 052
任务二 旅游市场营销微观环境 / 062
任务三 大数据分析在旅游市场环境的应用 / 069

项目四 大数据分析与旅游消费 / 088
任务一 旅游者消费行为概述 / 090
任务二 大数据分析旅游消费信息 / 107
任务三 大数据助旅游消费市场定位 / 118

项目五	大数据分析与旅游产品市场	/ 125
任务一	认识旅游产品	/ 127
任务二	大数据下的旅游产品生命周期	/ 136
任务三	大数据服务旅游新产品开发过程	/ 145
任务四	大数据服务旅游产品的定价过程	/ 153

项目六	大数据分析与产品分销渠道选择	/ 163
任务一	旅游产品分销渠道概述	/ 163
任务二	大数据分析与产品分销渠道	/ 173
任务三	大数据在旅游分销渠道中的应用	/ 193

项目七	大数据分析与产品促销策略	/ 209
任务一	旅游产品促销	/ 209
任务二	旅游产品促销方法	/ 239

项目八	大数据营销管理	/ 261
任务一	大数据时代的营销管理	/ 261
任务二	大数据时代下的营销团队管理	/ 271

参考文献 / 277

第一部分

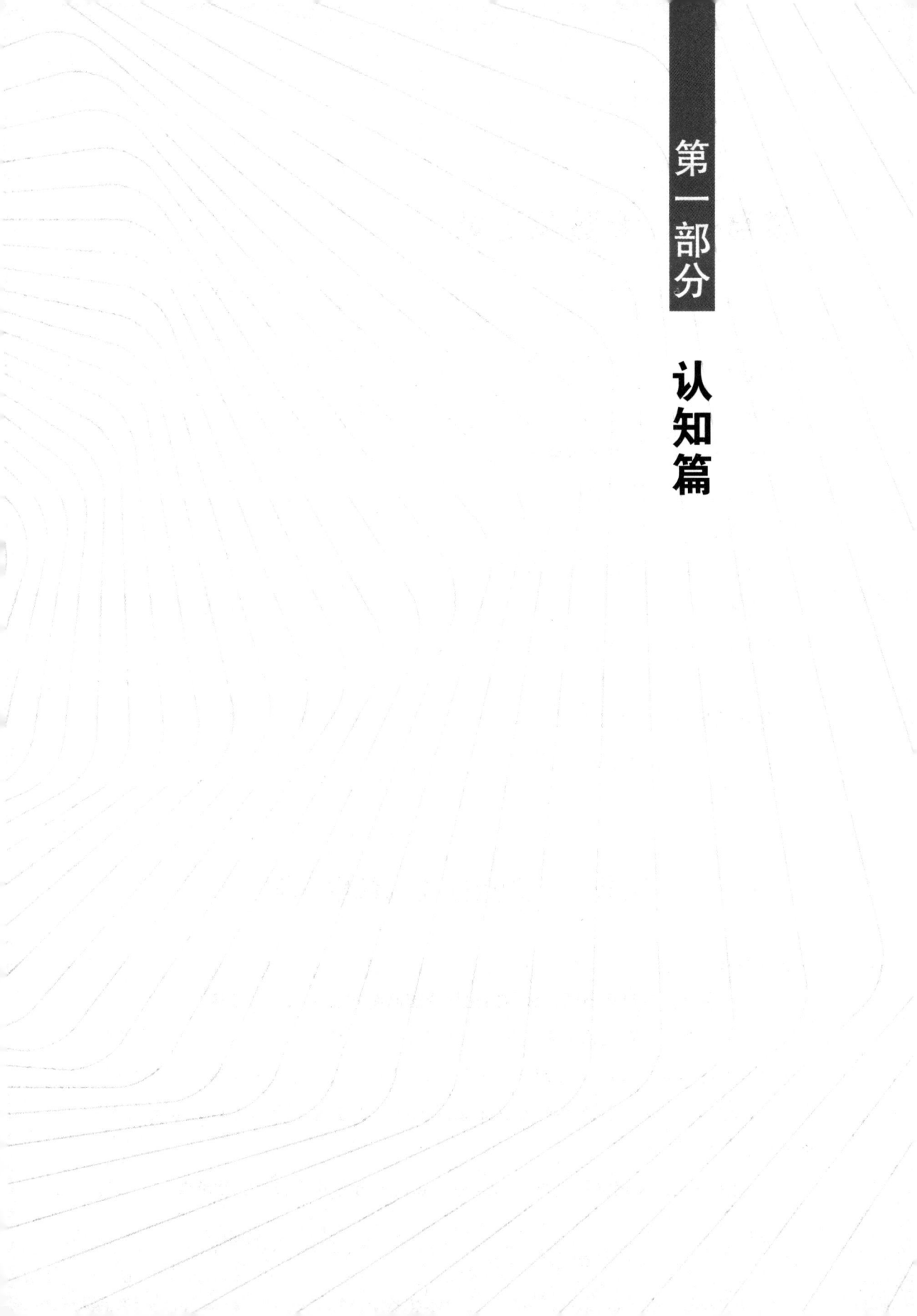

认知篇

项目一　大数据分析

◆ 学习目标

知识要求

1. 了解大数据的产生背景与发展。
2. 掌握大数据的概念。
3. 理解大数据的影响。
4. 了解大数据的关键技术与计算模式。

技能要求

能熟练运用大数据的相关概念。

◆ 职业素养目标

培养学生认真细致的工作作风。

任务一　大数据及大数据来源

|案例导入|

各地文旅热点不断　大数据见证中国旅游发展步入"快车道"

从年初以来，各地文旅热点不断，"温暖驿站""背诗免票""王婆说媒"等吸引了不少人奔赴远方。过去不久的"五一"假期，不少地方也是一票难求。下半年，旅游还会持续火爆吗？什么样的人更爱旅游？一起去看看《中国美好生活大调查》的大数据是怎么说的。

《中国美好生活大调查》发现，2024年，在国人消费意愿榜上，旅游又一次站到了榜首的位置，有三分之一以上的人今年会在旅游方面增加消费。这已经是五年来，旅游第三次站在消费意愿榜第一的位置，今年更是达到了五年来的最高点。近十年来，旅游市场日益火热，大调查也曾多次精准预测到这一趋势。2016年，调查结果显示旅游将在2017年呈现"井喷式"增长，当年旅游对国民经济贡献率达11.04%，再次证明了大调查数据的预见性。

今年，谁是旅游消费的主力军？从不同年龄看，18～35岁的年轻人旅游愿望最强烈，而且五年来他们的出游意愿都领先其他年龄段。

旅游大军中，女性的出游意愿高涨。准备今年在旅游方面增加消费的女性占比较上年增加了5个百分点，也比男性高出2个百分点，是2024年旅游消费绝对的拉动力。

那么，2024年大家准备在旅游目的地消费多少钱呢？数据显示，近三成的人们选择5000～10000元，其次是2000～5000元，两者占一半多，大部分人预计会把费用控制在万元以内。而那些旅游预算过万的人对什么更感兴趣呢？大调查发现，除了特色美食与自然景观具有普遍的吸引力，他们对一座城市的特色民宿/酒店、购物/商业氛围和主题公园等IP也更感兴趣。要想火爆，需要打造多彩的旅游新模式，解锁出更多新玩法。

中国的旅游发展正步入"快车道"，形成全球最大国内旅游市场，成为国际旅游最大客源国和主要目的地，旅游业日益成为新兴的战略性支柱产业和具有显著时代特征的民生产业、幸福产业。

哈尔滨一鸣惊人、村超热火朝天、天水麻辣烫飘香，各地是你方唱罢我登场，掀起了旅游市场一个又一个高潮。那么，谁会是下一个顶流？在这火热的旅游市场背后，又折射出怎样的心态和消费趋势？《中国美好生活大调查》用大数据给您答案。

你知道吗，旅游能增加人们的幸福感。《中国美好生活大调查》发现，生活中感觉幸福的人更愿意把钱花在旅游上，选择的比例高出全国均值2个百分点。如果你觉得生活索然无味，可以多出门去看世界。

哪些是吸引大家的关键因素呢？大调查发现，一个城市的自然景观是吸引大家去旅游打卡的最主要因素，有将近一半的人会因此选择旅游目的地。名胜古迹、历史民俗文化和特色美食紧随其后，一个地方的自然景观、特色美食对北方人的吸引力明显高于南方人。特色民宿/酒店也是一个城市吸引力的加分项，有将近16%的人会因此去一个城市打卡。

不同人群中，女性对城市的特色美食超级偏爱，因为特色美食去一个城市旅游的女性占比高出男性11个百分点。想要获取女神们的青睐，秀出当地的特色美食是屡试不爽的法宝。跟女性相比，男性对名胜古迹和特色民宿/酒店更感兴趣。

2024年，大家准备在旅游目的地消费多少钱呢？大调查发现，18～35岁的年轻人有三成把旅游消费预算控制在2000～5000元，远高于其他年龄段，准备花1000～2000元去玩儿的年轻人也是所有人群中占比最高的。而36～59岁的人中，旅游消费预期选择5000～10000元和10000～20000元的比例是所有人群中最高的。

（资料来源：央视网）

一、大数据的产生背景和发展历史

数据的风暴究竟何时刮起，或许大多数人都未曾厘清。但如今倘若询问是什么正在改变着21世纪，恐怕十之八九的人都会齐声告诉你：大数据。伴随大数据自身的数次迭代，人们也越发认识到它的力量。据研究机构互联网数据中心（Internet data center，IDC）的剖析，世界上的资料正以每两年便翻倍的惊人速度递增。了解大数据、如何运用海量资料，成为众人关注的重点议题。

（一）大数据产生的背景

1. 信息科技进步

现代信息技术产业历经多次浪潮。20世纪六七十年代大型计算机问世，80年代微型机浪潮兴起，1995年人类迈入互联网时代，2010年前后第三次信息化浪潮开启大数据时代。随着智能设备的兴起，全球网络在线人数增加，数据爆炸式增长。存储设备性能在摩尔定律[①]引领下不断提升，网络带宽拓展，这些为大数据产生提供物质基石。

---

① 摩尔定律，由戈登·摩尔1965年提出，核心内容是，当价格不变时，集成电路上可容纳的晶体管数目约每隔18—24个月便要增加一倍，性能也将提升一倍。

2. 云计算技术兴起

云计算技术给互联网行业带来变革，如网络云盘。它是运用云端共享的软件等获取操作结果，由专业团队负责。云空间为数据存储新模式，将分散数据集中于数据中心，为大数据处理和分析提供空间途径，是大数据诞生的技术基础。

3. 数据资源化趋势

大数据分为消费大数据和工业大数据。消费大数据是大众数据，互联网公司竞相争夺数据，如谷歌、脸书及国内电商平台。工业大数据方面，传统制造企业借助大数据实现数字转型，工业大数据将成为提升制造业的关键要素。

（二）大数据的发展历程

1. 萌芽期

"大数据"概念源自美国。1980年，阿尔文·托夫勒在书中称赞其为"第三次浪潮的华彩乐章"。1997年，大卫·埃尔斯沃斯和迈克尔·考克斯首次运用"大数据"概念，1998年，"大数据"出现在公共刊物中。此阶段大数据仅为构想，被少数学者研究，含义局限于数据量大，未深入探究收集、处理和存储等问题。

2. 成熟期

21世纪前十年，互联网行业飞速发展，大数据在互联网行业受重视。2001年，道格·莱尼提出数据增长挑战和机遇的"3V"，麦肯锡公司增添价值密度构成"4V"特征。2005年，Hadoop技术诞生，2007年，数据密集型科学出现，2008年，《自然》杂志推出大数据专刊，2010年，美国信息技术顾问委员会报告阐述政府对大数据的收集使用。此阶段大数据受理论界关注，概念和特点丰富，相关技术涌现。

3. 大规模应用期

2011年，IBM沃森超级计算机刷新世界纪录，麦肯锡发布报告介绍大数据应用状况和技术架构。2012年，世界经济论坛宣告大数据时代来临，国内外学术界也展开研究，众多媒体推出大数据报道，相关著作涌现。2015年，中国颁布《促进大数据发展行动纲要》，启动国家大数据战略。

二、大数据的相关概念

（一）大数据的定义

大数据的定义有广义和狭义之分。广义上，大数据是指物理世界到数字世界的映射和提炼，通过发现其中的数据特征，从而做出提升效率的决策行为。这一定义强调了大数据对现实世界的全面反应和深度挖掘，以实现更优化的决策。

狭义上，大数据是通过获取、存储、分析，从大容量数据中挖掘价值的一种全新的技术架构。它更侧重于技术层面，明确指出了大数据处理的关键环节和目标，即针对大规模数据进行操作以获取有价值的信息。

（二）大数据的特征

尽管大数据定义未统一，但都认可其不只是更多资料，而是超越传统数据库软件工具的数据集合，具有数据量大、类型多样、处理速度快、价值密度低和真实性五大特性，真实性最受认同。

1. 数据量大

大数据的首要特征表现为数据规模极其庞大。伴随互联网、物联网、移动互联等技术的不断发展，人和事物的全部轨迹均能够被记录下来，数据呈现出爆炸式的增长态势，需要进行分析处理的数据已然达到 PB 和 EB 级别，甚至是 ZB 级别。IDC 的数据表明，截至 2021 年，全球数据总量达到 84.5ZB，预计到 2026 年全球结构化与非结构化数据总量将达到 221.2ZB。

2. 类型多样

受庞大数量的互联网用户等因素影响，大数据的来源极为广泛，故而大数据的类型也呈现出多样化特点。依据因果关系的强弱程度，大数据可分为三种类型，分别是结构化数据、非结构化数据和半结构化数据。如此种类繁杂的异构数据，给数据处理和分析技术带来了新的挑战，同时，也创造了新的机遇。

3. 处理速度快

大数据的高速特性主要体现在数据数量的快速增长以及处理方面。与传统媒体相比，身处当下的大数据时代，信息的生产和传播方式发生了重大变革。在互联网和云计算等手段的作用下，大数据能够迅速生成和传播。此外，鉴于信息的时效性，在处理大数据的过程中，要求做到快速响应、无延迟输入以及提取数据。

4. 价值密度低

大数据虽然看似美好，但其价值密度却远远低于传统关系型数据库中已有的数据。由于数据样本不完整、数据采集不及时、数据不连续等原因，有价值的数据所占比例甚小。与传统的小数据相比，大数据的最大价值在于能够从大量不相关的各类数据中，挖掘出对未来趋势和模式预测分析有帮助的信息，通过机器学习、人工智能或数据挖掘等方法进行深度分析，获取新规律和新知识，并应用于交通、电商、医疗等众多领域，最终实现提高生产率、推动科学研究的效果。

5. 真实性

大数据的真实性指的是数据的准确度和可信赖程度，代表着数据的质量。数据一直存在，变化的只是其产生、记录和使用的方式。大数据的意义不仅在于生成和掌握庞大的数据信息，更关键的是对有价值的数据进行专业化处理。人类从不缺少数据，缺的是对数据进行深度价值挖掘和利用。

（三）大数据的影响

大数据在科学研究、思维方式、社会发展、就业市场及人才培养等方面影响重大。在科学研究中，带来数据科学新范式；在思维方式上，颠覆传统，具有"全样而非抽样、效率而非精确、相关而非因果"特点；在社会发展方面，大数据决策成为新模式，推动信息技术与各行业融合，促进新技术新应用涌现；在就业市场，数据科学家成热门职业；在人才培养上，改变高校信息技术相关专业教学和科研体制。

1. 大数据对科学研究的影响

图灵奖获得者吉姆·格雷指出科学研究有实验科学、理论科学、计算科学和数据科学四种范式：第一，实验科学范式如伽利略在比萨斜塔的实验；第二，理论科学范式如牛顿力学体系推动人类社会发展；第三，计算科学范式自1946年第一台计算机诞生，以"计算"为核心，计算机成为科研有力工具；第四，数据科学范式在物联网、云计算及大数据技术促进下开启，以数据为中心挖掘信息。第三、第四种范式虽都用计算机计算，但本质不同，第三种先提出理论再收集数据验证，第四种先有数据再得出未知理论。

2. 大数据对思维方式的影响

维克托·迈尔—舍恩伯格在书中指出大数据时代思维方式有三种转变。其一，全样而非抽样，过去因数据存储和处理能力有限，采用抽样，如今大数据时代能获取更多数据，应从样本思维转向总体思维。其二，效率而非精确，过去因样本信息量少注重精确性，如今大数据全样分析无误差放大问题，效率成核心，因须秒级响应给出海量数据实时分析结果。其三，相关而非因果，过去数据分析为找原因或预测，反映因果关系，如今大数据时代人们追求相关性，挖掘事物间隐藏关系以把握当下和预测未来。

3. 大数据对社会发展的影响

大数据将对社会发展产生深远影响，具体体现在以下几个方面：大数据决策成为新决策方式，以数据主导决策，推动信息管理准则重新定位，改变依靠直觉做决定的状况，如谷歌对流感传播源头的判断及 Farecast 系统的机票预测。大数据应用促进信息技术与各行业深度融合，专家称其将改变几乎所有行业业务功能，如医疗、制造业等，同时，大数据应用需求是新技术开发源泉，各种大数据技术不断被提出应用，数据能量持续释放，语义网作为下一代互联网将重新构建互联网。

4. 大数据对就业市场的影响

近年来，随着大数据发展上升为国家战略，我国大数据产业发展开辟了新局面，已然从起步阶段迈入了一个全新的阶段，也就是大家所说的"黄金阶段"。大数据是一个极为出色的行业，特别是在人才稀缺的一、二线城市。毕竟，当下是互联网扩张的时代，所有事务都开始依赖数据来阐述或提供决策，大数据行业的工资普遍高于同级别其他岗位的薪资。

5. 大数据对人才培养的影响

目前，国内众多高校开始设立大数据专业或者开设大数据课程，加速推进大数据人才培养体系的建立。在2015—2022年的8年时间里，全国有743所（不含重复备案）高校成功备案"数据科学与大数据技术"本科专业。我国高校"数据科学与大数据技术"专业建设工作稳步推进，当前正处于快速普及与高速发展的阶段。

三、大数据的来源

（一）按产生主体划分

企业作为大数据的重要产生主体，在其运营过程中，关系型数据库和数据仓库里积累了海量的结构化数据。比如，像淘宝、京东这类电商企业，其客户信息涵盖了用户的姓名、年龄、性别、收货地址等详细内容；财务数据包含了各项收支明细、利润报表等；销售记录则包括了商品的销售数量、销售额、销售时间等关键信息。这些数据为企业的决策制定、市场分析和运营管理提供了坚实的支撑。

（二）按行业划分

在以BAT（百度、阿里巴巴、腾讯）为代表的互联网行业，用户的每一次搜索记录、每一次网页浏览行为、每一次社交互动等，都产生了庞大的数据量。比如，百度搜索引擎中用户输入的关键词和搜索结果的点击情况，反映了用户的需求和兴趣；阿里巴巴旗下淘宝平台上用户的浏览商品轨迹、购买记录，为精准营销提供了数据基础；腾讯旗下微信和QQ的社交互动数据，为个性化推荐提供了有力的支持。电信行业通过用户的通话记录、短信内容、网络流量使用等生成了大量数据。金融行业的交易数据、客户信用记录、风险评估数据等是其大数据的重要来源。电力行业的智能电表数据、电网运行监测数据等为电力分配和故障预测提供了重要依据。公共安全领域的监控视频、报警记录等数据有助于维护社会秩序和预防犯罪。医疗行业的患者病历、医学影像、临床试验数据等对于疾病诊断、药物研发和医疗服务改进具有关键意义。

（三）按数据存储形式划分

结构化数据的来源通常较为规范和固定。比如，企业的财务报表往往遵循严格的会计准则和格式，包含资产、负债、所有者权益、收入、费用等项目，且每个项目都有明确的定义和计算方法。

非结构化数据的来源则极为广泛和多样。图像、音频、视频等多媒体文件，如数码相机拍摄的照片、手机录制的音频、摄像机拍摄的视频等；社交媒体中的文本和评论，像微博上的短文、豆瓣上的影评、知乎上的回答等；各种文档和报告，如

Word 文档、PDF 文件、Excel 表格等，都属于非结构化数据。这类数据通常没有固定的格式和结构，处理和分析的难度较大，需要借助特定的技术和工具来提取有价值的信息。

任务二　大数据分析

在信息时代，数据爆炸式增长。习近平总书记指出，信息化为中华民族带来了千载难逢的机遇。大数据技术在时代背景下产生，成为推动社会发展创新的关键力量，在各行业影响人们生产生活方式。我国"十四五"规划强调加快数字化发展，大数据技术重要性凸显。企业积累海量数据，需大数据分析与挖掘技术提取价值。在商业领域，企业可借此精准了解市场需求和客户偏好；在医疗行业，能辅助疾病诊断和预测趋势。但该技术也面临挑战，如数据质量安全问题、隐私保护需求迫切、技术复杂高成本及人才短缺。总之，大数据分析与挖掘技术地位重要，虽有挑战但前景广阔，应积极应对推动其健康发展。

一、大数据处理流程

大数据处理流程包括：数据采集、数据预处理、数据存储、数据分析、数据挖掘、结果展示。

（一）数据采集

数据采集是大数据分析与挖掘技术的第一步，也是最基础的一步。数据可以从多种来源获取，包括但不限于传感器、日志文件、数据库、社交媒体和移动设备等。采集到的数据种类繁多，有结构化数据、半结构化数据、非结构化数据等。数据采集的技术手段也多种多样，如网络爬虫、API 接口、数据抓取工具等。高效和准确的数据采集是后续数据分析和挖掘的基础，确保数据的质量和全面性是关键。

（二）数据预处理

数据预处理是为了提高数据质量，使其适合后续的分析和挖掘步骤。主要步骤包括数据清洗、数据集成、数据变换和数据规约。数据清洗是指去除数据中的噪声和错误数据，填补缺失值等；数据集成是将来自不同来源的数据进行合并，确保数据的一致性和完整性；数据变换是对数据进行归一化、标准化等处理，以便于分析；数据规约是通过降维、特征选择等方法，减少数据的维度和复杂度，从而提高分析效率。

（三）数据存储

在大数据环境下，数据的存储是一个重要挑战。传统的关系型数据库在处理大规模数据时往往显得力不从心，因此，需要采用分布式存储和计算技术。常用的分布式存储系统包括 Hadoop HDFS、Apache HBase、Cassandra 等。这些系统能够通过分布式架构，实现数据的高效存储和访问。同时，云存储技术的发展也为大数据的存储提供了新的解决方案，利用云平台可以灵活扩展存储容量，降低存储成本。

（四）数据分析

数据分析是大数据技术的核心环节，通过对数据的统计分析和建模，发现数据中的规律和趋势。数据分析的方法主要包括描述性分析、诊断性分析、预测性分析和规范性分析。

描述性分析是对数据进行基本的统计描述，如平均值、方差、分布等；诊断性分析是通过数据分析找出问题的原因；预测性分析是利用历史数据进行模型训练，预测未来趋势；规范性分析是为决策提供优化建议。预测性分析在大数据分析中具有重要地位。通过机器学习和深度学习等技术，可以建立复杂的模型，对未来的趋势进行准确的预测。

（五）数据挖掘

数据挖掘是从大量数据中提取有价值模式和知识的过程，是大数据分析的核心环节。常用的数据挖掘技术包括分类、回归、聚类、关联规则、异常检测等。分类是将数据分为不同的类别，常用于邮件分类、图像识别等领域；回归是建立数学模型，描述变量之间的关系，常用于预测分析；聚类是将相似的数据点聚集在一起，常用于市场细分、图像分割等领域；关联规则是发现数据项之间的关联关系，常用于购物篮分析；异常检测是识别数据中的异常点，常用于欺诈检测、故障诊断等领域。

（六）结果展示

数据分析和挖掘的结果需要通过直观的方式展示给用户，便于理解和应用。常见的结果展示技术包括数据可视化、报告生成、仪表盘等。数据可视化是通过图表、地图等形式展示数据，帮助用户快速理解数据中的信息，常用的数据可视化工具包括 Tableau、Power BI、D3.js 等；报告生成是将分析结果整理成文档，便于分享和保存；仪表盘是通过图形界面展示关键指标，帮助用户实时监控数据。

二、大数据计算模式

常见的大数据计算模式包括批处理模式、流式计算模式、迭代计算模式、查询计算模式、图计算模式和内存计算模式等，以下是一些具体介绍。

批处理模式（Batch Processing）：将一批数据一次性传入计算系统，系统对这些数据进行处理和分析，得出结果后再输出。这种模式通常用于离线计算、数据挖掘等对实时性要求不高的场景。例如，使用 MapReduce 或 Spark 进行大规模数据的批量处理。MapReduce 是一种分布式计算框架，Spark 则具有内存计算的优势，能够实现接近准实时性和秒级的响应。

流式计算模式（Stream Processing）：数据实时输入计算系统中，系统实时处理和分析数据，并实时输出结果。适用于需要实时处理数据的场景，如实时监控、实时数据分析等。常见的流式计算框架包括 Storm、Spark Streaming 等。

迭代计算模式（Iterative Processing）：是指将一组数据在计算系统中进行多次迭代计算，直到得出最终结果。常用于机器学习、图像处理等场景，可有效提高计算效率。例如，HaLoop、iMapReduce、Twister、Spark 等都支持迭代计算。

查询计算模式（Interactive Query）：用户通过交互式界面向计算系统发出查询请求，计算系统根据请求进行实时查询和计算，并返回结果。这种模式常用于数据分析、数据查询等场景，能够快速得到查询结果。例如，Google 的 Dremel、Hadoop 生态圈的 Hive 等都属于查询分析计算的实现工具。

图计算模式（Graph Computing）：主要用于处理具有复杂关系的数据，例如，社交网络中人与人的关系、地理信息中城市间的连接等。虽然可以使用 MapReduce 进行图计算，但其效率较低。一些专门针对图计算的框架，如 Google 的 Pregel、Hama、PowerGraph 等则能更高效地处理这类问题。例如，GraphX 就是 Spark 中的一个图计算库。

内存计算模式（In-Memory Computing）：将数据存储在内存中进行计算，以加快处理速度。例如，Dremel、Hana、Redis 等都采用了内存计算模式。内存计算适用于对响应速度要求极高的场景，但受限于内存容量，通常适用于数据量相对较小但需要快速处理的情况。

在实际应用中，这些计算模式通常会结合使用，以满足不同的业务需求和数据处理场景。根据具体问题的特点、数据量大小、实时性要求等因素，选择合适的计算模式或组合使用多种模式，能够更高效地处理和分析大数据。

三、大数据分析与挖掘技术概述

大数据分析与挖掘技术是指从海量、复杂和多样化的数据中提取有价值的信息和知识的一系列方法和技术的集合。它涵盖了数据收集、预处理、存储、分析、挖掘以及可视化等多个领域，是一个综合性的技术体系。

在数据收集阶段，通过各种渠道和手段获取大量数据，包括传感器数据、网络数据、社交媒体数据等。例如，智能交通系统通过道路上的传感器收集车辆行驶速度、流量等数据；社交媒体平台通过用户的互动行为收集大量的文本、图片和视频数据。

数据预处理则包括数据清洗、转换和集成，以确保数据的质量和一致性。比如，去除重复数据、纠正错误数据、将不同格式的数据统一转换为便于处理的格式。

数据存储涉及选择合适的数据库系统，如关系型数据库、NoSQL 数据库或数据仓库，以此来有效地存储和管理大规模数据。例如，对于结构化数据，关系型数据库如 MySQL 能够提供高效的存储和查询；而对于非结构化数据，NoSQL 数据库如 MongoDB 则更具优势。

数据分析侧重于运用统计分析、数据可视化等方法，对数据进行描述性和探索性的分析，以发现数据中的模式和趋势。例如，通过制作柱状图、折线图、饼图等直观地展示数据的分布和变化趋势。

数据挖掘则是运用各种算法和模型，如关联规则挖掘、分类算法、聚类算法等，深入挖掘数据中的潜在知识和关系。例如，使用关联规则挖掘算法发现购买商品 A 的顾客同时也倾向于购买商品 B 的规律。

可视化技术则将分析和挖掘的结果以直观、易懂的图表和图形展示出来，帮助用户更好地理解和解读数据。比如，通过热力图展示不同地区的销售热度差异。

四、大数据分析概念及工作原理

（一）概念

大数据分析是指用于从不同的大量、高速数据集中收集、处理和得出见解的方法、工具和应用程序。这些数据集可能来自各种来源，例如，Web、移动应用、电子邮件、社交媒体和联网智能设备。它们通常表示以高速生成、形式各样的数据，从结构化（数据库表、Excel 表）到半结构化（XML 文件、网页），再到非结构化（图像、音频文件）应有尽有。传统形式的数据分析软件无法支持这种程度的复杂度和规模，而这就是专为大数据分析设计的系统、工具和应用程序发挥作用的地方。

（二）工作原理

分析解决方案通过分析数据集来收集见解和预测结果。不过，为了成功分析数据，必须先按照一个集成的分步准备流程用一系列应用程序存储、组织和清理这些数据。

收集。数据有结构化、半结构化和非结构化的形式，它是跨 Web、移动和云从多个来源收集的。收集后，数据存储在存储库中（数据湖或数据仓库），为处理做好准备。

处理。在处理阶段，会对存储的数据进行验证、排序和筛选，这为将来的使用做好准备并提高了查询的性能。

清理。处理后，会对数据进行清理，数据集中的冲突、冗余、无效/不完整的字段和格式错误将得到纠正和清除。

分析。现在可以对数据进行分析了，大数据分析是通过数据挖掘、AI、预测分析、机器学习和统计分析等工具和技术来完成的，它们有助于定义和预测数据中的模式和形式。

五、大数据分析关键技术和工具

虽然大数据分析通常被称为单个系统或解决方案,但它实际上由多个独立的技术和工具组成,这些技术和工具相辅相成,共同存储、移动、缩放和分析数据。它们可能因你的基础结构而有所不同,但下面是你将找到的一些最常见的大数据分析工具。

(一)收集和存储

Hadoop。Apache Hadoop 是首批用于处理大数据分析需求的框架之一,它是一个开源生态系统,通过分布式计算环境存储和处理大数据集。Hadoop 可根据你的需求纵向扩展或缩减,这使它成为管理大数据的高度灵活且具有成本效益的框架。

NoSQL 数据库。传统数据库是关系数据库,与之不同的是,NoSQL 数据库不要求其数据类型遵循固定的架构或结构。这使它们能够支持各种类型的数据模型,在处理大量半结构化和原始数据时,这种特点非常有用。得益于其灵活性,NoSQL 数据库也被证明比关系数据库更快、更具有伸缩性。NoSQL 的一些常见示例包括 MongoDB、Apache CouchDB 和 Azure Cosmos DB。

数据湖和数据仓库。从数据源中收集数据后,数据必须存储在集中的接收器中供进一步处理。数据湖存储原始和非结构化数据,这些数据随后被准备好供不同应用程序使用,而数据仓库是一个系统,它从各种源中拉取结构化、预定义的数据,并处理该数据供操作使用。这两种方式有不同的功能,但它们通常一起组成一个组织良好的数据存储系统。

(二)处理

数据集成软件。数据集成工具将来自不同平台的数据连接和整合到一个统一的中心,例如,数据仓库,让用户能够集中访问数据挖掘、商业智能报告和操作目的所需的一切信息。

内存中数据处理。传统的数据处理基于磁盘,但内存中数据处理使用 RAM 或内存来处理数据。这大幅提高了处理和传输速度,使组织能够实时地收集见解。Apache Spark 之类的处理框架可在内存中执行批量处理和实时数据流处理。

(三）清理

数据处理和清理工具。为了确保数据达到最优质量，数据清理工具会解决错误、修复语法错误、移除缺失值并清除重复数据。这些工具随后会对数据进行标准化和验证，使其为分析做好准备。

（四）分析

数据挖掘。数据挖掘是从大量的、不完全的、有噪声的、模糊的、随机的数据中，提取隐含在其中的、人们事先不知道的但又是潜在有用的信息和知识的过程。它融合了数据库技术、统计学、机器学习、人工智能等多学科知识，旨在通过分析海量数据来发现有价值的模式、关联、趋势等。

预测分析。预测分析可帮助构建能预测模式和行为的分析模型。这通过机器学习和其他类型的统计算法来实现，让你能够确定未来结果、改进操作和满足用户的需求。

实时分析。通过连接一系列可缩放的端到端流式处理管道，实时流式处理解决方案（如 Azure 数据资源管理器）可实时存储、处理和分析你的跨平台数据，让你能够即时获得见解。

六、大数据分析面临的挑战

（一）数据质量与隐私问题

在当今数字化时代，大数据分析与挖掘已成为推动各行业发展的重要力量。然而，在此过程中，数据质量始终是一个关键且棘手的问题。数据的不准确、不完整常常致使分析结果产生偏差甚至误导决策。

例如，在医疗领域，部分患者的病历数据可能存在缺失值，如关键的诊断指标或治疗记录缺失，这可能导致医疗研究人员在分析疾病的流行趋势和治疗效果时得出错误的结论。又如，在工业生产中，由于采集设备故障，所获取的生产数据失真，进而影响对生产流程的优化和质量控制的判断。

（二）技术复杂性与人才短缺

大数据分析与挖掘技术的算法复杂度较高，这给其在实际场景中的广泛应用带来了诸多限制。一些先进的算法虽然理论上能够挖掘出更有价值的信息，但计算成本高昂，对硬件设施和计算能力的要求极高。例如，在气候预测模型中，某些复杂的算法需要超级计算机的支持才能在可接受的时间内完成计算。而且，这些复杂的算法需要专业的技术人员进行调试和优化，普通工作人员往往难以胜任。目前，专业人才的匮乏已成为制约大数据分析与挖掘技术发展的重要因素。既精通数据分析技术，又熟悉相关业务领域的复合型人才十分稀缺。

（三）实时处理与计算资源需求

实时数据处理是大数据分析与挖掘在众多应用场景中面临的一大严峻挑战。

在金融交易领域，每一笔交易都需要在瞬间完成分析和决策，对数据的实时分析和响应速度要求极高。然而，实时处理要求系统具备极高的性能和极低的延迟，这对技术架构和算法设计提出了近乎苛刻的要求。例如，高频交易系统需要在微秒级的时间内对海量数据进行分析和处理，任何延迟都可能导致巨大的经济损失。

此外，大数据分析与挖掘对计算资源的需求堪称巨大。处理海量数据需要强大的计算能力和海量的存储资源。获取和维护这些资源不仅成本高昂，而且在资源分配和管理上也存在诸多困难。如果计算资源不足，将导致处理速度缓慢，无法满足业务的实时需求。例如，在网络监控中，由于计算资源受限，可能无法及时发现和应对网络攻击，给企业和个人带来了严重的安全威胁。

七、大数据分析未来发展趋势

（一）智能化与自动化

随着科技的迅猛发展，大数据分析与挖掘技术正朝着更加智能化和自动化的方向阔步前行。机器学习和深度学习算法的不断优化，犹如为大数据分析与挖掘技术注入了强大的动力，使系统能够自动识别数据中的模式和特征，极大地减少了人工定义特征的需求，从而显著降低了人工干预的程度。自动化的数据预处理、模型选择和调优等环节将大幅提高数据分析的效率和准确性。例如，在交通领域，通过对实时交通流量数据的智能分析，能够自动检测出拥堵路段，并及时向交通管理部门发出预警，以便采取有效的疏导措施。

（二）融合多技术与跨领域应用

在未来的发展征程中，大数据分析与挖掘技术将与人工智能、区块链等前沿技术深度融合，从而拓展其在更为广泛的领域的应用。与人工智能的融合将为数据分析带来前所未有的精准度和深度。例如，利用自然语言处理技术对海量的文本数据进行情感分析和语义理解，能够帮助企业更好地了解消费者的需求和市场动态。与区块链技术的结合则能够确保数据的不可篡改和安全性，为数据的共享和交易提供坚实可靠的保障。在跨领域应用方面，除了传统的商业、医疗、金融等领域，大数据分析与挖掘技术还将在农业、环保、能源等领域大放异彩。比如，在农业领域，通过对土壤、气象、作物生长等多维度数据的深入分析，实现精准农业，不仅能够提高农作物的产量和质量，还能优化资源配置，降低生产成本。

（三）强化数据安全与隐私保护

在数据日益成为核心资产的当今时代，数据安全和隐私保护必然成为未来发展的重中之重。加密技术的不断演进和升级，将为数据在传输和存储过程中的安全性提供更坚固的屏障。差分隐私、同态加密等创新技术的广泛应用，将实现在不泄露原始数据的前提下进行数据分析和挖掘。同时，法律法规的持续完善将为数据安全和隐私保护确立更明确的规范和约束。例如，欧盟的《通用数据保护条例》（GDPR）对数据处理者的责任和义务进行了严格规定，为个人数据保护提供了强有力的法律保障。企业和组织也将愈发重视数据安全管理，积极建立健全的数据安全防护体系，加强员工的数据安全意识培训，从技术和管理两个层面全方位保障数据的安全和隐私。

| 案例 |

10个超有趣的经典数据分析案例

提到数据分析，很多人的脑子里会浮现出一大段的数据、各种看不懂的代码，以及复杂难懂的计算方程。光是想一想，就觉得头疼，感觉很"高冷"的样子。

下面我们通过10个经典案例，让大家实打实触摸一把"大数据"。你会发现它其实就在身边而且是很有趣的。

1. 啤酒与尿布

全球零售业巨头沃尔玛在对消费者购物行为分析时发现，男性顾客在购买婴儿尿片时，常常会顺便搭配几瓶啤酒来犒劳自己，于是尝试推出了将啤酒和尿布摆在一起的促销手段。没想到这个举措居然使尿布和啤酒的销量都大幅增加了。如今，"啤酒+尿布"的数据分析成果，早已成了大数据技术应用的经典案例，被人津津乐道。

2. 数据新闻让英国撤军

2010年10月23日，《卫报》利用维基解密的数据做了一篇"数据新闻"。将伊拉克战争中所有的人员伤亡情况均标注于地图之上。地图上一个红点便代表一次死伤事件，鼠标点击红点后弹出的窗口则有详细的说明：伤亡人数、时间，造成伤亡的具体原因。密布的红点多达39万，显得格外触目惊心。一经刊出立即引起朝野震动，推动英国最终做出撤出驻伊拉克军队的决定。

3. 文胸销售数据出人意料

淘宝数据平台显示，购买最多的文胸尺码为B罩杯。B罩杯占比达41.45%，其中又以75B的销量最好。其次是A罩杯，购买占比达25.26%，C罩杯只有8.96%。在文胸颜色中，黑色最为畅销。以省份排名，胸部最大的是新疆女性。

4. QQ圈子把前女友推荐给未婚妻

2012年3月，腾讯推出QQ圈子，按共同好友的连锁反应摊开用户的人际关系网，把用户的前女友推荐给未婚妻，把同学同事朋友圈子分门别类，利用大数据处理能力给人带来"震撼"。

5. "魔镜"预知石油市场走向

如果你对"魔镜"还停留在"魔镜魔镜，告诉我谁是世界上最美的女人"，那你就真的out了。"魔镜"不仅是童话中王后的宝贝，而且是真实世界中的一款神器。其实，"魔镜"是苏州国云数据科技公司的一款大数据可视化产品，而且是国内首款。"魔镜"可以通过数据的整合分析可视化不仅可以得出谁是世界上最美的女人，还能通过价量关系得出市场的走向。在不久前，"魔镜"帮助中石油等企业分析数据，将数据可视化，使企业科学地判断、决策，节约成本，合理配置资源，提高了收益。

6. Google 成功预测冬季流感

2009 年，Google 通过分析 5000 万条美国人最频繁检索的词汇，将之和美国疾病中心在 2003 年至 2008 年间季节性流感传播时期的数据进行比较，并建立一个特定的数学模型。最终 Google 成功预测了 2009 冬季流感的传播甚至可以具体到特定的地区和州。

7. 大数据与乔布斯癌症治疗

乔布斯是世界上第一个对自身所有 DNA 和肿瘤 DNA 进行排序的人。为此，他支付了高达几十万美元的费用。他得到的不是样本，而是包括整个基因的数据文档。医生对照基因按需下药，最终这种方式帮助乔布斯延长了好几年的生命。

8. 奥巴马竞选连任成功

2012 年 11 月，奥巴马大选连任成功的胜利果实也被归功于大数据，因为他的竞选团队进行了大规模与深入的数据挖掘。《时代》杂志更是断言，依靠直觉与经验进行决策的优势急剧下降，在政治领域，大数据的时代已经到来；各色媒体、论坛、专家铺天盖地的宣传让人们对大数据时代的来临兴奋不已，无数公司和创业者都纷纷跳进了这个狂欢队伍。

9. 微软大数据成功预测奥斯卡 21 项大奖

2013 年，微软纽约研究院的经济学家大卫·罗斯柴尔德（David Rothschild）利用大数据成功预测 24 个奥斯卡奖项中的 19 个，成为人们津津乐道的话题。2019 年，罗斯柴尔德再接再厉，成功预测第 86 届奥斯卡金像奖颁奖典礼 24 个奖项中的 21 个，继续向人们展示现代科技的神奇魔力。

10. 超市预知高中生顾客怀孕

明尼苏达州一家塔吉特门店被客户投诉，一位中年男子指控塔吉特将婴儿产品优惠券寄给他的女儿——一个高中生。但没多久他却来电道歉，因为女儿经他逼问后坦承自己真的怀孕了。塔吉特百货就是靠着分析用户所有的购物数据，然后通过相关关系分析得出事情的真实状况。

（资料来源：https://www.sohu.com/a/311605042_682852）

习题

1. 试述大数据产生的背景。
2. 试述大数据的发展阶段。
3. 试述大数据的基本特征。
4. 试述大数据对科学研究的重要影响。
5. 试述大数据对思维方式的重要影响。
6. 试述大数据处理流程。

项目二　旅游市场营销

◆ **学习目标**

知识要求

1. 了解旅游市场、旅游市场营销的概念及内涵。
2. 理解旅游市场营销观的演变概念。
3. 掌握旅游市场营销的内容、特征和观念。

技能要求

1. 能够辨识旅游市场营销的概念及内涵。
2. 能够辨识每一部分市场营销内容对营销活动的影响。

◆ **职业素养目标**

1. 树立正确的市场营销观念。
2. 树立诚信经商的理念。

| 案例导入 |

山东:"抖"起来的"好客山东"　攀上目的地营销"顶流"

"孔孟之乡，礼仪之邦"，山东省的"出道"从来都是有理有据。在多数国内旅游目的地探索如何建立旅游品牌形象时，"好客山东"就已经通过差异化营销打造了行业竞相模仿的优秀模式。自2018年入驻抖音起，接连荣获全国各省级文化和旅游部门的抖音号传播力指数第一名，年年拿奖到手软。究其根本，"好客山东"的成功吸睛说明大众审美智慧与平民草根话语权正在成为目的地营销的主要影响力。

文化深厚，资源丰富。在借抖音之势的实际推广中，主动搭建和传播优质内容、紧密契合平台用户以及合理运用共生机制成为最终制胜的三板斧。优质的内容是成功营销的第一步。文化与资源丰富的山东，通过四季节庆、网络热点、美食人文等元素策划并制作出属于当地的文旅爆款视频。与很多视频平台不同，抖音不仅是短视频的分享平台，也是粉丝互动的重要渠道。一、二线城市的年轻人聚集于此，这正是旅游目的地追求的目标消费阵地。"好客山东"账号正是从吸引年轻群体的全新营销模式出发，开启一系列吸睛操作。建立内容合集，打造阅读526万的冬游齐鲁、122.6万的山东精品旅游民宿等；打造追番感，提升曝光和互动；组织展开热门话题，如：好客山东乐享六好，全网曝光量40.2亿次，点赞量超1600万，视频创作1.5万余条，视频播放4.1亿次，话题互动20万人次。

借助合力制造共生。在目的地营销场景下，账号方、运营平台、KOL大号与用户共同组成了一股合力。抖音平台方与山东省文化和旅游局达成合作，通过平台优质产品如定制城市主题挑战、达人深度参与等对山东进行全方位包装推广。其中"UGC项目""跟着抖音游山东"全网播放量11.6亿次，点赞量3494万次，转发超83万次，评论超126万条，成功引发了一场"山东热潮"。

与省内旅游系统"组团出道"，全部相关政务部门开通抖音、参与并开发视频推广活动，一片热热闹闹的宣传果然应了"好客山东"的推广宣言。通过公开资料整理看，截至2020年5月，山东各地市在抖音平台的话题播放量均有赶超其他目的地"大号"的趋势：青岛76.4亿，济南68.6亿，临沂45.3亿，潍坊27.1亿，烟台19.5亿，淄博18.3亿，日照10.9亿，威海7亿，济宁6.2亿，菏泽5.3亿，泰安5.2亿，东营2.6亿，聊城2.3亿，枣庄2.1亿，德州1.5亿，滨州7983.9万。值得关注的是，"好客山东"官方渠道也宣布成为首个抖音小程序的用户，此时沉淀下的流量恰是转化的最好时机，这样的一条营销链路被成功走通。

（资料来源：旅游链接"实战案例：国内旅游营销经典荟萃"）

任务一 市场与市场营销

一、认识市场

市场是生产力发展到一定阶段的产物，属于商品经济的范畴，也可以说哪里有商品生产和商品交换哪里就有市场。马克思和恩格斯对于市场的理解为：市场是一种以商品交换为内容的经济联系方式，它是社会分工与商品生产的产物，是商品经济中社会分工的表现。

市场的基本关系是商品供求关系，基本活动是商品交换活动，基本经济内容是商品供求与商品交换。

营销学家菲利浦·科特勒：市场是由一切具有特定欲望和需求并且愿意和能够以交换来满足这些需求的潜在顾客所组成。

二、认识市场营销

（一）营销

营销是一种推广和销售产品或服务的过程，通过市场调查、广告、促销等手段，创造客户需求并满足客户需求，从而实现商业目标的活动。营销不仅是一种推销产品或服务的行为，也是一种考虑企业和客户需求的市场运营和策略，涉及整个企业，包括产品设计、制造和销售等各个领域。营销的主要目标是扩大市场份额，吸引新客户并维持老客户，同时，提高产品或服务的质量和商业价值。为了实现这些目标，营销需要不断进行市场研究和分析，了解竞争对手的情况，并开发新的市场和销售渠道。

营销主要是由市场营销和销售营销两种形式组成。市场营销是通过市场调研和分析确定市场需求，并设计产品或服务的类型、品牌、价格、分销和促销计划，以吸引客户。销售营销是具体推销产品或服务的行为，包括销售人员的讲解和演示以及各种促销活动。

（二）市场营销概念

市场营销源自英文"marketing"一词，有关市场营销的理论起源于20世纪初的美国，80年代传入中国。在过去近百年的研究过程中，各国学者从不同角度对市场营销的研究对象和研究内容进行过探讨，对市场营销也进行了多种定义。

美国市场营销协会（American Marketing Association，AMA）于1960年对市场营销下的定义是：引导产品或劳务从生产者流向消费者过程中的一切企业活动。这一定义的特点是把市场营销界定为产品流通过程中的企业行为。这里"营销"的含义基本与"销售"等同。

1985年，美国市场营销协会对市场营销下了新的定义：对思想、产品及劳务进行设计、定价、促销及分销的计划和实施的过程，从而产生满足个人和组织目标的交换。这一定义较之前者更为全面和完善。主要表现为：①产品内涵扩大了，它不仅包括产品或劳务，还包括思想；②市场营销内涵也扩大了，市场营销活动不仅包括营利性的经营活动，还包括非营利性组织的活动；③强调了交换过程；④突出了市场营销计划的制订与实施。

英国特许营销学会（Chartered Institute of Marketing，CIM）的定义为：以营利为目的，识别、预测和满足消费者需求的管理过程。

美国西北大学的教授菲利普·科特勒在《营销管理》一书中对"市场营销"的定义是：个人和集体通过创造，提供出售，并同别人交换产品和价值以获得其所需所欲之物的一种社会管理过程。

（三）市场营销的核心要素

要想真正理解市场营销的含义，还需要了解需要、欲望、需求、产品、效用、费用、满足、交换和交易等概念。

1. 需要、欲望和需求（need，desire and demand）

需要和欲望是市场营销活动的立足点和出发点。所谓需要，是指没有得到某些基本满足的感受状态，它是人类与生俱来的。例如，温饱、安全、受尊重等需要。所谓欲望，是指希望得到某种基本需要的具体满足物的欲望。人类的需要有限，欲望却很多，市场营销者无法创造需要，却可以影响欲望，开发和销售特定的产品和服务来满足欲望。所谓需求，是指人们有能力并且愿意购买某个具体产品的欲望。

2. 产品和商品（product and commodity）

人类通过产品来满足自己的各种需要和欲望，因此，任何能够满足人们需要和欲望的东西都可以称为产品。产品的价值不在于拥有它们，而在于它们所带来的对欲望的满足。而商品是指用来交换的产品，自产自销的产品就不属于商品。

3. 效用、费用和满足（utility，cost and satisfaction）

在对能够满足某一特定需要的一组产品进行选择时，人们所依据的主要标准是各种产品的效用。所谓效用,是指消费者对产品满足其需要的整体能力的评价。通常情况下,消费者都会根据这种对产品价值的主观评价和要支付的费用来做出购买选择。

4. 交换和交易（exchange and transaction）

人们的需要和欲望可以通过交换来实现。当某人感到饥饿时,为了满足获取食物的需要,他可以通过打猎、捕鱼或采集来解决,也可以通过乞讨来获得,还可以用某些资源,如金钱、其他物品或某些服务向他人换取。但是只有在交换时才会产生营销。如果各方达成协议,我们则将这种实际发生的交换行为称为交易。

任务二　认识旅游市场与旅游市场营销

一、旅游市场概念

根据对市场的定义,结合旅游业自身的特点,旅游市场的概念通常有以下几种。

（1）从经济学的角度看,旅游市场是旅游需求者和旅游供应者之间围绕旅游产品,在交换过程中所产生的各种联系和经济关系。这些经济关系的参与者可能涉及不同国家、不同旅游经营者、世界各地的旅游者,这将是一种非常复杂的关系网。

（2）从地理学的角度看,旅游经济活动的中心是旅游市场,旅游市场有商品市场的特性,它包括供给场所,也就是旅游目的地,又包括旅游需求群体,也就是旅游者,还包括旅游产品经营者和旅游者之间的全部交换关系。

（3）从市场学的角度看,旅游市场通常是指在某种特定的时间、地点与条件下具有购买欲望与支付能力的群体,即某一特定旅游产品的经常购买者和潜在购买者,通常被称为旅游需求市场或旅游客源市场。

作为市场的一个组成部分,旅游市场的本质与一般市场并无太大区别,它是旅游产品商品化的场所,是连接旅游产品供给者与需求者之间的桥梁,旅游企业的各种经济行为都在旅游市场中。

二、旅游市场特点

（一）全球性

旅游消费是一种非基本的高层次消费，其消费场所遍布世界各地，使全球性的旅游市场已经形成，旅游业的发展空间、旅游需求、旅游供给、旅游市场开发都具备了全球性的特点。这就要求旅游市场营销者能够及时、准确、全面地捕捉国际旅游市场的发展动态，并能客观、精准地研究和判断旅游市场的发展规律。此外，旅游市场营销者还要以所处地区和企业的实际情况为基础，研究国际旅游市场的需求特征，及时调整和设计旅游产品，适时对旅游服务进行宣介。

（二）异地性

所谓异地性，也可以理解为移动性。从旅游活动本身的特点来看，旅游目的地的旅游产品与旅游消费者之间在空间上有距离。因此，旅游者一旦经历旅游消费的过程，就必然要进行空间移动，从而导致旅游市场的形成会随着旅游者的移动产生空间移动，这是旅游市场非常重要的一个特征。

（三）季节性

旅游市场的季节性，与旅游供给和消费过程的同步性有关。就旅游目的地自身的原因而言，该地的气候条件对来访旅游季节性的形成具有重大的影响。例如，冬季一般选择南方温暖的地方，如海南等；夏季一般选择北方或沿海凉爽的地方，如黑龙江等。就客源地方面的原因而言，人们的出游目的和带薪假期的放假时间是左右该地市场出游季节性的主要因素。这种旅游目的地国家或地区由于自然因素的季节性差异以及旅游时间的不均衡，共同造成了旅游市场较为突出的季节性。

（四）波动性

旅游业是以需求为导向的行业，影响旅游需求的因素多种多样，从而使旅游市场具有较强的波动性。法律政策、经济状况、政治局势、环境气候等因素的微妙变化，都可能使旅游市场受到影响。与一般商品市场不同的是，旅游市场出售的不是具体的物质产品，虽然存在物质产品载体和依托，但主要是以出售服务为主的旅游线路，服务者的性格、情绪、服务水平等主观因素也同样会对旅游市场产生影响。同时，我们也要认识到旅游市场发展的双重特性。首先，它具有相对敏感性和脆弱性；其次，它的内在虽然有小波动，但不会影响长期向上的稳步发展趋势。

（五）多样性

旅游市场的多样性是由旅游产品种类、旅游购买形式、旅游交换关系的多样性所决定的。在当前的旅游业发展过程中，已经开发了各类旅游资源，旅游产品种类也丰富多样，这就造就了不同的旅游市场。使旅游者出现多种购买形式，表现出不同的旅游需求，并呈现出多样化和多层次性。

（六）高竞争性

当前全球的旅游市场都表现出非常明显的高竞争性。首先，旅游经营和投资主体越来越多元。旅游发展宏观环境的不断优化，引起国有、民间和境外资本纷纷涌入旅游业，想从中分得一杯羹，这样的投资环境带动了人才、思想、观念、方法、技术的全面提升。其次，当前国际国内旅游市场的高竞争性还与对旅游资源的激烈争夺有关。自然资源、人文资源、社会资源，凡是能够引起旅游者兴趣的资源，都难逃旅游经营者的"法眼"，皆处于被抢夺的境地。最后，旅游业态的种类在不断丰富，旅游的内容也不断拓展，其目的都是争得更多的客源市场。因此，旅游市场的竞争不仅空前激烈，竞争的领域更是涉及旅游主体、旅游内容、旅游方式等诸多方面。

三、旅游市场分类

旅游市场是一个整体，任何一个旅游产品的提供者都不可能独占整个旅游市场，更不可能满足所有旅游者的需求。因此，根据经营需要，应该从不同角度对旅游市场进行划分，以便有针对性地对不同的市场类型进行深入研究，以明确其历史、现状和未来发展趋势，更好地把握旅游市场的演变规律。根据不同的划分标准，旅游市场分类方法见表2-1。

表 2-1 旅游市场分类

划分依据	市场类别
所交换商品的属性	商品市场、生产要素市场
消费者的类别	女性市场、男性市场、儿童市场、青年市场、老年市场、高收入市场、中低收入市场
市场的地理空间	国际市场、国内市场、区域市场、城市市场、农村市场、山区市场、平原市场、北方市场、南方市场、内陆市场、沿海市场
市场的竞争状况	完全竞争市场、完全垄断市场、不完全竞争市场、寡头垄断市场
市场的时间标准	现货市场、期货市场
买卖双方在市场中的地位	买方市场、卖方市场
交易对象是否具有物质实体	有形市场、无形市场

旅游市场营销的最终目标就是增加旅游市场销售额，拓展新的市场，发展新的客源，培养和强化游客的忠诚度，增加及扩大旅游产品的价值，提高公众的兴趣，争取旅行社及其他中间商的支持，创建良好的旅游形象。因此，对任何一个国家、地区或旅游企业来说，在开发建设旅游区及旅游经营过程中，旅游市场的调查、划分、开拓、预测就显得十分重要，而这些工作都包含在旅游市场营销的整个过程当中。

四、旅游市场营销概念

旅游业的市场营销即旅游市场营销，是旅游经济个体（个人和组织）对产品、服务的构思、预测、开发定价、促销以及售后服务的计划和执行过程，它是以旅游者需求为中心、适应旅游市场环境的变化、实现旅游商品价值交换的统称。

旅游市场营销的最终目标就是增加旅游市场销售额，拓展新的市场，发展新的客源，培养和强化游客的忠诚度，增加及扩大旅游产品的价值，提高公众的兴趣，争取旅行社及其他中间商的支持，创建良好的旅游形象。因此，对任何一个国家、地区或旅游企业来说，在开发建设旅游区及旅游经营过程中，旅游市场的调查、划分、开拓、预测就显得十分重要，而这些工作都包含在旅游市场营销的整个过程当中。

五、旅游市场营销特点

与其他行业的市场营销相比，旅游市场营销在以下四个方面具有自己鲜明的特点，分别是市场特点、供求特点、产品特点和运行特点。

（一）市场特点

主要表现为市场的季节性、市场的多样性和市场的全球性。

（1）市场的季节性。第一，旅游目的地与气候有关的旅游资源在不同的季节其使用价值有所不同；第二，旅游目的地的气候本身也会影响旅游者观光游览活动；第三，旅游者闲暇时间分布不均衡也是造成旅游市场淡旺季的原因。

（2）市场的多样性。旅游者的年龄、性别、偏好等因素的差异性导致了旅游需求市场的多样性，同时，为旅游经营者创造了多样化的市场空间。从旅游供给的角度看，旅游经营者依托不同的自然景观与人文景观，进行不同形式的产品组合，可以使旅游者获得不同的感受和经历。此外，旅游经营者还可以依据旅游者购买形式的不同，采取包价旅游、小包价旅游、散客旅游等多样灵活的经营方式。而且，随着现代旅游的发展，一些并非专为旅游服务的其他社会资源也转化为旅游资源并创造了大量现代人造景观。由此，传统的旅游形式继续强化和充实，新的内容层出不穷。随着人类旅游需求在量和质上的不断提高，旅游活动的内涵还会不断拓展，变得更加丰富多彩。

（3）市场的全球性。随着社会生产力的发展，世界各国科技、经济关系的进一步密切，全球化的进程不断加快。各国的旅游市场由封闭逐步走向开放，从区域性的旅游市场发展成为世界性的旅游市场。旅游市场的全球性，首先，表现为旅游者构成的广泛性。现代旅游已由少数富裕阶层扩展到工薪阶层和全民大众。其次，交通运输的发达使旅游者的活动范围遍布世界各地，因而旅游需求市场十分广阔。再次，世界各国和许多地区都在大力发展旅游业，纷纷将旅游业视为促进本国或本地区经济发展的大事来抓，旅游的供给市场也逐步在全球范围内建立与完善。最后，旅游者的消费品位和观念在不断提高，只要经济条件许可，出国旅游已成为比较普遍的选择。

（二）供给特点

（1）刚性供给。旅游市场供给特点在于缺乏弹性。自然资源是客观存在的反映，其数量与质量是由自然条件决定的，由此它的提供要受客观条件限制，而不能发生很大的变化。虽然人们可以通过一些现代化手段来创造或改变旅游景点，但自然景观与历史条件在很大程度上决定着旅游供给的质和量。其次，对其改造也并非一件容易的事。开发利用自然资源需要较大的投资，人们不可能在短期内迅速扩大供给数量。同时，土建工程一旦完成，土地和设施很难再作其他方面的调整。再次，旅游供给不仅受到自然因素的影响，而且客观自然环境还将限制旅游供给容量。最后，为满足旅游者消费专门开发的各类设施，很难改作他用。除了供给总量，供给时间、供给项目等也一样，这就形成了旅游供给的刚性与旅游需求的弹性之间的矛盾。

（2）弹性需求。旅游市场消费需求特点在于旅游者收入、旅游服务价格、旅游目的地的季节性、旅游促销宣传、旅游服务质量等都表现为高度的弹性。旅游者收入状况及其增长与降低对旅游需求产生和发展都有较大影响。有研究结果表明，国民收入每年增加1%，可使国际旅游支出增加1.2倍，发达国家旅游需求增长速度显然快于居民收入的增长速度。此外，不同类型旅游需求和不同地区旅游消费需求具有不同的价格弹性。公务型旅游需求价格弹性较小，娱乐型旅游需求价格弹性较大。旅游热点的旅游需求价格弹性较小；反之，较大。

（三）产品特点

主要表现在产品的无形性、差异性、统一性和易逝性。

（1）无形性也称不可预知性、不可感知性，可从三个角度来理解。第一，旅游市场上提供的产品是一种服务、一种行为，不是实际存在的物体。游客不对旅游产品具有所有权，得到的只是一种旅游经历和感受。所以，旅游者在购买和消费之前很难预知。第二，消费后的利益有时不易当场感知，或不易完成感知，而需要一定积累。第三，旅游市场上游客也参与到旅游产品的生产过程中来了。在旅游业中，游客也成了旅游产品生产过程中必不可少的元素之一。因此，对旅游市场营销人员来说，要生产出符合游客需要的旅游产品，不仅要对从业人员进行一定管理，而且对游客也同样要进行某种管理，以便游客与旅游产品生产人员之间沟通，提高对旅游产品的满意度。

（2）差异性主要体现在旅游市场上产品的构成成分和质量水平难以控制，这可以从两个角度来理解。第一，旅游服务由不同的旅游企业中不同的服务人员提供。这种由人来执行的行为，会受到外部和自身许多因素的影响和制约。因此，不存在两次完全相同的服务。第二，旅游产品的好坏，供给者一方说了不算，还要以旅游者的切身感受为标准加以衡量。在相当程度上，后者的评价分量更重。然而由于旅游者本身的素质不同，对同一次旅游，每个人的感觉和评价都不一样。在旅游业强调个性化服务的今天，制定一套统一的服务标准难度很大，因此，需要激励旅游从业人员热情为游客服务。

（3）统一性也称不可分离性、服务直接性、顾客参与性。实物产品从生产到消费要经过一系列中间环节，时间上形成间隔，可以先生产、再销售、最后消费。服务产品恰恰相反，生产、流通、消费在时间和空间上往往统一，"三位一体"，即使有间隔也非常短暂。大多数服务产品，如旅游、理发、按摩、看病，有服务提供者而没有消费者参与都无法成立。

（4）易逝性也称为不可储存性或无存货性，即旅游产品不能被储存，留待以后出售；也不可以转移，搬运到别的地方出售，更不能重复出售和退还。

（四）运行特点

主要包括时间特点、渠道特点和整体分销特点。

（1）时间特点。基于旅游产品不可储存性的特点，旅游企业分销要特别重视时间因素的把握。时间不仅指为游客服务过程的迅速快捷，保质保量，而且还指在对待游客投诉的处理及回复的及时上，只有这样游客才会感到受到了重视，旅游企业的信誉才能逐渐建立起来。

（2）渠道特点。旅游市场上产品的分销渠道与有形产品不同，有形产品一般是通过物流渠道送到消费者手中，而旅游产品的分销是通过各旅游企业与游客签订合同，然后游客自己前来参与旅游产品的生产和销售，是一种短渠道、多网点的分销。

（3）整体分销特点。由于旅游产品是由食、住、行、游、购、娱六个要素组成的整体产品，因而旅游市场营销活动涉及社会的各个方面。其中，旅游饭店、旅行社和景区等旅游企业是旅游营销活动的主体。此外，还包括非营利性的政府有关机构，如旅游管理局等。所以，旅游市场营销是综合性、全方位的营销活动。

六、旅游市场营销观念的演变

（一）传统营销观念

旅游市场营销传统观念包括：生产观念、产品观念、推销观念、市场营销观念、社会营销观念。每一种营销观念都主导了旅游企业或行业当下的营销活动。

1. 生产观念

生产观念是以产品生产为中心，以提高生产效率、增加产品产量、降低成本为重点的营销观念。这种观念是在卖方市场条件下产生的，属于比较古老的观念之一。生产观念认为，消费者喜欢那些可以随处买得到而且价格低廉的产品，并不注重产品的质量。企业以生产为中心来规划和安排其他业务活动。"能够生产什么，就卖什么，能够生产多少，就卖多少"的经营思路，就是这种观念的典型概括。

2. 产品观念

产品观念是以产品的改进和生产为中心，以提高现有产品质量和功能为重点的营销观念，是从生产观念中派生出来的又一种营销观念。产生这种观念的客观背景基本上还是卖方市场，只不过供需紧张关系比较缓和，一些质量高、性能好、有特色的产品受到市场的追捧。这种观念认为，消费者喜欢高质量、多功能和具有某种特色的产品，"皇帝的女儿不愁嫁""酒香不怕巷子深"。将自己的注意力集中在现有产品上，集中主要的技术、资源对产品进行研究，看不到消费者需求的不断发展变化，看不到消费者对产品提出的新要求，看不到市场需求的变化，在市场营销管理中缺乏远见，常常使企业经营陷入困境。

3. 推销观念

推销观念（又称为销售观念）是以产品的生产和销售为中心，以促进购买激励销售为重点的营销观念，产生于卖方市场向买方市场过渡的时期。推销观念的主要内容是："我们推销什么，消费者就会购买什么。"现有的产品，只有经过积极的销售努力，才能全部销售出去。推销观念认为：消费者通常表现为一种购买惰性或抗衡心理，如果任其自然的话，他们一般不会自愿或足量购买某一企业的产品。

4. 市场营销观念

市场营销观念是以市场需求为中心，以研究并满足市场需求为重点的新型的营销观念。营销观念认为，实现企业营销目标的关键在于正确确定目标市场的需要和欲望，"顾客需要什么，企业就生产什么；顾客需要多少，企业就生产并出售多少"。从本质上说，市场营销观念抛弃了以企业为中心的指导思想，取而代之的是以消费者为中心的指导思想。

5. 社会营销观念

社会营销观念是以市场需求和社会效益为中心，以发挥企业的优势、满足消费者和全社会的长远利益为重点的营销观念，是对营销观念的修正和取代。社会营销观念要求企业在制定营销策略时，必须权衡三个方面的利益，即企业利润、顾客需要、社会利益。企业通过营销活动，充分有效地利用人力资源、生态资源，在满足消费者的需求、取得合理利润的同时，要保护环境、减少公害，维持一个健康和谐的社会环境，以不断提高人类的生活质量。

（二）新型营销观念

20 世纪 90 年代以后，旅游市场发生了巨大的变化，细分市场更加多样化，科技日新月异的发展，如"互联网+"、大数据、人工智能的普及等，旅游产品多样化等，传统的营销理念已经不能满足旅游业发展的需求，因此，一些新的营销理念逐渐产生并得以应用。

1. 旅游绿色营销

旅游绿色营销（Tourism Green Marketing）是旅游企业在满足旅游者消费需求的前提下，在保障企业自身利益和发展的基础上，注重生态平衡，减少环境污染，节约自然资源，维护全人类长远发展和公共利益的一种营销活动。据调查，自 20 世纪 80 年代以来，生态旅游以每年 30% 的速度发展，逐渐成为大众旅游产品的替代品。

2. 旅游网络营销

旅游网络营销（Tourism Net Marketing）是利用互联网进行旅游营销的一种活动，目前较为常见和通用的网络营销方式有网上市场调研、网上广告和网上销售。利用互联网的 Web 主页、电子邮件（E-mail）或其他形式进行市场调研，有利于旅游营销人员及时获取最新的市场信息，并适时制定营销决策。当前有大量的旅游公司通过互联网建立公司网站，并实时发送有关旅游产品的信息，用多媒体的形式将旅游产品可视化，吸引旅游者关注，使旅游者不出家门就可通过文字、图片、声音、虚拟画面等元素"身临其境"般地感受旅游产品的魅力，进而刺激他们的购买欲望。网上销售是将多媒体形式的旅游产品在互联网上进行展示，供旅游者进行浏览和选购，旅游电子商务平台逐渐成为流行的网络销售形式。

3. 旅游服务营销

旅游产品的特点之一就是服务的无形性，服务营销的应用正是这一特性的体现。传统市场服务营销的"4P"模式有四个构成要素，即产品（Product）、价格（Price）、渠道（Place）和促销（Promotion）。旅游服务营销是在"4P"基础上再加上"3P"要素，即人员（People）、环境（Physical Environment）、程序（Process）。由于服务性产品不像有形产品那样可以有统一的质量标准，因此，服务营销理念更注重产品质量的控制。在营销中，需要外部服务营销、内部服务营销和交互作用服务营销共同作用。外部服务营销是旅游企业定价、分销、促销的过程；内部服务营销是对企业内部员工的激励和培训；交互作用服务营销是员工与游客接触时对服务技能的展示。在旅游产品同质化严重的旅游市场中，要争取客源，扩大市场份额，就需要在服务方面展现出差异化和特色。旅游企业应在人员服务技能培训、旅游服务环境改善、旅游服务程序特色化、旅游服务品牌创建等方面进行差异化营销。

4. 旅游体验营销

旅游体验营销（Tourism Experiential Marketing）是体验营销与旅游业的结合，是一种全新的营销方式。旅游企业会根据旅游者情感需求的诉求，结合旅游产品所具有的服务属性，策划有特定氛围的营销活动，让游客参与并获得美好深刻的体验，满足其情感需求，从而扩大旅游产品和服务销售。与传统营销相比，体验营销更加注重旅游者的参与性、互动性和满意感。

5. 旅游关系营销

旅游关系营销（Tourism Relationship Marketing）是指以旅游企业和旅游者的相互关系为核心的营销。传统的营销方式一般是交易营销，强调一次性销售和抓住新顾客，而关系营销则重点关注旅游企业与顾客的关系。这种关系涉及旅游者、竞争者、旅游社区、供应商、分销商、政府机构、旅游企业内部员工及其他社会组织，旅游企业在营销时须正确处理好与这些相关者之间的各种关系，将良好的关系作为评判企业市场营销是否成功的依据之一。旅游者是旅游企业最主要的关系对象，质量上乘、服务周到的旅游产品是双方关系的纽带。旅游社区是属于当地居民的场所，发展旅游就会挤占当地居民的生存空间。政府部门是行业相关政策的制定者和管理者，旅游企业的营销活动应该在政策法规允许的范围内开展，同时，配合政府对行业的宏观管理，并与政府之间建立及时的沟通关系。旅游企业内部员工是直接与游客接触的，唯有满意的员工才会有满意的顾客，只有处理好与员工之间的关系，让员工感受到来自企业的关怀，旅游企业才能在团队的共同努力下走得更远。

6. 旅游文化营销

旅游文化营销（Tourism Culture Marketing）是旅游企业通过有意识的设计创造将旅游资源的文化内涵展示给旅游者，以满足旅游者对各种文化知识的渴求，实现旅游企业持续发展的一种营销方式。旅游文化营销具有时代性、可持续性和知识密集性的特点。旅游文化营销作为一种价值性活动总是反映和渗透着自己的时代精神，体现出时代的新思想、新观念。旅游资源的魅力很大程度上是靠其丰富厚重的文化底蕴来支撑的，没有文化内涵的风景是缺乏生命力的，在旅游市场中的竞争力也是非常微弱的。唯有深挖旅游资源的文化内涵，才能赋予旅游业、旅游资源和旅游企业可持续发展的灵魂。文化营销一定是伴随着开发含有大量知识信息的文化旅游产品的过程，使旅游者从中获得新知，思想获得升华，并能够启迪创新，促进全社会知识水平的提高。

7. 顾客满意导向营销

顾客满意导向营销是对20世纪50年代"以消费者为中心"理念的发展，它改变了传统旅游企业"以自我为中心"的思想。这种营销理念要求旅游企业以旅游者的现实与潜在需求为导向进行旅游产品的开发，营销过程中的每个环节都最大限度地满足旅游者的需求。除此之外，旅游企业还应及时收集顾客的反馈信息，分析其对旅游产品和服务的满意度，并据此进行产品和服务的改进，调整经营策略，稳定老客户，争取新客户。

8. 顾客价值导向营销

顾客价值可以理解为顾客期望从某一种特定产品或服务中获得的一组利益。顾客价值导向营销就是企业向顾客提供超越其心理预期，超越常规的产品和服务，使顾客对产品和服务感到满意，以此促进企业发展的一种营销方式。这种营销理念要求旅游企业在对客服务中要实现六个超越，即超越顾客心理期待、超越常规、超越产品价值、超越时间界限、超越部门界限、超越经济界限，如酒店为新婚夫妇送上鲜花、博物馆提供婴儿座椅、24小时的旅游咨询服务、导游救助突发疾病的游客等。

9. 整合营销

整合营销是一种对各种营销工具和手段的系统化结合，根据环境进行即时性的动态修正，以使交换双方在交互中实现价值增值的营销理念与方法。该理论创始人美国西北大学市场营销学教授唐·舒尔茨（Don Schulz）认为，传统的以"4P"（产品、价格、渠道、促销）为核心的营销框架，重视的是产品导向而非真正的消费者导向。面对20世纪90年代市场环境的新变化，舒尔茨认为企业应在营销观念上逐渐淡化"4P"，突出"4C"理念，即顾客（Customer）、成本（Cost）、便利（Convenience）和沟通（Communication）。

随着互联网在全球范围内的迅速普及和应用，网络营销已经成为发展趋势和潮流。人们在整合营销理论的基础上，又提出了网络新媒体整合营销"4I原则"，即趣味原则（Interesting）、利益原则（Interests）、互动原则（Interaction）、个性原则（Individuality）。通过口碑营销、搜索营销、博客营销、微博营销、品牌推广、危机公关、舆情监测、事件行销等具体方式拓展市场。

10. 数据库营销

数据库营销（Database Marketing）是为了实现接洽、交易和建立客户关系等目标而建立、维护和利用顾客数据库与其他顾客资料的过程。它是在互联网与数据库技术发展的基础上逐渐兴起和成熟起来的一种市场营销推广手段。

采用数据库营销模式，能够选择和编辑游客数据，选择适当的旅游者进行有针对性的沟通，判断出竞争对手的顾客特征，及时地进行营销效果反馈。当前的互联网和大数据时代，来自客源市场和竞争对手的数据，为旅游目的地有效开展营销活动提供了信息基础。"信息就是旅游业的生命线"，大数据概念的出现，更是突破了传统市场调研的局限，所获得的信息或者来自游客主动的陈述，或者来自游客客观的移动轨迹，是全面、真实的数据，它将传统抽样调研中来自概率推断的不准确性降到了最低，使目的地能够更加精确地掌握客源市场的构成和消费状态，掌握竞争对手的运营状态。

【思考】根据抖音公布的《2019抖音数据报告》显示：截至2020年1月，抖音日活跃用户数突破4亿，每两个网民中，可能就有一个抖音用户。

1. 为什么抖音从推广以来，能快速地收获这么多用户呢？

2. 调查一下你身边不同年龄阶段、不同职业的人群，抖音推荐给他们的内容是一样的吗？有哪些异同呢？

任务三　大数据时代背景下旅游市场营销

案例导入

文旅消费数据精准服务行业，全国首家智慧文旅行业大脑上线

2023年以来，习近平总书记强调"发展新质生产力是推动高质量发展的内在要求和重要着力点"。数据是形成新质生产力的优质生产要素，文旅消费数据对文旅行业发展、主管部门决策更是起到重要的指引作用。江苏文旅市场的"热辣滚烫"态势，从文旅消费数据"晴雨表"即可见一斑。据银联商务数据显示，2024年1—4月，全省银联渠道异地文旅消费2084.07亿元，同比增长27.5%，占全行业异地消费24.3%，同比提高5.62个百分点，占全国文旅消费总额的9.94%，位居全国第一。

但在当下，仍然存在行业消费数据"横向不可比、纵向不可加"、基础数据互不贯通的情况，为切实消除行业堵点、痛点和难点，5月28日，智慧文旅行业大脑发布暨文旅消费大数据实验室签约仪式在江苏南京举行。现场正式发布了智慧文旅平台行业大脑。江苏省数字文化和智慧旅游发展中心、南京市文化和旅游信息中心、美团文旅研究院、银联商务股份有限公司江苏分公司4家文旅消费大数据实验室成员单位签约。

文旅消费大数据实验室前身为江苏省数字文化和智慧旅游发展中心、南京市文化和旅游信息中心、美团文旅研究院于2022年成立的文旅大数据应用与标准研究实验室。实验室成立后，建立了江苏全省及各市旅游市场消费规模的大数据测算模型，同时，从位置交通、入园便捷度、游玩体验、景区服务、景区文化、票价、安全卫生、整体感受八大维度构建了景区服务质量大数据评价标准体系。

（资料来源：江苏省文化和旅游厅官网）

|案例分析|

旅游大数据分析在旅游市场营销中已广泛使用。精准营销是一个典型的应用场景，例如，某旅游公司通过分析游客的搜索和预订记录，发现某些目的地在特定时间段内的搜索量大幅增加，于是及时推出针对这些目的地的优惠活动，显著提高了预订量。旅游资源优化也是一个重要的应用场景，通过分析游客的流量数据和反馈，旅游管理部门可以合理规划景点的开放时间和设施配置，提升游客体验。旅游需求预测通过历史数据和季节性因素的分析，可以帮助旅游企业提前准备，优化资源配置。

一、国内大数据与旅游市场营销的研究

（1）营销创新方面。吴英基于AISAS模型，从关注度（Attention）、需求度（Interest）、关联度（Search）、消费度（Action）和反馈度（Share）五个方面构建数据挖掘技术与旅游消费行为之间的关系图，将旅游企业对旅游消费者行为数据挖掘的过程分为五大类，在此基础上提出旅游企业在大数据背景下的关联推荐网络营销创新模式。

（2）旅游营销变革方面。具体分析大数据对旅游业产业链上具体环节的影响，例如，分析大数据给农家乐旅游营销带来的变革。认为大数据可以使农家乐旅游产品更加具有特色，还可以对潜在游客进行挖掘分析，提升旅游人气。

（3）旅游精准营销方面。从精准营销概念和实际应用须重视的问题基础上，对旅游业实施精准营销提出了四点建议，即建立反馈机制、沟通机制、提高数据分析技术，以及加强旅游业信息基础设施建设。

（4）旅游业大数据应用方面。通过对旅游者游前的搜索、游中的分享以及游后

的点评数据分析，可预测旅游地客流量、旅游地近几天的旅游交通详细情况，可找出旅游地客源市场，有效提升旅游企业的管理、服务和营销三大能力，以及通过旅游者的反馈数据可分析旅游新产品或新项目的可行性。

二、旅游大数据在旅游市场营销中的应用

（1）识别旅游者需求，实现精准营销基于各类搜索数据，可以精准地找到客源市场，再通过对客源市场游客属性数据的挖掘分析，可以精准判断旅游者个人行为爱好，从而精准投放营销信息或促销活动信息，并针对不同目标市场和不同旅游者制定相应的营销活动方案。

（2）监测景区客流，提升管理水平使用大数据技术对互联网、运营商、旅游地的多地方数据挖掘分析，可预测景区在将来一段时间内的客流量、车流量，提前做好运营和接待准备。

（3）预测出行交通情况，为旅游者提供指导。通过大数据分析，可预知游客始发地点的交通情况。当旅游者在出行路上时，通过大数据技术的实时跟踪和分析，可为游客提供出行需要的注意事项。在游客出行前推介方案，可减缓景区人群覆景的拥挤现象，也为其他客流稀少的景区带来游客，利于整个旅游业均衡发展。在游客游中的提醒服务，不但使游客更加忠实于旅游产品和企业，同时，还提高游客出行的体验质量和满意度。

（4）实景地图，全方位展示旅游产品实景地图不仅能够将旅游地全方位地展示在游客眼前，使游客更真实地了解旅游地，进而萌生出游的想法，还为旅游产品供应方提供了更好的真实平台。

（5）评估新型旅游项目不仅涉及景区数量、旅游产品、旅游项目的同质化，而且涉及买方市场和卖方市场的变化，甚至门票经济的困惑，都能够借助大数据的判断，以此来应对这些危机、困难的局面。

（6）监控旅游舆情，监控游客对景区在论坛、微博、微信、点评等社区所做出的表扬、批评甚至是发牢骚，采用网络文本、图像挖掘等非结构化数据处理技术，对游客关于出游地、旅游产品质量、旅游人员服务态度所做出的正负面反馈，进行实时追踪分析相关数据。

三、大数据在旅游业中的应用现状

（一）旅游大数据的现状

国家中长期科技发展规划纲要首先提出优先主题：重点研究开发旅游等现代服务业领域发展所需要的高度可信的网络软件平台及大型应用支撑软件、中间件、嵌入式软件与基础设施、软件系统集成等关键技术，提供有效的解决方案。从政策层面上把旅游和云计算（网格计算）结合起来，作为信息产业优先发展的主题，从另外一个角度来看基于云计算技术的旅游信息平台则是旅游的基础。

（二）大数据在旅游业的发展前景

大数据的应用不仅限于营销，还要能够开展旅行社团队跟踪监测、景区人数监测，并与公安部门合作进而获取公安住宿联网数据，这些数据为旅游行业管理提供了重要的决策依据。

（三）大数据在旅游业中的应用方式

1. 实现精准定位，明确市场目标

现在的旅游消费者广泛利用网络进行旅游信息的搜集与决策，因此，会产生大量的旅游数据，可以利用大数据技术对产生的旅游数据进行挖掘、分析与处理，挖掘出有价值的信息，再进行进一步的细分，深入分析不同客源地、不同年龄结构、不同职业游客的偏好、规律性变化和兴趣点，并基于数据开展有针对性的旅游营销活动，策划设计不同层次的旅游线路。根据自己的优势，结合大数据的分析结果，实现精准定位，明确自己的市场目标，为游客提供更加精准化的旅游产品与服务。

2. 实现定制服务，产品创新

利用大数据对游客的旅游信息进行分析，挖掘海量数据背后的价值，对得出的数据进行归纳，对于不同的游客进行分类，系统分析不同类别游客的出游行为、出游习惯、消费偏好等。然后根据这些信息为游客提供个性化的产品与服务，帮助游客快速决策，满足游客的个性化需求。例如，途牛网、穷游网、携程等平台利用大数据为游客提供定制场景服务，为游客提供单身、冒险、亲子、情侣等主题旅行。

3. 与游客建立良好的关系，实现双赢

在目前旅游市场竞争越发激烈，旅游产品同质化现象严重的情况下，与游客建立良好的客户关系十分重要。通过大数据分析，可以了解游客的消费信息，进而有针对性设计或优化旅游产品与服务，与游客建立良好的销售关系，获得游客的忠诚度，将一次性游客转化为长期游客，从而使产品获得更好的销售，提高产品的市场竞争力。

4. 全方位获取信息，降低销售成本

传统的旅游营销想要获得游客的信息或进行旅游产品和线路的开发，需要耗费大量的人力、物力、财力，且缺乏真实性。而大数据时代，获取游客的信息便利、全面、高效，信息的可信度也更高，也可以节省大量的资金，降低成本。

5. 实现风险管理与预测

大数据技术有助于旅游企业进行风险管理和预测。通过对市场数据的实时监控和分析，企业能够及时发现潜在的市场风险，并采取相应的措施来降低风险。例如，在旅游高峰期，通过大数据分析预测游客流量，提前进行资源调配和营销推广，避免游客拥堵和服务质量下降。

四、大数据对旅游业的影响

（一）机遇

（1）提升旅游服务质量。可以利用旅游业数据库进行分析，以旅游六要素食、住、行、游、娱、购为数据模型，根据实际情况建立横纵双向维度进行扩张的分析模型，依托行业数据库进行分析推演。

（2）改善旅游经营管理。旅游企业可以从企业内部管理系统着手，增强企业内部的数据化程度，进而优化内部管理流程。旅游是一项庞大、复杂的经济社会活动，利用来自不同方面的数据进行产业运行情况分析以及监测，从而对产业实施有效管理，这是推动旅游业科学发展、建设现代旅游产业的必要手段。

（二）挑战

旅游产业是典型的体验经济，而这种体验不仅会存在消费者的记忆中，同时，也会以点评的方式被消费者发布在网上。众多不一的点评数据，往往会让旅游业者

理不清头绪。而网络信息的快速传播会加大差评的影响力，倘若旅游企业对相关不良数据处理滞后，则会影响企业形象。与过去游客单纯通过行业投诉电话反映意见不同，网络点评具有及时性以及扩散性，如何智慧地应对这些点评，从而扩大正面影响，降低负面影响，将会成为旅游企业面临的新课题。而这类大数据带来的新挑战，已经越来越多地出现在旅游业者面前。

| 实训任务 |

学会树立现代营销的观念，掌握数据库营销的方式

以项目团队为基础，在老师的指导下，应用所学知识，分析重庆洪崖洞景区是如何一夜爆红，并持续保持热度的。分析要点：

1. 重庆洪崖洞景区的营销融入了哪些旅游营销观念？
2. 重庆洪崖洞景区具有哪些特色？
3. 重庆洪崖洞景区在一夜爆红以后，采取了哪些措施，让其一直持续保持热度，你获得哪些启发？

【实训准备】

1. 组建3～5人规模的项目团队，选出项目组长，建议每次的组长不同。
2. 根据自己特长选择任务，组长协调。
3. 有条件的一组准备一台电脑、记录笔、智能电话。

【实训过程】

1. 教师给出关于重庆洪崖洞景区旅游市场营销案例的获取渠道。
2. 团队成员收集相关资料并进行剖析。
3. 每个成员根据自己的特长进行分工协作。
4. 团队成员进行讨论并得出综合结论。
5. 确定汇报人选。

【实训结束后工作】

1. 团队实训情况总结。
2. 团队代表总结发言。
3. 教师点评。

4. 团队继续完善项目分析报告。

【自我评估】

1. 旅游市场及旅游市场营销的含义。
2. 旅游市场营销观念的演进经过了哪些阶段？
3. 旅游市场营销的意义是什么？
4. 旅游大数据营销的主要方式有哪些？

|开放性案例|

借鉴"与辉同行"模式　带火涪陵暑期旅游

2024年7月，"山城之上赛博'重庆'"与辉同行专场直播活动走进重庆，为全国网友推荐重庆美景美食和山城好物。涪陵特产借力"与辉同行"，仅仅三天就卖出了9万单，销售金额超过230万元，极大地提升了涪陵特产的知名度和美誉度。我们研究"与辉同行"直播活动中的典型案例，总结和借鉴"与辉同行"模式的成功经验，带火涪陵暑期旅游。

"与辉同行"模式的核心在于采取"网红直播＋自媒体短视频"的新型营销模式，通过巨大的网络流量带来良好的宣传效应和经济效应。从"与辉同行"直播活动可以看出，直播不仅销售当地的土特产品，还宣传当地的文化和旅游。比如，董宇辉到武隆、奉节、大足、合川等区县参访著名景点的直播活动，在网络上产生了热烈的反响，对当地的文化和旅游宣传起到了巨大的推动作用。

他山之石，可以攻玉。眼下，暑期旅游大幕已经拉开。我们要借着"与辉同行"的东风，借鉴"与辉同行"的经验，抢抓机遇，聚焦暑期旅游的重要群体，创新涪陵文旅营销宣传模式，创意策划促销活动，推出精品旅游线路，丰富文旅产品供给，让涪陵暑期游火起来。比如，针对学生群体以及亲子群体这一暑期旅游主力军，充分利用白鹤梁、816工程、榨菜等标志性文旅IP，采取"网红直播＋自媒体短视频"的方式，设计"研学游""亲子游"等文旅产品，采取知名学者线上点评教学的直播方式，推出线上线下相结合的"跟着学者逛涪陵"等活动，吸引八方学子来涪陵研学旅游。又如，针对有避暑需求的群体，可以充分利用武陵山国家森林公园、武陵山大裂谷、大木花谷等景区独特的自然资源，设计"情侣避暑游""康养避暑游"等文旅产品，推出"跟着网红去露营"等直播活动，让涪陵成为避暑游的网红打卡点。此外，还可采用线上线下奖励措施，激励游客、网红拍摄自媒体短视频，介绍涪陵景区的旅游星级饭店、旅游民宿、乡村旅游示范点等。

打卡涪陵，幸福来临。我们相信，只要涪陵相关各方合力并进，"与辉同行"模式定会在涪陵开花结果。火热的夏天已经来临，火热的涪陵暑期旅游还会远吗？

（资料来源：涪陵发布，涪陵区融媒体中心）

【思考】为什么旅游+视频能碰撞出火花？

1. 短视频的内容精简、主旨明确，趣味化的内容相比文字和图片更有吸引力。
2. 视频更容易把人带入特定场景中去从而引起用户共鸣。
3. 视频短且互动性强，用户更容易产生较快的传播分享。

第二部分　应用篇

项目三　大数据分析与旅游市场营销环境分析

◆ **学习目标**

知识要求

1. 熟悉旅游市场宏观环境、微观环境分析内容。
2. 掌握宏观环境、微观环境数据获取的渠道和方法。
3. 掌握 SWOT 模型。

技能要求

1. 能够掌握宏观环境、微观环境使用的场景。
2. 能够应用正确的方法获取相关数据。
3. 能够应用 SWOT 模型。

◆ **职业素养目标**

1. 树立正确的价值观念，以合理合法的方式获取和应用数据资源。
2. 学会用发展的眼光看待事物。

| 案例导入 |

2023 旅游热度数据分析

通过马蜂窝出品的《2023 旅游大数据报告》，选取一系列相关数据，勾勒出一幅生动的旅游业发展图景。

1. 旅游市场强劲复苏，暑期热度显著增长

2023 年，旅游市场强劲复苏，人们的出游热情持续攀升。数据显示，暑期是旅游高峰期，热度占比 30%，相较于 2019 年也有显著增长。在法定节假日中，中秋国

庆和春节的出游需求最为旺盛，分别占据了整体旅游热度的50%和23%。

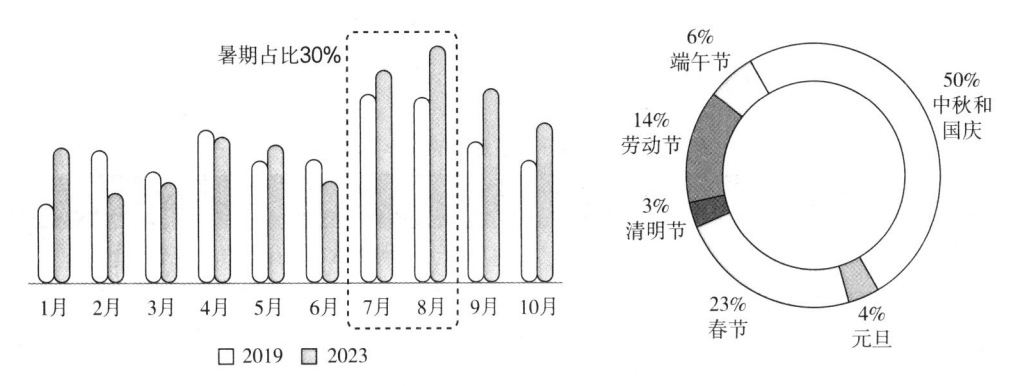

▼ 2023年热度趋势及节假日热度分布

2. 玩法多元化的城市，成为旅行者的首选

2023年热度最高的TOP10城市是北京、成都、重庆、上海、杭州、西安、广州、贵阳、苏州、南京。数据显示，探索一个城市的不同角落来体验当地的生活方式和文化，受到越来越多年轻旅行者的喜爱，城市夜游、Citywalk、城市美食巡礼等玩法已经成为许多城市旅游推广的一部分，特别是那些具有丰富文化遗产的城市。

3. 旅行者渴望"避开人潮"，特色"乡村游"受追捧

数据显示，万宁、延吉、婺源等成为今年的热门旅游目的地。这一趋势反映了2023年中国旅游市场的多元化特点：无论是田园风光、喀斯特地貌，还是地域文化，各具特色的旅游目的地都受到了游客的热烈追捧。

2023年热门郡县乡镇TOP20

排名	目的地	城市	省份	排名	目的地	城市	备份
1	万宁		海南	11	康定	甘孜	四川
2	延吉	延边	吉林	12	安吉	潮州	浙江
3	婺源	上饶	江西	13	霞浦	宁德	福建
4	九寨沟	阿坝	四川	14	凤凰古城	湘西	湖南
5	荔波	黔南	贵州	15	陵水		海南
6	阳朔	桂林	广西	16	庐山	九江	江西
7	平潭	福州	福建	17	桐庐	杭州	浙江
8	顺德	佛山	广东	18	荥经	雅安	四川
9	香格里拉	迪庆	云南	19	神农架		湖北
10	敦煌	酒泉	甘肃	20	都江堰	成都	四川

4. 探索自然的静谧，小众目的地具有独特"吸引力"

2023年，热度飙升"小众目的地"TOP10分析，发现：年轻旅行者热衷于探索那些鲜为人知的天然宝藏，追求宁静和自然之美，对他们来说，这些"风景迷人、远离喧嚣"的小众目的地具有独特的"吸引力"。

2023年热度飙升"小众目的地"TOP10

排名	目的地	城市	省份	热门景点
1	彭州	成都	四川	葛仙山、九峰山、中坝森林、海窝子古镇、成都龙兴寺、彭州白鹿上书院、丹景山、天台山、白鹿中法风情小镇
2	花溪	贵阳	贵州	青岩古镇、花溪夜郎谷、天河潭、花溪国家城市湿地公园、花溪公园、高坡云顶苗寨、高坡苗族乡、多彩贵州城
3	广汉	德阳	四川	三星堆博物馆、雒城、三星堆国家考古遗址公园、中国民航飞行学院、龙居寺
4	梅河口	通化	吉林	知北村、东北不夜城、鸡冠山国家森林公园、梅河口海龙湖
5	榕江	黔东南	贵州	大利侗寨、三宝千户侗寨、车江三宝侗寨、宰荡侗寨、月亮山、八蒙水寨
6	理塘	甘孜	四川	长青春科尔寺、格聂之眼姊妹湖、勒通古镇·千户藏寨、卡子拉山、仓央嘉措微型博物馆、理塘草原
7	珲春	延边	吉林	防川风景区、珲春欧式街、甩湾子断桥、东方第一村、珲春市、圈河口岸
8	南澳	汕头	广东	南澳岛、青澳湾、黄花山国家森林公园、南澳北回归线标志·自然之门、海上渔村、金银岛、三囱崖灯塔
9	太仓	苏州	江苏	太仓沙溪古镇、浏河古镇、金仓湖公园、苏州中心广场、弇山园、太仓现代农业园、太仓天镜湖
10	茫崖	海西	青海	茫崖翡翠湖、俄博梁、茫崖之眼艾肯泉、火星营地、黑独山

5. 热度飙升：生态旅行、文化体验、城市旅行

数据显示，2023年，生态旅行、文化体验、城市旅行、节庆巡礼、康养旅居等旅游主题热度暴涨，其中，生态旅行热度同比增长298%，文化体验热度增长262%，此外，疫情之后，人们的健康意识不断提升，在假期来一次"身体和心灵的疗愈之旅"也受到越来越多人的喜爱。

▼ 2023年"生态旅行"热门新玩法

- 热带雨林漂流探险
- 大瀑布旁享用避世茶歇
- 住进天然溶洞
- 观候鸟迁徙探索自然奥秘
- 探索夜间动植物世界

▼ 2023年"生态旅行"热度飙升目的地TOP10

威海（山东）	迪庆（云南）
恩施（湖北）	百色（广西）
宁德（福建）	丽水（浙江）
阿坝（四川）	万宁（海南）
毕节（贵州）	海西（青海）

6. 新兴的海岛玩法正日益成为旅游市场亮点

2023年，旅行者不再满足于传统的海滨度假，他们热衷探索海岛新玩法，追求个性化的体验和与自然更深层次的互动。

▼ 2023年"海滨海岛+新玩法"

- 浪漫海岛赏日落
- 美人鱼潜水体验
- 海底珊瑚移植
- 追"蓝眼泪"奇观
- 乘船出海
- 夜宿鲸鲨馆

7. 深度"文化体验"需求日益增加

数据显示，2023年，历史建筑和文化遗产受到旅行者的青睐，北京、苏州和西安在"文化体验"热门城市中位居榜首。随着全球旅行者对深度文化体验需求的日益增长，这些兼具历史深度和文化丰富性的城市成为旅游市场的亮点。

▼ 2023年"文化体验"热门城市TOP10

北京	苏州
南京	长沙
西安	黔东南
洛阳	大同
成都	杭州

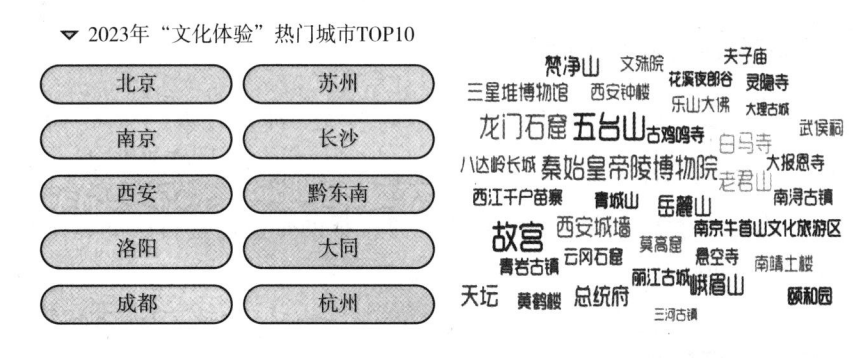

梵净山　文殊院　夫子庙
三星堆博物馆　西安钟楼　花街夜朗乡　灵隐寺
龙门石窟　五台山　古鸡鸣寺　乐山大佛　大理古城
八达岭长城　秦始皇帝陵博物院　白马寺　武侯祠
西江千户苗寨　青城山　岳麓山　老君山　大报恩寺
故宫　西安城墙　南浔古镇　南京牛首山文化旅游区
青岩古镇　龙门石窟　莫高窟　悬空寺
天坛　黄鹤楼　总统府　丽江古城　峨眉山　南靖土楼　颐和园
三河古镇

8. 夜游以其独特魅力吸引着旅行者，多样玩法打开夜游新篇章

夜游以其独特的魅力吸引着游客：灯火阑珊处呈现出别样的美景，夜晚特有的宁静氛围增添了探索的心情。夜市、歌舞表演、夜间骑行、夜钓以及其他丰富的夜间活动为游客带来了独特的体验。马蜂窝大数据显示，2023年，最受欢迎的"夜游"玩法包括逛夜市、赏夜景、坐夜航、看灯光舞美秀、夜游博物馆、篝火晚会、城市夜骑、海上夜钓等。

（资料来源：根据公众号"文旅市场研究"《2023旅游大数据报告》整理）

| 案例分析 |

  旅游市场在哪里？科学的做法不是企业决策者凭经验来判断，而是基于对市场环境的分析和把握。一篇新闻报道传递的经济情报，一项政策法规传递的发展红利，一篇调查报告分析，都是对市场环境的分析信息，有助于帮助旅游企业认清局势，发现市场蓝海，创造价值点。当然，对经济、政策的分析只能说是开拓市场的"天时"，而对行业环境的分析则是"地利"。要准确地找到"天时""地利"则需要大量的数据信息进行鉴别、分析，从而在纷繁复杂的环境中找到属于自己的市场机会。本项目以旅游市场的宏观环境和微观为基础，借助大数据分析旅游市场面临的环境，帮助旅游企业和旅游目的地找到自己的市场。

任务一 旅游市场营销宏观环境

一、旅游市场宏观环境定义

  旅游市场的宏观环境是一个复杂而多维的系统，涉及政策、经济、社会文化、科技、法律、自然等方面，尤其注重社会文化、经济发展水平、人身安全等方面，分析宏观环境的目的在于认清企业所处的局势，帮助企业调整自己的营销战略，找到营销方向、实现营销目标。

二、旅游市场宏观环境内容

（一）政策因素

  旅游市场宏观环境中的政策因素是影响旅游业发展的重要方面，这些政策因素通常包括国家层面的旅游发展规划、旅游产业政策、出入境政策、防疫政策以及促进旅游消费的政策等。

1. 国家层面的旅游发展规划

国家层面的旅游发展规划是一个综合性的战略规划，旨在指导全国旅游业整体的长期发展方向。这些规划通常包括旅游资源的开发与保护、旅游市场的拓展、旅游产品的创新、旅游服务质量的提升等内容。这些政策为旅游业的发展提供了宏观指导和战略支持。

例如，2024年5月17日，全国旅游发展大会在京召开，随后文化和旅游部、国家发展改革委、财政部、自然资源部、住房城乡建设部、交通运输部、农业农村部、应急管理部、国家消防救援局9部门联合印发《关于推进旅游公共服务高质量发展的指导意见》，并安排文化和旅游部公共服务司负责同志就《指导意见》有关问题，回答记者提问。深度剖析《指导意见》出台的背景和重要意义。分析当前旅游发展的新机遇新挑战，提出做好新时代旅游工作的总体思路和重点任务，对完善现代旅游业体系、推动旅游业高质量发展、加快建设旅游强国作出全面部署。

2. 旅游产业政策

为了促进旅游业的健康发展，国家会出台一系列的旅游产业政策。这些政策可能包括财政补贴、税收优惠、融资支持等，以鼓励旅游企业的投资和创新。同时，政府还会加强对旅游市场的监管，打击不正当竞争行为，维护旅游市场的公平和秩序。例如，2021年10月25日，文化和旅游部部务会议审议通过《文化和旅游市场信用管理规定》，自2022年1月1日起施行。规定保护各类市场主体、从业人员和消费者合法权益，维护文化和旅游市场秩序，促进文化和旅游市场高质量发展。

3. 出入境政策

出入境政策是影响国际旅游市场的重要因素。随着全球化的深入发展，各国之间的出入境政策日益开放和便利。这有助于促进国际旅游市场的繁荣和发展。同时，政府还会加强对出入境人员的监管和管理，确保旅游活动的安全和有序进行。

例如，根据《中华人民共和国外国人入境出境管理条例》，外国人入境签证分为多种类别，如C字签证（发给执行乘务、航空、航运任务的国际列车乘务员等）、F字签证（发给入境从事交流、访问、考察等活动的人员）、L字签证（发给入境旅游的人员）等。新冠疫情期间，我国旅游出入境政策有特殊要求，疫情结束后，旅游复苏，全面恢复实行内地居民赴港澳团队旅游签注"全国通办"。自2023年5月15

日起，内地居民可向全国任一公安机关出入境管理机构提交赴香港、澳门团队旅游签注申请，申办手续与户籍地一致。（来源：中国政府网，国家移民管理局公告）

4. 防疫政策

近年来，新冠疫情对全球旅游业造成了巨大冲击。为了应对疫情的影响，各国政府纷纷出台了防疫政策。这些政策包括限制人员流动、实施隔离措施、加强旅游场所的卫生管理等。随着疫情形势的好转和防疫政策的调整，旅游市场逐渐复苏并迎来新的发展机遇。

5. 促进旅游消费的政策

为了刺激旅游消费和拉动经济增长，政府还会出台一系列促进旅游消费的政策。这些政策可能包括发放旅游优惠券、推出旅游套餐、举办旅游节庆活动等。这些政策有助于提升旅游市场的吸引力和竞争力，促进旅游业的快速发展。

例如，2024年贵州文旅"四免一多一减"优惠活动：景区免票优惠，"一票多日使用制"优惠，高速公路通行费五折优惠，极大地促进贵州旅游业的发展。2024年7月25日，贵州省2024年上半年经济运行情况新闻发布会公布了一组数据，今年上半年，贵州旅游接待总人数、旅游总收入分别同比增长9.6%和12.4%，民航旅客吞吐量增长17.6%，商品零售增长5.2%，餐饮收入增长7.6%。文旅发展给贵州下半年经济开了一个好头，这些数据实至名归，却也来之不易，既是挑战也是机遇。

6. 其他相关政策

此外，还有一些其他相关政策也会对旅游市场产生影响。例如，交通政策、环境保护政策、文化遗产保护政策等都会直接或间接地影响旅游业的发展。因此，在制定旅游政策时，需要综合考虑各种因素并加强跨部门协作以确保政策的科学性和有效性。

例如，2023年5月，文化和旅游部下发《乡村文化和旅游带头人支持项目实施方案（2023—2025年）》，通过加强联系服务、实施项目资助、搭建交流平台、强化教育培训、鼓励创新实践等方式，充分激发带头人发展潜力，进一步加强乡村文化和旅游带头人队伍建设。2023年9月，国务院办公厅发布《关于释放旅游消费潜力推动旅游业高质量发展的若干措施》，推进文化和旅游深度融合发展，丰富"音乐+旅游""演出+旅游""展览+旅游""赛事+旅游"等业态。

旅游市场宏观环境中的政策因素是影响旅游业发展的重要方面。政府需要制定科学合理的旅游政策并加强监管和管理，以确保旅游业的健康发展和市场秩序的维护。同时，旅游企业也需要密切关注政策变化并灵活调整经营策略，以应对市场变化带来的挑战和机遇。

（二）经济环境

1. 国内生产总值

国内生产总值（Gross Domestic Product，GDP）是指一个国家（或地区）所有常住单位在一定时期内生产活动的最终成果。它是国民经济核算的核心指标，也是衡量一个国家或地区经济状况和发展水平的重要指标。例如，2023年：中国全年国内生产总值达到1260582亿元，比上年增长5.2%。据文化和旅游部统计，2023年，国内出游人数48.91亿人次，比上年同期增加23.61亿人次，同比增长93.3%，涨幅明显，恢复至2019年（60.1亿人次）的81.38%，国内旅游市场复苏加速。

按照国际惯例与旅游发展的通行规律，随着人均GDP的增加，旅游产业随之发展。当人均GDP达到1000美元，观光旅游兴起；当人均GDP达到2000美元，每个家庭每年可以外出度假一次；当人均GDP达到3000美元，每个家庭平均每年可以外出度假两次；当人均GDP达到5000美元，旅游将进入成熟的休闲度假经济……GDP总体上反映了经济的走向，对旅游市场的发展趋势有重要参考作用。

2. 消费者收入

消费者收入是一个复杂而多维的概念，它涉及个人从各种途径所获得的收入总和，包括工资、租金收入、股利股息、社会福利等。

消费者收入是影响其消费行为和消费趋势的重要因素之一。具体来说，消费者收入对旅游消费的影响主要体现在以下几方面。

购买力：消费者收入的高低直接决定了其购买力的大小。收入越高，消费者的购买力越强，能够购买的商品和服务种类也越多。

消费结构：随着收入水平的提高，消费者的消费结构也会发生变化。一般来说，食品、衣着等基本生活消费在总消费中的比重会逐渐下降，而教育、文化、娱乐等发展型和享受型消费的比重会逐渐上升。例如，随着国民经济的持续发展和居民收入水平的提高，消费者支出将继续保持稳定增长态势，消费结构也发生了变化。据《中国国民旅游状况调查（2023）》显示，45.3%的受访者未来一年会增加旅游消费支出。

消费趋势：消费者收入的变化还会影响其消费趋势。例如，在收入增长预期谨慎的情况下，消费者可能会更加注重储蓄和理财；而在收入增长预期乐观的情况下，消费者则可能更加倾向于增加消费支出。

3. 消费储蓄和信贷

居民的储蓄行为是指将可支配收入存入银行，暂时不进行消费。储蓄的多少影响到居民消费能力的高低。储蓄越多，可用于直接消费的钱就越少；反之亦然。储蓄的多少跟国家利率有明显的关系。利率高，储蓄量就高；反之亦然。储蓄的目的最终也是消费，只是推迟了消费的时间。

储蓄对旅游业的影响是复杂而多面的。一方面，储蓄为旅游消费提供了资金保障，增强了旅游市场的消费能力和稳定性；另一方面，高储蓄率也可能在一定程度上抑制即期旅游消费和高端旅游市场的发展。因此，在促进旅游业发展的过程中，需要综合考虑储蓄的影响因素，制定合理的政策措施以引导消费者理性储蓄、合理消费。

信贷消费就是凭借信用，预先取得商品使用权，然后才进行相应的付款。消费信贷的出现，改变了人们的消费观念，如买房按揭贷款，购买手机分期付款，教育培训分期付款，机票、酒店等先消费后付款。信贷通过改变消费支出的时间节点，让人们有更多的钱用于生活必需品以外的消费。

信贷对旅游的影响是深远的。它促进了旅游消费的增长和旅游业的繁荣发展；同时，也需要旅游者和旅游企业关注其中的风险和挑战。在未来的发展中，应进一步完善信贷市场和旅游市场之间的衔接机制，推进信贷在旅游消费中的健康有序发展。

4. 汇率变化

汇率变化对旅游业的影响是多方面的，涉及旅游成本、消费决策、市场竞争力等多个层面。

（1）影响旅游成本

出境游成本：当本国货币贬值时，出境游成本会相应增加，因为需要用更多的本国货币来兑换外币以支付旅游费用。这会导致旅游产品价格上涨，影响消费者的旅游意愿和购买力。相反，当本国货币升值时，出境游成本会降低，使旅游产品价格更具竞争力，吸引更多消费者。

入境游成本：对于外国游客来说，本国货币汇率的变化也会影响他们的旅游成本。当本国货币升值时，外国游客在本国旅游的消费成本会相对降低，增加他们的旅游意愿。反之，当本国货币贬值时，外国游客的旅游成本会增加，可能减少来本国的旅游次数。

（2）影响消费者决策

旅游目的地选择：汇率变化会影响消费者对旅游目的地的选择。当本国货币贬值时，消费者可能会选择价格更低、性价比更高的旅游目的地；而当本国货币升值时，他们可能会更倾向于选择价格较高但品质更好的旅游目的地。

旅游消费结构：汇率变化还可能影响旅游者的消费结构。例如，当本国货币贬值时，旅游者可能会减少在购物、餐饮等非必要消费上的支出，以节约旅游成本。

（3）影响市场竞争力

旅游业竞争力：汇率变化会影响一个国家旅游业的国际竞争力。当本国货币升值时，相对于其他国家来说，本国的旅游产品价格会更具竞争力，吸引更多外国游客前来旅游。反之，当本国货币贬值时，旅游产品的价格优势会减弱，可能影响旅游业的国际竞争力。

旅游企业盈利：汇率变化对旅游企业的盈利状况也有直接影响。当本国货币贬值时，旅游企业从外国游客那里获得的收入会相对减少（因为需要用更多的本国货币来兑换外币），从而影响其营利能力。反之，当本国货币升值时，旅游企业的盈利能力会得到提升。

（三）自然环境

自然环境是指自然界提供给人类各种形式的物质自然资料，如阳光、空气、水、土地等。自然环境对旅游企业营销产生影响的因素主要包括自然资源短缺、环境污染、政府干预等。

1. 自然资源短缺

地球上的自然资源分为无限资源，即取之不尽、用之不竭的资源，如空气、水等；可再生有限资源，即有限但又可能更新的资源，如森林、粮食；不可再生资源，即有限而又不能更新的资源，如石油和金、银等矿物。自然资源的变化对旅游企业营销活动将产生一些环境威胁与市场机会。如我国湿地越来越少，对于旅游企业开展湿地旅游营销将带来重要影响。又如，某地发现了富含有益矿物质，具有独特医疗作用的温泉资源，这对于旅游企业开展温泉旅游营销就是重要的自然环境机遇。

2. 环境污染

随着工业生产和人类活动对环境的影响程度日益增加，环境污染已成为阻碍旅游业健康发展的重大问题。旅游企业要充分重视环境污染给市场营销所带来的威胁。但是，公众对环境保护问题的关心，也为旅游企业创造了新的市场机会，如近年来生态旅游的蓬勃发展，就是顺应了旅游消费者亲近自然、爱护自然的需求而实现的。

3. 政府干预

随着环境污染形势日益严峻，各国政府为了社会公众的长远利益而加强了对自然资源保护的干预。1992年6月，联合国发展大会通过的《21世纪议程》中首次提出了可持续发展理念。可持续发展是要求人类走出单纯追求经济增长、忽视生态环境保护的传统发展模式，积极引导绿色消费、绿色营销。政府的干预，一方面，与旅游企业提高经营效益相冲突，如有些自然资源被列为自然保护核心区，就不允许开展旅游活动。另一方面，倡导绿色消费，构建低碳旅游消费模式已成市场主流。旅游企业顺势而为，不仅可以提供绿色饭店、生态旅游等新颖的旅游产品创造市场机会，从长远来看，还有助于旅游企业降低能耗减少成本，持续利用自然资源，获得可持续的市场效益。

（四）技术环境

技术环境对旅游业的发展具有深远的影响，随着科技的飞速发展，旅游业的技术环境也在不断更新和升级。旅游市场环境为旅游业的发展提供了宏观背景和条件，而技术环境则为旅游业的创新发展提供了动力和支撑。在快速变化的市场和技术环境中，旅游企业需要密切关注市场动态和技术发展趋势，及时调整战略和策略以适应市场需求的变化。

1. 信息技术

旅游网站和在线预订平台：提供旅游信息查询、酒店和机票预订、旅游线路规划等服务，极大地方便了游客的出行。例如，通过手机应用程序提供导航、景点导览、语音翻译等服务，提升了游客的旅游体验。

2. 智能技术

人工智能，利用人工智能算法分析游客兴趣和行为，为其推荐合适的旅游线路和活动，实现个性化服务。例如，通过VR和AR技术为游客提供沉浸式的旅游体验、虚拟导游、AR导览等。

3. 物联网技术

物联网技术在旅游业中的广泛应用，如智能酒店管理、智能景区管理等，提高了旅游服务的智能化水平。

4. 大数据分析

旅游企业可以通过大数据分析游客的行为模式和消费习惯，从而优化产品设计和服务流程，提升市场竞争力。

（五）政治法律

政治和法律环境是指那些对旅游企业的经营行为产生强制或制约因素的各种法律和政府规制。政治与法律密切相关，两者又有所不同。政治常常通过法律来体现自身，法律通过制定规则来规范社会成员行为。旅游企业的市场营销决策受到政治和法律环境的强制性影响。

1. 政治环境

首先，一个国家政局的稳定与否是旅游企业开展营销活动最为关键的政治环境。旅游不可能在一个政局不稳、社会矛盾尖锐、社会秩序混乱，甚至生命财产安全都难保的环境中开展。如传统的旅游强国埃及在2012年国内发生政变，对于其旅游业的打击是显而易见的，类似的例子还有很多。其次，政治环境还可以通过国家政府所制定的方针政策得以体现，如人口政策、能源政策和物价政策等。这些政策直接关系到社会购买力和国际贸易竞争力，当然对旅游企业的营销活动有影响。

2. 法律环境

法律环境是指国家或地方政府所颁布的各项法规、法令和条例等。旅游企业必须依法经营；否则，将受到法律的制裁，因此，必须懂得本国和有关国家的法律法规。我国历来重视旅游法治建设,通过立法和执法不断规范旅游市场,保护旅游消费者和其他市场参与者的合法利益。如我国在国家层面出台有《中华人民共和国旅游法》《旅行社管理条例》《中国公民出国旅游管理办法》《导游人员管理条例》《旅游景区质量等级评定管理办法》《旅游投诉处理办法》等法律、法规、规章,各地结合区域旅游业实际也出台了很多地方性法规、规章。

(六)社会文化

社会文化环境是指在一定的社会形态下已经形成的社会群体普遍认同的价值观念和宗教信仰、道德规范、风俗习惯等的总和。任何企业都处在一定的社会文化环境中,旅游企业也不例外,它的经营活动必然受到社会文化的影响和制约。

1. 价值观念

价值观念是指人们对社会生活中各种事物的看法和态度。不同文化背景下的人们的价值观念往往有很大差异。如反对奢侈浪费,崇尚勤俭节约一直是中华民族的传统价值观,当前社会反对奢靡之风正是对这种传统价值观的回归,引导一些一味追求高档奢靡消费的餐馆改变营销策略。

2. 宗教信仰

宗教信仰影响人们认识事物的方式行为准则和价值观念,也影响人们的消费行为。旅游企业在营销中必须尊重不同国家、不同地区人们的宗教信仰,以免造成矛盾和冲突。世界上已经形成的宗教朝拜旅游市场,也为旅游企业经营提供了广阔的市场机会,如旅行社面向佛教信仰人士组织的佛教名山朝拜之旅等。

3. 风俗习惯

不同的风俗习惯有不同的消费习俗,具有不同的市场需求。旅游企业熟悉特定国家或区域的风俗习惯,不仅有利于避免在营销活动中冒犯顾客的禁忌、忌讳、信仰等,还有利于将丰富多彩的风俗习惯作为市场吸引力,正确有效地开展营销活动。

4. 亚文化群体

每一种社会或文化内部除了有全社会共同认可的核心文化,都包含若干的亚文化群,如青少年、知识分子等。这些不同的人群虽然有一些相同的信念、价值观念、风俗习惯等,但是由于他们各有不同的生活经验和环境,又形成了区别于其他群体的共同文化价值观,这是旅游企业在进行市场细分时的重要依据。如我国青少年从小耳濡目染着中华民族世代相传的主流社会文化,但是也有崇拜明星、张扬个性等共同亚文化特征。旅游企业在市场营销中如果能够及时发现和挖掘不同亚文化群体的消费需求,就能获得市场先机。

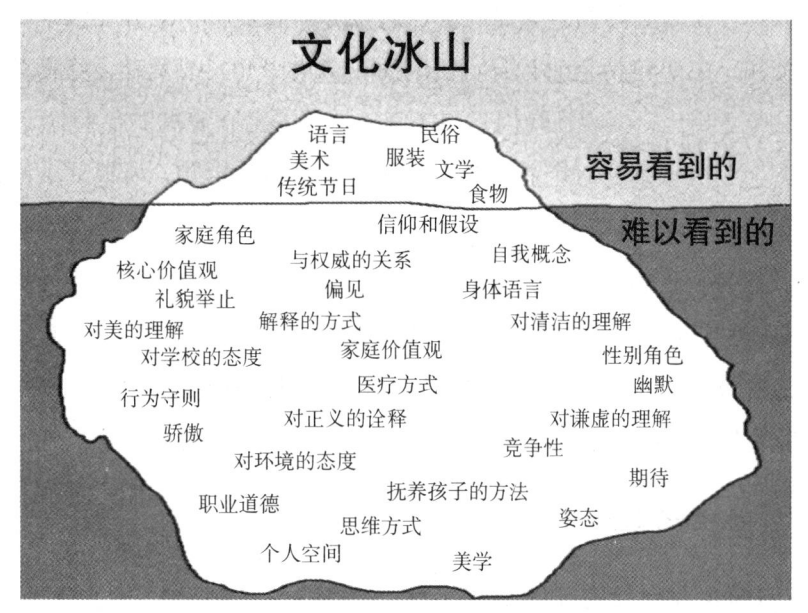

图 3-1 文化冰山

【课堂讨论】

以你熟悉的旅行社、饭店、景区等某一类旅游企业为例,研讨宏观环境因素可能对该企业带来的有利或不利的方面。

要点:

1. 阐述宏观环境影响旅游企业营销活动的重要意义。

2. 分别就人口环境、经济环境、自然环境、技术环境、政治法律环境、社会文化环境中所列举的各项因素,分析对该类旅游企业当前而言是有利还是不利的因素。

3. 简单举例,比较不同类型旅游企业市场营销环境的异同。

任务二 旅游市场营销微观环境

一、旅游市场微观环境概念

市场微观环境是指与企业紧密相连、直接影响企业营销能力和效率的各种力量和因素的总和，主要包括企业自身、供应商、营销中介、消费者、竞争者及社会公众。与宏观环境相比，微观环境因素更能直接地给一个企业提供有用的信息，同时，也更容易被企业所识别，对企业的营销活动有着直接的影响，所以，又称直接营销环境。

旅游市场的微观环境分析往往以具体的企业为对象，围绕该企业分析旅游企业自身、旅游产品供应商、营销机构、旅游者、竞争者以及社会公众。对于旅游目的地而言，旅游市场微观环境分析更多地围绕该目的地旅游管理机构来进行，更加注重内部因素的分析，比如，资源、能力，以突出自己的优势。

二、旅游市场微观环境内容

（一）旅游企业自身内部环境

1.企业资源

旅游市场营销实施的主体就是企业自身，开展市场营销活动涉及公司多个层级和大部分部门。市场营销部门应该至少有一名公司高层担任总负责人，下辖策划岗位、销售岗位、售后服务岗位、品牌岗位、推广岗位、商务合作岗位，完整地实行市场调研、需求计划、价格策略、客户关系管理等路径。市场营销部门负责营销方案的制定、营销过程的管理以及营销效果的考核。研发部门需要依据市场部提供的数据进行产品开发；生产部门必须提供优质的服务，并与其他部门良好协作。财务部、行政部、人事部为公司营销部提供后期支持。由此可以看出，内部资源就是企业自身能够控制和调整，直接开展营销活动的资源，具体包括以下内容。

（1）人力资源。分析人力资源的目的是评估营销工作从业者的能力以及营销工作是否有实施的保障。具体分析内容包括从业人员数量、工作经验、人员结构（专业结构、年龄结构、知识结构）、技术水平（初、中、高）、岗位配比（定岗、定员、定班次)、培训情况、人才发展计划以及管理制度等。

(2)物资资源。物资资源即实际的经营场所、企业内部固定资产等。旅行社物资资源通常为日常办公的场所、电脑;旅游景区的物资则比较重要,包括土地资源、森林资源以及景区内的索道、摆渡车等,不少景区甚至拥有旅游地产等大型资产。分析物资资源主要是看企业是否具备开展市场营销活动的能力。

(3)财力资源。财力资源最直接的体现就是企业是否有足够的经费开展市场活动。除旅游OTA、旅行社等中介服务机构,旅游投资的回收期通常较为漫长,如果企业无法在资金上提供支撑,将无法持续进行市场开拓。财力资源分析包括企业资金的拥有情况、构成情况、筹措渠道和利用情况,具体包括财务管理分析、财务比率分析、经济效益分析等。

(4)技术资源。技术资源指旅游企业进行市场拓展时掌握的技术手段,包括管理技术和生产技术。管理技术指管理水平、运营思维、财务管理方法、营销管理方法等;生产技术指IT技术、建筑技术、景观设计技术等。

(5)信息资源。信息资源即数据、情报,旅游企业要了解市场就必须用到大数据,要了解生产经营就必须进行数据统计,信息资源能为旅游企业提供运营保障。

(6)外部资源。所谓外部资源,就是企业通过社交网络能够调动的外部关系,能够帮助本企业实现市场开拓的所有资源的总称。外部资源主要包括政府、旅游协会、游客组织、社区机构等。

2. 企业组织结构

包括企业管理系统和操作系统的具体组织形式,如企业所有制形式、职能部门结构、部门的人员结构、管理结构的设置、投资与经营管理的权责等方面。企业组织结构是企业这个有机体的"骨架",是从事市场营销工作的基础和依托。

3. 企业文化

旅游企业文化是指旅游企业内部所形成的价值观、信念、习惯、行为模式等共同遵循的规范和准则。它是企业在长期经营过程中,通过实践积累而形成的独特文化体系,是企业这个有机体的"大脑",它决定或影响企业的组织结构和企业资源的开发利用。对旅游企业的发展具有深远的影响。

(1)价值观:旅游企业文化中的价值观是企业成员对事物价值的共同认识,它决定了企业的行为准则和价值取向。例如，客户导向、创新精神、团队合作等都是旅游企业文化中重要的价值观。

（2）信念：信念是企业成员对企业发展目标、经营理念和企业文化的高度认同和坚定信仰。它激励着企业成员为实现企业目标而努力奋斗。

（3）习惯：习惯是企业在长期经营过程中形成的、被企业成员普遍接受并自觉遵守的行为方式。良好的习惯有助于提升企业的运营效率和服务质量。

（4）行为模式：行为模式是企业成员在特定情境下所表现出的行为方式。它反映了企业的文化特色和员工素质。

| 案例分析 |

亚朵集团：中国体验与人文关怀

理念：秉承"中国体验"理念，将中华优秀传统文化融入酒店服务。

举措：通过"全员授权"制度、细分服务触点、营造友邻氛围等方式，提供有温度、有人情味的酒店服务。

成效：赢得了消费者的广泛好评和认可，成为酒店业文化创新的典范。

中旅集团：旅游报国、服务大众

宗旨：自集团发源之初就确立了"发扬国光、服务旅行、阐扬名胜、致力货运、推进文化、以服务大众为己任"的宗旨。

实践：在不同历史时期均展现出强烈的责任感和使命感，如抗战时期的文物转运、改革开放后的创新发展，以及近年来的疫情防控等。

精神：凝聚了中旅人"旅游报国、服务大众"的核心价值信念和"不忘初心、牢记使命"的传承弘扬。

案例展示了旅游企业文化在品牌建设、产品创新、市场拓展和社会责任等方面的重要作用。通过深入挖掘和传承文化底蕴、不断创新服务模式和产品形态、积极履行社会责任等方式，旅游企业可以打造出独具特色的企业文化品牌，实现可持续发展。

（二）营销中介

营销中介是指协助企业促销、销售和配销其产品给最终购买者的企业或个人。

在旅游市场中扮演着至关重要的角色。在旅游行业中，这些中介包括中间商、实体分配企业、营销服务机构和财务中介机构。

（1）中间商：中间商是指将旅游产品从生产商（如旅行社、景区等）流向消费者的中间环节或渠道。主要包括批发商、代理商和零售商。批发商通常大量采购旅游产品并转售给零售商；代理商则代表旅游企业销售产品，但不拥有产品所有权；零售商则直接将旅游产品销售给最终消费者。中间商能够帮助旅游企业寻找目标顾客，为产品打开销路，提高市场覆盖率，并降低企业的营销成本。

（2）实体分配企业：实体分配企业负责旅游产品的物理移动和储存，包括运输公司、仓储公司等。它们协助旅游企业将旅游产品从生产地运往销售目的地，确保产品能够按时、按量、按质地到达消费者手中。

（3）营销服务机构：营销服务机构提供专业服务，帮助旅游企业制定营销策略和推广计划。包括广告公司、市场调研公司、营销咨询公司等。这些机构能够协助旅游企业确立市场定位，进行市场推广，提供市场调研和数据分析等支持，以提升企业的市场竞争力和品牌影响力。

（4）财务中介机构：财务中介机构为旅游企业的营销活动提供资金融通和风险管理服务，包括银行、信托公司、保险公司等。它们为旅游企业提供贷款、融资、保险等服务，帮助企业解决资金周转问题，降低经营风险。

（三）供应者

旅游供应者，或称旅游供应商，是指在旅游产业链中，为旅游者提供旅游产品或服务的企业或机构。这些供应者涵盖了多个领域，包括但不限于旅行社、酒店、景区、航空公司、铁路公司、租车公司、导游服务公司等。他们通过提供交通、住宿、餐饮、游览、娱乐等各方面的服务，共同构成了旅游行业的完整生态链。

1. 旅行社

核心地位：旅行社是旅游供应链中的核心环节，负责将各种旅游资源整合起来，为旅游者提供完整的旅游行程。

服务内容：包括行程规划、酒店预订、机票购买、导游服务等，是旅游者在旅行中的主要服务提供者。

2. 酒店

重要一环：酒店为旅游者提供住宿服务，其服务质量直接影响到旅游者的旅行体验。

选择因素：酒店的类型、档次、地理位置等都是旅游者选择酒店时考虑的重要因素。

3. 景区

主要目的地：景区为旅游者提供游览服务，是旅游者在旅行中的主要目的地。

吸引因素：景区的自然风光、历史文化、娱乐设施等都是吸引旅游者的关键因素。

4. 交通运输服务提供者

包括：航空公司、铁路公司、租车公司等。

功能：他们为旅游者提供便捷的交通服务，确保旅游者能够顺利到达目的地并享受旅行过程。

5. 其他服务提供者：导游服务公司、旅游用品供应商等

作用：他们各自在旅游供应链中扮演着重要的角色，为旅游者提供全方位的服务和支持。

旅游供应者是旅游产业链中的重要组成部分，他们通过提供各种旅游产品和服务，满足旅游者在旅行过程中的各种需求。了解旅游供应者的概念和种类，有助于旅游企业更好地选择合作伙伴，提升服务质量和市场竞争力。同时，对于旅游者而言，了解旅游供应者的信息也有助于他们做出更加明智的旅游选择。

（四）消费者

消费者是企业服务的对象，也是产品销售的市场和企业利润的来源。旅游产品的消费者可分为旅游者、公司、政府和中间商。每个消费者市场都有自身的特点，旅游企业需要认真研究影响每一个消费者市场的因素，旅游者的规模、类型、购买力、需求要素等，都直接影响旅游市场营销的效果。

1. 消费者规模

消费者规模就是针对某一市场的消费者数量，它决定了市场的规模。庞大的市场往往都是由数量众多的消费者构成，消费者基数是造就大市场的前提。中国是一

个旅游大国，不仅是因为拥有丰富的旅游资源，还因为中国有庞大的人口基数，即便一小部分人出游，旅游者绝对数也相当大，整体旅游市场发展空间巨大。针对旅游企业的消费者规模分析，研究的是购买该企业服务或产品的现有消费者数量和潜在消费者数量，数量越多，市场前景就越广阔。

2. 消费者市场结构

消费者市场结构就是市场中按照一定标准划分成不同的消费者类别。按照消费性别的不同，可以分为女性消费群体和男性消费群体，比如：据统计，在2023年的旅游者中，女性占60%，男性占40%，女性依然是旅游消费的主力军。按照旅游目的的不同，可划分为度假型消费群体、观光型消费群体和商务型消费群体等。按照旅游目的地的不同，可分为入境游旅游群体、出境游旅游群体、国内游旅游群体和周边游旅游群体，消费者市场结构划分依据不唯一，分析时以分析对象的实际情况为准。分析消费者市场结构的目的，是分辨出不同群体的消费能力大小，以便找到新的机会点，对于低消费的想办法拉动消费，对于高消费的想办法继续保持。

3. 消费者消费能力

消费者消费能力是衡量市场是否足够繁荣的重要指标，消费者消费能力越高，表明市场发展机会越多。旅游市场十分依赖于顾客消费能力。旅游市场顾客消费能力的直接体现就是旅游花费，然而旅游花费又受到经济、收入、消费心理的影响。旅游者消费能力越强，选择的余地就越大。企业要做的就是引导旅游者，并生产匹配的旅游产品。

4. 消费者诉求分析

旅游者的消费诉求有放松身心、增长见识、康体疗养，也有为了彰显身份地位，或者顺从已经养成的每年出游的习惯，又或者只是出于抢到便宜的机票不出游就浪费的心理等情况。顾客的诉求直接影响消费意愿。顾客在心理上越强势，对企业反而是威胁，因为顾客凭借自己的强势会去选择别的企业，所谓客大欺店就是这个道理，因为顾客拥有更多的话语权。

（五）竞争者

旅游市场竞争者主要指的是在旅游市场中，提供相似或可替代的旅游产品或服务，以争夺相同或相似的消费者群体和市场份额的企业或个人。这些竞争者可以来自不同的领域和背景，但都在旅游市场中扮演着重要的角色。竞争的内容主要包括争夺旅游者、争夺旅游中间商、提高旅游市场占有率。竞争者类型主要包括以下四种。

1. 直接竞争者

提供与本企业完全相同或非常相似的旅游产品或服务，面向相同的消费者群体，直接争夺市场份额的企业。例如，在同一地区经营相似旅游线路的两家旅行社，它们之间就是直接竞争者。

2. 间接竞争者

虽然提供的旅游产品或服务不完全相同，但能够满足消费者相似的旅游需求，从而间接影响本企业的市场份额。例如，一家提供国内游服务的旅行社与一家提供出境游服务的旅行社，虽然服务内容不同，但都在争夺有旅游需求的消费者，因此，存在一定的间接竞争关系。

3. 潜在竞争者

目前，尚未进入旅游市场，但拥有进入市场所需的资源和能力，有可能在未来成为直接或间接竞争者的企业或个人。例如，一家具有强大的品牌影响力和资金实力的互联网公司，如果决定进入旅游市场，那么它将成为旅游市场的潜在竞争者。

4. 替代品竞争者

提供与本企业旅游产品功能相似但形式不同的替代品的企业。这些替代品能够满足消费者的相同旅游需求，从而对本企业的旅游产品构成竞争威胁。例如，在线旅游平台与传统旅行社之间就存在一定的替代品竞争关系，因为在线旅游平台也提供旅游产品预订、信息查询等服务，能够满足消费者的旅游需求。

市场竞争是价值规律的客观要求和必然结果，旅游市场竞争者是推动旅游市场进步和发展的重要力量。它有助于推动旅游市场的优胜劣汰和资源配置的优化。随着旅游业的不断发展，市场竞争也日益激烈，企业需要加强自身的竞争力和创新能力，以应对日益激烈的市场竞争。

旅游市场营销微观环境是一个复杂而多变的系统，企业需要密切关注这些环境因素的变化，及时调整市场策略，以适应市场需求和竞争态势的变化。

【课堂讨论】

以你熟悉的旅行社、饭店、景区等某一类旅游企业为例，研讨微观环境因素可能对该企业带来的有利或者不利的方面。

要点：

1. 阐述微观环境影响旅游企业营销活动的重要意义。

2. 举例说明，某旅游企业在面对不同合作商、不同顾客、不同竞争者、不同社会公众时，处理关系的基本原则。

3. 举例说明，某旅游企业在不同发展阶段内部机构设置的原则。

任务三　大数据分析在旅游市场环境的应用

一、旅游市场环境数据的获取渠道和方法

（一）二手数据获取渠道与方法

"二手数据"又可以称为"次级数据"，是指已经存在由他人收集整理出来的数据，包括外部数据与内部数据。在旅游市场的战略规划、趋势预测及市场分析中，二手数据作为重要的信息资源，为决策者提供了丰富的背景信息和分析基础。主要的旅游市场环境二手数据获取途径和方法，包括政府统计数据、行业研究报告、学术期刊与杂志、商业数据库、网络公开资源、企业内部资料以及图书馆与档案馆。

1. 政府统计数据

（1）获取途径

官方网站：各国政府旅游部门、统计局等官方网站是获取官方统计数据的主要渠道。这些网站通常会定期发布旅游业相关的经济指标、游客数量、旅游收入、住宿设施数量等数据。例如：文化和旅游部官网、国家统计局官网等。

国际组织：联合国旅游组织、世界银行等国际机构也会发布全球或地区性的旅游统计报告和数据集。

（2）获取方法

访问官方网站：利用关键词搜索或数据下载专区获取所需数据。

订阅官方邮件列表或 RSS 订阅服务，及时获取最新发布的统计数据和报告。

2. 行业研究报告

（1）获取途径

专业咨询公司：如德勤、普华永道、艾瑞咨询等，这些机构定期发布针对旅游市场的深度研究报告。

行业协会：如世界旅游业理事会、中国旅游协会等，它们会发布行业白皮书、研究报告等。

（2）获取方法

直接购买或订阅相关报告。

关注行业协会和咨询公司的社交媒体账号，获取报告发布信息。

3. 学术期刊与杂志

（1）获取途径

图书馆电子资源：高校图书馆、公共图书馆通常订阅了大量旅游相关的学术期刊和杂志电子版。

在线数据库：如中国知网、万方数据、JSTOR 等，提供了丰富的学术论文和期刊文章。

（2）获取方法

利用关键词在数据库中进行搜索，筛选与旅游市场环境相关的文献。

关注旅游领域内的知名学者和专家，通过他们的研究成果了解市场动态。

4. 商业数据库

（1）获取途径

综合性商业数据库：如 Wind 资讯、Bloomberg、Factiva 等，提供包括旅游在内的多行业数据和分析工具。

旅游行业专用数据库：如 STR Global（酒店业数据）、STRATEGY ANALYTICS（旅游市场分析）等。

(2）获取方法

注册并登录商业数据库平台，利用平台提供的搜索和分析工具进行数据挖掘。参加数据库举办的培训或研讨会，提升数据使用效率。

5. 网络公开资源

（1）获取途径

社交媒体与论坛：如微博、知乎、携程旅行论坛等，用户生成的内容中蕴含着大量关于旅游市场的见解和趋势。

旅游网站与博客：如 TripAdvisor、Lonely Planet、马蜂窝等，这些平台上的用户评价、游记和攻略也反映了旅游市场的实际情况。

（2）获取方法

使用数据抓取工具或手动收集，整理和分析社交媒体上的相关内容。关注行业意见领袖和博主的动态，获取第一手的市场洞察。

6. 企业内部资料

（1）获取途径

企业年报与财报：上市公司会定期发布年报和财报，其中可能包含旅游业务相关的经营数据和市场分析。

内部研究报告：企业内部的市场研究部门或团队会定期制作市场分析报告，这些数据通常较为详细且贴近实际运营情况。

（2）获取方法

申请访问公司内部数据库或资料库，获取相关数据。

参加企业内部的市场分析会议，直接了解市场动态。

7. 图书馆与档案馆

（1）获取途径

实体图书馆：各大学图书馆、公共图书馆和专业图书馆藏有大量旅游领域的书籍、期刊和档案。

数字档案馆：中国国家图书馆数字资源库、美国国会图书馆等，提供数字化档案和文献的在线访问。

（2）获取方法

到图书馆现场借阅或复印相关书籍、期刊。利用数字档案馆的资源，进行在线检索和下载。

旅游市场环境的二手数据获取途径多样，通过综合运用上述方法，可以有效获取全面、准确的旅游市场数据，为旅游企业的战略决策和市场分析提供有力支持。

（二）一手数据获取渠道与方法

在旅游市场的深入分析与策略制定中，一手数据因其直接性、实时性和针对性而显得尤为重要。一手数据能够直接反映消费者的真实需求、行为模式及市场趋势，为旅游企业提供精准的市场洞察。以下将详细介绍几种主要的旅游市场一手数据获取的方法与途径，包括网络爬虫技术、API接口调用、社交媒体监测、问卷调查、移动应用数据、合作伙伴共享、政府公开数据以及实地调研与访谈。

1. 网络爬虫技术

（1）方法

网络爬虫是一种自动化程序，能够遍历万维网并收集信息。在旅游市场中，可以利用爬虫技术抓取旅游网站、在线旅行社（OTA）、社交媒体等平台上的用户评论、价格信息和产品详情等一手数据。

（2）途径

开发或购买专业的网络爬虫软件，例如，八爪鱼。

编写自定义爬虫脚本，针对特定网站进行数据采集。

| 知识链接 |

案例背景

某旅游研究机构为了深入了解当前旅游市场的热门目的地、游客行为、景点评价等关键信息，决定采用网络爬虫技术从多个在线旅游平台抓取数据。这些平台包括去哪儿网、携程网、马蜂窝等，它们提供了丰富的旅游信息，包括旅游攻略、酒店预订、机票预订、景点评价等。

一、确定数据获取目标

（1）热门旅游目的地及其评价：获取游客对不同旅游目的地的评价、评分及推荐理由。

（2）酒店预订数据：收集各酒店的价格、入住率、评价等信息。

（3）机票预订趋势：分析不同时间段内机票预订量的变化，了解旅游淡旺季。

（4）旅游攻略：爬取旅游攻略的详细信息，包括行程安排、费用预算、景点介绍等。

二、数据获取流程

（1）确定数据源：选择目标网站，如去哪儿网、携程网等，这些网站是旅游市场数据的重要来源。

（2）分析网页结构：使用浏览器的开发者工具（如 Chrome 的开发者工具）分析目标网页的 HTML 结构，确定需要爬取的数据所在的标签和属性。

（3）编写爬虫程序：①使用 Python 编写爬虫：Python 因其简洁的语法和丰富的第三方库（如 requests、BeautifulSoup、Selenium 等）成为爬虫开发的热门选择。②发送 HTTP 请求：通过 requests 库向目标网站发送 HTTP 请求，获取网页内容。③解析网页内容：使用 BeautifulSoup 或 lxml 等库解析网页内容，提取所需的数据。④处理反爬机制：设置合适的请求头（如 User-Agent）、使用代理 IP、控制请求频率等，以避免被目标网站封禁。

（4）数据存储：将爬取到的数据存储到数据库或文件中，以便后续分析使用。可以使用 Pandas 库将数据转换为 DataFrame 格式，便于进行数据处理和分析。

（5）数据清洗与预处理：对爬取到的数据进行清洗和预处理，去除无用信息、填充缺失值、转换数据类型等，确保数据的准确性和可用性。

（6）数据分析与可视化：使用 Pandas、Matplotlib、Seaborn 等库对清洗后的数据进行统计分析，并使用 Pyecharts 等库生成可视化图表，如柱状图、饼图、折线图等，以便直观地展示数据分析结果。

以去哪儿网为例，网络爬虫可以爬取该网站的旅游攻略数据。通过解析旅游攻略页面的 HTML 结构，可以提取出攻略的标题、作者、发布时间、目的地、行程安排、费用预算等关键信息。这些信息对于了解游客的旅游偏好、行为模式及旅游市场的整体趋势具有重要意义。

爬虫还可以进一步获取用户对攻略的评价和评论数据，通过对这些数据的分析，可以评估不同攻略的受欢迎程度和用户满意度，为旅游产品的优化和改进提供有价值的参考。

（案例来源：根据文章"Python 网络爬虫的旅游行业信息获取与分析"整理）

案例分析

网络爬虫技术在旅游市场一手数据的获取中发挥着重要作用。通过合理的数据源选择、网页结构分析、爬虫程序编写以及数据清洗与预处理等步骤，可以高效地获取大量有价值的旅游市场信息。这些数据对于旅游企业制定市场策略、优化产品服务及提升竞争力具有重要意义。

2. API 接口调用

（1）方法

许多旅游服务提供商和平台提供了 API（应用程序接口），允许开发者通过编程方式访问其数据，通过调用这些 API，可以获取实时的旅游信息，如航班状态、酒店价格、景点门票等。

（2）途径

注册并获取 API 访问权限。

使用编程语言（如 Python、Java）编写代码调用 API。

3. 社交媒体监测

（1）方法

社交媒体是获取消费者反馈和意见的重要渠道。通过监测旅游相关的社交媒体账号、话题和标签，可以收集到用户对旅游产品的评价、旅行体验分享等一手数据。

（2）途径

使用社交媒体监听工具（如 Hootsuite、Brandwatch）进行自动化监测。人工浏览社交媒体平台，收集相关信息。

4. 问卷调查

（1）方法

设计并发放问卷是收集一手数据最直接的方法之一。问卷可以包含开放式和封闭式问题，用于了解消费者的旅游偏好、满意度、支付意愿等信息。

（2）途径

在线问卷平台（如问卷星、SurveyMonkey）发布问卷。社交媒体、电子邮件、旅游网站等渠道推广问卷。

| 知识链接 |

旅游市场问卷调研过程指南

一、引言

旅游市场问卷调研是了解消费者需求、行业趋势及市场潜力的重要手段。通过科学的方法设计并执行调研，可以为企业制定营销策略、产品开发及市场推广提供有力支持。旅游市场问卷调研的全过程，包括确定调研目标、设计问卷内容、样本选择与规划、问卷预测试调整、实施问卷调查、数据收集与整理以及数据分析与解读等关键环节。

二、确定调研目标

明确调研目的：首先，需要清晰界定调研的具体目的，如了解旅游者的偏好、评估市场潜力、分析竞争对手表现等。

设定调研问题：基于调研目的，提出具体的研究问题或假设，确保调研活动具有针对性和方向性。

界定研究范围：明确调研的地理区域、目标人群、时间范围等，以缩小研究边界，提高调研效率。

三、设计问卷内容

问题设计：设计问题时，应确保问题的清晰性、中立性、非引导性和简洁性。避免使用专业术语或模糊表述，确保受访者能够准确理解并回答。

问题类型：结合调研需求，设计封闭式问题（如选择题、是非题）和开放式问题（如填空题、问答题），以获取不同层面的信息。

问卷结构：合理安排问卷的开头（引言、目的说明）、主体（问题部分）和结尾（感谢语、个人信息收集），确保问卷的流畅性和逻辑性。

四、样本选择与规划

确定样本量：根据统计学原理和研究精度要求，确定合理的样本量大小。

选择抽样方法：根据调研目标和资源条件，选择合适的抽样方法，如随机抽样、分层抽样、方便抽样等。

样本规划：制定详细的样本规划，包括样本的地理分布、人口统计学特征（如年龄、性别、职业等）及样本的获取途径等。

五、问卷预测试调整

小范围预测试：在正式调研前，选取一小部分目标人群进行预测试，以检验问卷的合理性、有效性和可操作性。

收集反馈：通过访谈、问卷回收等方式收集受访者的反馈意见，了解问卷存在的问题和不足。

调整优化：根据预测试结果和反馈意见，对问卷进行必要的调整和优化，确保问卷的质量和效果。

六、实施问卷调查

发放问卷：根据样本规划和抽样方法，选择合适的途径发放问卷，如线上调查平台、电子邮件、纸质问卷等。

监控进度：在调研过程中，密切关注问卷的发放和回收情况，确保调研进度的顺利推进。

质量控制：采取措施确保问卷填写的真实性和有效性，如设置验证题、限制填写时间等。

七、数据收集与整理

数据收集：按照预定的时间节点收集问卷数据，确保数据的完整性和准确性。

数据清洗：对收集到的数据进行清洗处理，剔除无效、不完整或异常的数据记录。

数据整理：对清洗后的数据进行分类、编码和录入等操作，为后续的数据分析做准备。

八、数据分析与解读

统计分析：运用描述性统计和推断性统计等方法，对问卷数据进行分析处理，提取有用信息。

图表展示：通过绘制图表（如饼图、柱状图、折线图等）直观地展示分析结果，便于理解和传达。

结果解读：根据分析结果，结合调研目的和背景信息，对结果进行深入解读和讨论，提出有针对性的结论和建议。

5. 移动应用数据

（1）方法

随着智能手机的普及，移动应用成为旅游市场的重要入口。通过分析用户在旅游类应用中的行为数据（如搜索记录、浏览轨迹、购买行为），可以获取宝贵的一手数据。例如，携程、去哪儿、马蜂窝等移动应用，通过用户注册、搜索、预订等行为产生的数据，如目的地选择、酒店预订记录、机票购买信息等，来获取旅游市场的一手数据，利用这些数据可以分析游客的出行偏好、热门目的地、消费能力等信息，为旅游产品的推广和定价提供依据。

（2）途径

自有移动应用的数据分析功能。与第三方数据分析服务提供商合作。

6. 合作伙伴共享

（1）方法

与旅游产业链上的其他企业（如航空公司、酒店、旅行社）建立合作关系，共享双方的数据资源。这种合作可以扩大数据覆盖范围，提高数据质量。

（2）途径

签订数据共享协议。建立数据交换平台或机制。

7. 政府公开数据

（1）方法

虽然政府公开数据通常被视为二手数据，但在某些情况下，政府会发布一些针对特定领域或项目的原始数据，这些数据对于旅游市场研究同样具有价值。

（2）途径

访问政府官方网站或数据门户。关注政府发布的旅游相关报告和数据集。

8. 实地调研与访谈法

（1）方法

实地调研与访谈是获取一手数据最传统也最直接的方法。通过深入旅游目的地、与游客和从业人员面对面地交流，可以深入了解旅游市场的实际情况和消费者的需求。

（2）途径

设计调研计划和访谈提纲。选择合适的调研地点和访谈对象。

实施调研和访谈，记录并整理数据。

9. 观察法

（1）方法

观察法在旅游市场调研中的应用广泛且重要，它是指通过直接观察旅游者的行为、场所、活动等方式，获取有关旅游市场的信息。

（2）途径

实地观察：旅游调研人员亲自走访旅游景点、酒店、餐饮场所等，直接观察并记录旅游者的行为、交流、消费习惯等。观察内容可能包括旅游者的兴趣点、停留时间、消费偏好、服务质量体验等。

技术辅助观察：利用现代科技手段，如摄像头、传感器、GPS定位等，对旅游者的行为进行自动化观察和记录。通过数据分析软件，对收集到的视频、图像、位置数据等进行深入分析，挖掘旅游者的行为模式和偏好。

社交媒体观察：通过社交媒体平台（如微博、微信、抖音等）观察旅游者的分享、评论和互动行为，了解他们对旅游目的地的评价、建议和期望。利用自然语言处理和情感分析技术，对大规模的文本数据进行自动化处理和分析，获取旅游者的情感倾向和态度。

旅游市场一手数据的获取需要综合运用多种方法和途径。通过合理选择和组合这些方法，旅游企业可以更加全面、准确地了解市场动态和消费者需求，为制定有效的市场策略提供有力的支持。

二、旅游数据分析应用过程

旅游数据分析是一个综合性的过程，旨在通过收集、整理、清洗和分析旅游相关数据，为旅游企业和研究机构提供有价值的洞察和决策支持。其应用过程包括：第一步收集数据；第二步处理数据；第三步分析解读数据。

(一)数据收集

旅游数据的来源广泛,包括旅游企业的运营数据库、旅游网站的用户行为数据、社交媒体平台上的用户反馈、政府发布的统计数据等。

常用的采集方式有:利用网络爬虫技术、API 接口调用、数据购买等方式获取数据。

(二)处理数据

由于外界因素的限制、自身技术的缺陷或者受突发事件的影响,我们所获取的数据并不是完善的数据,因此,需对获取的数据进行科学的处理,以便为我们后期数据的分析和解读提供可靠的依据。一般对获取数据的处理如下。

处理缺失值:对缺失的数据进行填充或删除,确保数据的完整性。

处理异常值:识别并处理不符合常规的数据点,以避免对分析结果造成干扰。

数据标准化:将数据转换为统一的格式和量纲,便于后续分析。

(三)数据的分析解读

数据只是用于分析材料,其本身并不会说话。虽然用了科学的数据处理方法,但是得出的相应结论仍需要有意识地进行解读。

1. 描述性统计分析

计算基本指标:通过计算平均值、中位数、众数、标准差等指标,描述旅游数据的总体特征和分布情况。例如,利用图表(如柱状图、折线图、饼图等)直观地展示旅游数据的变化趋势和分布情况。

如《2023 热度数据分析》数据显示,暑期是旅游高峰期,热度占比 30%,相较于 2019 年也有显著增长。法定节假日中,国庆和春节的出游需求最为旺盛,分别占据了整体旅游热度的 50% 和 23%。

2. 时间序列分析

观察历史数据:分析旅游数据的历史走势,识别数据中的趋势、季节性和周期性变化,基于历史数据,利用时间序列模型(如 ARIMA、指数平滑法等)预测未来的旅游需求和市场变化。

| 知识链接 |

移动平均预测法

移动平均法：是将观察期的数据，按时间先后顺序排列，然后由远及近，以来的跨越期进行移动平均，求得平均值。每次移动平均总是在上次移动平均的基础上，去掉一个最远期的数据，增加一个紧挨跨越期后面的新数据，保持跨越期不变，每次只向前移动一步，逐项移动，滚动前移。这种不断"吐故纳新"，逐期移动平均的过程，称之为移动平均法。移动平均法对于原观察期的时间序列数据进行移动平均，所求得的各移动平均值，不仅构成了新的时间序列，而且新的时间序列数据与原时间序列数据相比较，具有明显的修正效果。它既保留了原时间序列的趋势变动，而且还削弱了原时间序列的季节变动、周期变动和不规则变动的影响，因此，在市场预测中得以广泛的应用。移动平均法可分为简单移动平均和加权移动平均两类，而简单移动平均又可细分为一次移动平均法和二次移动平均法两种。

3. 地理空间分析

GIS技术：利用地理信息系统（GIS）技术，将旅游数据与地理空间信息进行关联分析。揭示不同地区的旅游需求和资源分布情况，帮助旅游从业者找到最佳的市场定位和营销策略。

4. 关联规则挖掘

分析属性关系：通过分析旅游数据中的频繁项集和关联规则，发现不同旅游产品或服务之间的相关性。基于关联规则挖掘的结果，制定更有针对性的产品推荐和市场营销策略。

5. 情感分析

利用自然语言处理和机器学习技术，对用户评论和评价进行情感识别和分析，通过分析用户对旅游目的地、旅游产品或服务的态度和满意度，了解用户的真实需求和诉求，为产品改进和服务优化提供依据。

三、数据应用注意的问题

1. 局部数据评价整体

人的思维有很大的缺陷，因此，在分析数据时相信自己的直觉通常是一个坏主意。人们很容易出现一系列的认知偏差，从确认偏差到生存偏差，甚至可能很快扭曲人们面前的客观信息。最好是学习这些认知偏差，并找出弥补方法。调查结果是对样本群体的解释，应做到客观公正。不少调查机构由于有意和无意的安排，将个别现象推论到普遍结论，用小范围的抽样调查来推广到整体，这是对调查结果的放大。数据本身的庞杂以及数据处理的各种难度，让数据报告的编写变得困难，增加了报告阅读者的抵触情绪，很容易使人产生以偏概全的心理。即便局部数据具有很高的准确度，当它不能说明整体问题时，也不可贸然使用单一推广整体的结论。

2. 数据关联性问题

一个结果之所以产生，可能不是我们表面上看到的原因，而是其他深层原因所致。比如某旅游企业在 9 月开展一项促销活动，没想到收到大量的咨询，销售额大幅度增加。企业可能会认为这是由于市场部活动策划很成功。

但是这很大程度上是一个随机事件，如果要认为是活动策划导致的销量提升，那么就需要更多的数据来验证，比如多做几次活动查看销量结果，同时将这种方法固定为一种模式。要是不能证明活动与销量之间存在必然关系，那么销量的增加有可能是其他原因导致的，比如即将到来的国庆小长假使游客提前下了订单，此处的业务增长就和市场活动策划没有直接的相关性。因此，进行数据分析务必要找到切实有关联的因果要素。

3. 收集过多的数据

受制于时间和经费，我们不可能得到所有消费者的数据，只能依据样本进行选择，对数据进行分级、分类排序，优先处理关键数据。尽管数据是越多越好，但是数据只要能符合统计原则即可，不一定非要达到海量。不少企业甚至花重金购买数据，其出发点虽然没错，但是需要进一步鉴别，不能盲目收集错误的数据类型。如果一个旅行社去收集奢侈品的顾客偏好就不太符合常理，除非该旅行社要开发一项奢华购物游。总之，调查不是目的本身，而是为了进行数据收集与分析。

4. 错误使用数据看板

很多企业看到数据的重要性，对企业进行信息化改造，通过各个端口进行市场数据的集成，再运用可视化的方法进行呈现，并投射到企业内部管理平台中。常见的错误有两个表现：一是这些数据都是根据部门的不同开放不同的权限进行阅读。

实际上，公司的运作是各个部门的有机结合，单看本部门的数据，并不能全盘了解公司。比如，OTA 网站销售部门不能只看销售额与购买人数，还应该看到客户满意度信息，才能反馈到产品部门，使其改善产品。但真实的情况可能是，销售部门只能看到自己的业绩，而客户满意度信息只向售后部门开放，两部门又缺乏直接沟通。二是企业看板最擅长表现统计数据的多少，比如各种饼状图、柱状图、平板数据和截面数据，但是缺少相关性分析，企业要预测下一季度的销量还得人工再计算一遍。

四、市场环境分析模型——SWOT 分析法

（一）相关概念

SWOT 分析法是 20 世纪 80 年代初由美国旧金山大学管理学教授韦里克（H.Weihrich）提出的一种分析方法，沿用至今。在旅游行业中，该分析法经常被用于企业和旅游目的地的战略制定、竞争对手分析等场合。

作为一个广泛使用的分析工具，SWOT 包含四大方面：优势（Strengths）、劣势（Weaknesses）、机会（Opportunities）和威胁（Threats）。优势和劣势是内部因素，机遇和威胁是外部因素。通过 SWOT 分析，企业可以认识到自身的优势与不足以及面临的机遇和挑战，找到应对的策略。归根结底，SWOT 分析法的本质是获取决策信息。不能把获取信息的过程当成是结论，最终的结论应该在 SWOT 分析过后有所体现。

（二）分析内容

SWOT 分析中的优势和劣势来自公司内部，机遇和威胁来自行业大环境。内部因素分析是对企业当前面临的情形进行归纳总结，外部因素分析是对企业未来面临的状况做出预判。内部因素都是能被企业控制和调整的，比如，管理模式、产品和服务、市场布局；外部因素是企业无法控制或者短时间内无法影响的，比如，政策法规、竞争对手、经济环境等。

1. 优势与劣势的分析内容

优势与劣势是企业内部因素。对企业内部因素进行评价，好的能力即优势，弱点即劣势。对于旅游企业来说，内部因素包括产品角度、资源角度、市场角度三个方面，可以从一些基本的数据中得知，比如：旅游者最喜欢的项目（产品）是哪些？

哪些地方是企业做得好？哪些地方是游客不满意的？

2. 机遇与威胁的分析内容

机遇与威胁是企业外部因素，主要来源于 PESTEL 分析法和五力模型分析。对于旅游来说，机遇关注的方向在于弄清发展趋势，具体来说就是在旅游政策、经济水平、市场供需变化等因素的作用下，旅游业朝着什么方向前进。需要做出的判断包括景区等级评定标准、度假区创建等行业标准给旅游业带来的变化，经济形势给旅游企业带来的变化，游客消费习惯对旅游的影响等。

威胁关注的方向在于弄清发展的外部阻碍。外部阻碍主要来自竞争对手、经济周期、商业周期，因此，威胁需要分析的内容包括：竞争对手、同类型的景区提供什么样的服务；游客是否有替代的旅游产品；整个行业处于朝阳还是夕阳；财务风险；合作商对企业的威胁等。

| 知识链接 |

PESTEL 是政治因素（Political）、经济因素（Economic）、社会文化（Social）、先进技术（Technological）、环境因素（Environmental）和法律因素（Legal）的简称，主要分析外部因素，在任务一中有详细阐述。

该分析方法中的每个因素下部涵盖多个细分元素，由于针对的企业不同，并非每一个细分元素都有必要进行分析。比如，对企业战略有影响的政治因素，包括关税、专利、财政政策、货币政策、税收政策、贸易政策、政府预算等，只需挑选能够影响旅游企业的因素进行重点分析。PESTEL 分析法适用于对大环境的分析，还能识别一切对企业有冲击作用的因素。

波特五力分析模型（Michael Porter's Five Forces Model），又称波特竞争力模型，由迈克尔·波特（Michael Porter）于 20 世纪 80 年代初提出，用于分析企业的竞争现状，以确定合适的战略。市场营销采用波特五力分析模型，目的是确定营销战略。"五力"分别是供应商的议价能力、购买者的议价能力、潜在竞争者的进入能力、替代品的替代能力、行业内竞争者现在的竞争能力，五种力量的不同组合变化最终影响行业利润的潜力变化。

（三）分析步骤

1. 确定分析对象

明确分析的对象，可以是整个企业、某个部门、某个产品或服务等。

2. 确认当前环境

依据优势、劣势、机会和威胁，分别列出具体条目，在每一条目下尽可能多地列出要点，比如优势项下可列有旅游资源丰富、等级高，生态环境优良，知名度高等。但要注意区分要点，即该要点到底是属于内部因素还是外部因素。

3. 进行组合分析

依据内部因素和外部因素进行SWOT组合分析，即优势—机会分析（SO）、劣势—机会分析（WO）、优势—威胁分析（ST）、劣势—威胁分析（WT）。

（1）SO分析。不管是旅游企业还是旅游目的地，既有优势又有机遇，两者相互一致是最理想的情况。在这种情况下，企业可以抓住机遇，放大自身的优势，采取扩张战略进行市场拓展。比如，国家在大力倡导文化兴旅时，不少地区通过调研发现，自己拥有众多文旅资源，于是按照相关的标准创建文旅示范区域，最终取得成功。但如果只有优势，而没有政策机遇，旅游目的地很可能在发展速度上滞后，最终被其他地区超越。

（2）WO分析。劣势本身意味着不足和缺陷，即便再加上机遇也很难有所突破。劣势会阻碍机遇变成现实，让机遇的价值得不到发挥。在这种情形下，企业应该紧紧抓住机遇，增加资源的投入，改善缺点。比如，现在的年轻人越来越喜欢个性化的旅游，更喜欢体验性的项目，购买特色性的旅游纪念品，摒弃了传统旅游产品，面对这样一个新的市场风气，旅游企业要调整线路，改善经营方式，借势发展。

（3）ST分析。既有优势又有威胁，这种情况优势明显，但是挑战也不小，两者并存。在这种情形下，威胁的存在制约着优势的发挥，长此以往则会消耗实力，因此企业必须尽自己最大努力去改善状态。威胁是来自外部的阻碍力量，但是外部力量与内部因素有关联时才会形成对立关系，如果外部因素很恶劣，但与企业无关，则不存在对企业的威胁。所以，在优势和威胁比较明显的状态下，企业如果无法改变威胁因素，可以调整自己，将一种优势转换成另一种优势，割裂与原来威胁因素的关系，从而增强实力。

（4）WT分析。企业本身优势不足，缺点弱势明显，又要面对各种挑战，可以说这是一种内忧外患的局面，是任何一个企业都不希望遇到的。在这种情况下，如果企业没有能力将弱势转换成优势，且各种威胁不断，那么可以考虑放弃经营或者转换经营业态。

4. 明确最终分析结果

在依据SWOT组合分析明确了每种组合对企业环境的影响后，可选择其中最具有代表性的作为企业的市场发展方向，绘制SWOT组合分析象限表，确定市场营销目标走向。若分析结果落在优势—机会（SO）象限，表明企业适合走稳健型、拓展型战略，市场营销的目标既可以保持不变，对重点客户进行维护，也可以采取巩固市场的策略，保持领先地位；若分析结果落在劣势—机会（WO）象限，表明企业适合采取转变策略，对内部因素进行整改，创造新的业务增长点；若分析结果落在优势—威胁（ST）象限，表明企业要变被动为主动，可以采取进攻策略。若分析结果落在劣势—威胁（WT）象限，则企业要考虑放弃该市场。

| 实训任务 |

与团队成员密切合作，在老师的指导下，应用所学知识，充分地收集一手资料及二手资料，研判某旅游企业的市场营销环境，应用SWOT模型分析该旅游企业的市场营销环境，并提出针对性的建议。

【实训准备】

1. 组建4～5人团队，并任命组长。
2. 确定需要研判的景区。

【实训过程】

第一步

1. 按照宏观环境包括的因素，简要罗列出该企业面临的情况。
2. 按照宏观环境包括的因素，简要罗列出该企业具备的条件。

第二步

1. 根据所学知识确定相应资料的获取渠道。
2. 分工合作的形式，收集步骤一中罗列的详细资料。

3. 对收集的资料进行清洗、筛选、罗列。

第三步

1. 按照一定的顺序对收集的微观环境和宏观环境因素进行环境机会编号。
2. 按照一定的顺序对收集的微观环境和宏观环境因素进行环境威胁编号。

第四步：对各环境机会因素进行评分和定位

1. 按照5分赋值，即机会潜在的吸引力小、成功可能性也小的因素赋值1分，代表评分最差。机会潜在的吸引力大、成功可能性也大的因素赋值5分，代表评分最高。类似地，对各机会因素进行评分。
2. 按照评分结果，舍弃得分中间的因素（视为不太重要或影响不大的因素），将取得分相对较高和较低的因素填制到营销环境机会方格相应的象限中。
3. 按照营销环境机会方格各象限的营销建议，对该企业把握市场机遇、开展营销提出初步建议。

第五步：对各环境威胁因素进行评分和定位

1. 按照5分赋值，即威胁严重性高、同时出现的概率也高的因素赋值1分，代表评分最差。威胁严重性低、同时出现的概率也低的因素赋值5分，代表评分最高。类似地，对各机会因素进行评分。
2. 按照评分结果，舍弃得分中间的因素（视为不太重要或影响不大的因素），将取得分相对较高和较低的因素编号填制到营销环境威胁方格相应的象限中。
3. 按照营销环境威胁方格各象限的营销建议，对该企业合理规避威胁、开展营销提出初步建议。

第六步：进行"机会威胁"综合分析

1. 提出环境机会方格中的因素，比较其在威胁方格中的象限位置，综合考虑其机会水平和威胁水平程度。
2. 提出威胁机会方格中的因素，比较其在机会方格中的象限位置，综合考虑其机会水平和威胁水平程度。
3. 将影响因素的编号填制到"机会威胁"方格相应的象限中。
4. 按照"机会—威胁"方格建议的各象限营销行动原则，对该企业的业务提出营销战略建议。

【自我评估】

1. 旅游市场营销环境概念？其有哪些特点？

2. 什么是旅游市场营销的微观环境？有哪些主要影响因素？

3. 什么是旅游市场营销的宏观环境？有哪些主要影响因素？请分别举例说明这些因素的影响作用。

4. 如何获取市场环境的相关资料？

5. 一手资料、二手资料的获取渠道有哪些？

6. 如何处理、分析、应用相关资料分析旅游市场环境，并给出相应的建议。

【学习资源】

2024上海迪士尼度假区快乐旅游趋势报告

项目四 大数据分析与旅游消费

◆ **学习目标**

知识要求

1. 熟悉旅游消费者的特点、消费内容。
2. 掌握影响旅游者消费行为的因素及消费行为模式。
3. 掌握旅游消费数据的来源、应用领域、决策过程。

技能要求

1. 掌握旅游消费者大数据的获取渠道和方法。
2. 运用旅游大数据信息进行市场定位。

◆ **职业素养目标**

1. 树立正确的价值观念,合理合法的方式获取和应用数据资源。
2. 树立正确的消费观念。
3. 诚信营销,拒绝不切实际的虚假营销。

| 案例导入 |

"五一"假期作为中国重要的旅游高峰期,每年都会吸引大量游客出行。2024 年的"五一"假期,旅游市场呈现出一些新的趋势和增长点,基于携程、途牛、同程旅行等平台发布的数据,对今年的旅游市场进行详细分析。

一、旅游市场整体趋势

根据携程发布的《2024"五一"旅游趋势洞察报告》,今年"五一"旅游热度在去年高位基础上稳中有增,特别是出境游和入境游订单增长更为明显。国内长途游订单占比达到 56%,显示中长线旅游成为主角。县域旅游市场增长显著,酒店预订订单同比增长68%，景区门票订单同比增长151%。

二、热门旅游目的地

北京、上海、重庆、杭州、成都、南京、西安、武汉、广州、长沙成为"五一"假期十大热门旅游目的地。同时，县域旅游目的地如福建平潭、广西阳朔、浙江安吉等也受到游客的青睐。

三、出游方式变化

租车自驾游成为越来越多游客的选择。携程数据显示，"五一"期间国内租车自驾订单同比增长40%，海外租车自驾订单同比增长132%。同时，途牛的报告也指出，国内长线游将主导"五一"假期旅游消费。

四、出境游情况

出境游方面，日本、泰国、韩国、马来西亚、新加坡、美国、印度尼西亚、澳大利亚、法国、越南成为热门出境国家。此外，"一带一路"沿线国家如沙特、卡塔尔、乌兹别克斯坦等订单同比增速较高。

五、旅游消费者特征

"00后"年轻游客成为旅游市场生力军，出游订单占比达到31%，同比增长20%。"90后""80后"等职场打工人则倾向于通过旅游去除"班味儿"，他们的旅游订单占比达58%。

六、绿色环保趋势

绿色环保旅行者增长迅猛，携程低碳酒店订单同比增长51%，"90后"订单增长77%。新能源用车订单占比近九成，达到87%，显示可持续旅行理念正在融入更多中国旅行者的消费。

（资料来源：根据"蹊涯学习室，2024年'五一'旅游大数据分析，新趋势与消费升级"整理）

| 分析 |

2024年"五一"假期旅游市场显示出强劲的复苏势头和新的发展趋势。中长线旅游、县域旅游、自驾游成为新的增长点，年轻游客群体的崛起和绿色环保理念的普及为旅游市场注入了新的活力。展望未来，随着旅游市场的持续回暖，文旅行业

需要不断创新服务模式，提升游客体验，同时，注重可持续发展和风险管理，以适应市场的变化。

任务一　旅游者消费行为概述

一、旅游者消费行为概念及特点

（一）旅游者消费行为概念

旅游者消费行为是一个复杂且多维度的概念，它涵盖了旅游者在购买、消费、评估和处理旅游产品时的各种行为表现，这些行为贯穿于旅游活动的前、中、后阶段。

学者朱玉槐对旅游者购买行为的定义是：旅游者受到外界刺激之后，在旅游动机的支配下，为满足较高层次的心理需要而选择购买旅游产品的活动。旅游者购买行为是旅游者个体进行旅游决策（收集信息然后做出决策）、购买、消费、评估和处理旅游产品时的各种行为表现的统称。它至少包括购买何种产品（What）、为什么购买（Why）、何时购买（When）、何处购买（Where）、何人购买（Who）以及如何购买（How）六层含义，即所谓的"5W1H"。

（二）旅游者消费行为特点

（1）计划性强，消费指向明确：旅游者在决定旅游前通常会制订详细的旅游计划，明确旅游目的、时间、预算等。

（2）精神消费为主：旅游者获得的是旅游经历、感受和体验，这些都属于精神层面的消费。

（3）异地消费：旅游消费通常发生在旅游者常住地以外的地区。

（4）季节性强：旅游消费受季节、气候等自然因素影响较大，具有明显的季节性特点。

（5）时尚性：随着旅游市场的不断发展，旅游消费也呈现出时尚化的趋势，旅游者越来越注重旅游产品的个性化和独特性。

（6）产品评价过程复杂：由于旅游产品生产和消费的异地性和同时性，消费者无法像有形商品一样"先尝后买"，无法在购买前确定该产品的状况，从而增加了购买风险。因此，旅游者为了减少购买风险，通常需要广泛地收集各种相关信息，导致其购买决策过程要比一般产品的购买决策复杂得多。

二、旅游消费内容

旅游消费内容涵盖了游客在旅游过程中所产生的各项支出，这些支出构成了旅游消费的主要内容，由于旅游产品本身的特殊性，下面从休闲性消费和服务性消费对消费内容进行探讨。

（一）休闲消费

旅游休闲消费是指人们在闲暇时间，通过参与旅游活动来满足休闲需求，并在此过程中产生的相关消费行为。涵盖了从旅游目的地的选择、旅游产品的购买到旅游过程中的各项消费活动，是现代社会中人们追求生活品质、放松身心的重要方式之一。

根据旅游目的和方式的不同，旅游休闲消费可以分为多种类型，如观光旅游、度假旅游、文化旅游、生态旅游、主题旅游等。每种类型都有其独特的魅力和吸引力，满足不同消费者的需求和偏好。随着社会的不断发展和人们生活水平的提高，旅游休闲消费将呈现出更加多样化、品质化、个性化等趋势，为人们的生活带来更多的美好和惊喜。

（二）服务消费

旅游服务消费是指游客在旅游过程中，为了满足其旅游需求而购买的各种服务的总和。这些服务包括但不限于交通、住宿、餐饮、游览、购物、娱乐等环节所提供的服务。旅游服务消费是旅游消费的重要组成部分，也是衡量旅游产业发展水平的重要指标之一。

1.功能性旅游服务消费

功能性旅游服务消费是指针对旅游过程中游客的特定需求，提供的具有明确功能性和实用性的旅游服务及消费项目。这类消费不仅满足了游客的基本旅行需求，还通过多样化的服务内容和形式，提升了旅游体验的品质和深度。

（1）功能性旅游服务消费的主要类型

交通服务：包括飞机、火车、汽车等交通工具的预订和接送服务，以及租车、自驾游等个性化出行方式。交通服务是旅游活动的基础，直接影响游客的旅行体验和满意度。

住宿服务：从经济型酒店到豪华度假村，各种类型的住宿设施为游客提供了不同的住宿体验。同时，住宿服务也更加注重个性化需求，如提供特色房型、家庭套房等。

餐饮服务：旅游地的特色美食是吸引游客的重要因素之一。餐饮服务不仅包括传统的餐馆和餐厅，还涵盖了街头小吃、夜市等多样化的餐饮形式。同时，随着健康饮食观念的普及，越来越多的餐饮服务开始注重食材的健康和营养搭配。

景点门票与游览服务：包括各类景区的门票预订、导游讲解、游览车等服务。这些服务不仅帮助游客节省时间和精力，还能让他们更深入地了解景点的历史和文化背景。

休闲娱乐服务：如 SPA、按摩、健身、游泳等休闲娱乐设施和服务，为游客提供了放松身心的场所和方式。这些服务在高端旅游市场中尤为受欢迎。

购物服务：旅游购物是旅游活动的重要组成部分。通过建设旅游纪念品商店、特色商业街等购物场所，为游客提供丰富的购物选择。同时，购物服务也注重提升购物体验，如提供便捷的支付方式、优质的售后服务等。

（2）功能性旅游服务消费的发展趋势

个性化与定制化：随着旅游市场的不断细分和游客需求的多样化，个性化与定制化的功能性旅游服务消费将成为未来的发展趋势。通过数据分析和人工智能技术，为游客提供更加精准和个性化的服务。

智能化与便捷化：随着科技的进步和应用场景的拓展，智能化与便捷化的功能性旅游服务消费将逐渐普及。例如，通过智能手机应用程序可以完成从预订到支付的全过程操作，通过虚拟现实技术可以在家中提前体验旅游目的地的风景和文化。

绿色化与可持续化：随着环保意识的提高和可持续发展理念的普及，绿色化与可持续化的功能性旅游服务消费将成为未来的重要方向。旅游企业将更加注重资源的节约和环境的保护，推广低碳旅游、生态旅游等绿色旅游方式。

2. 心理性旅游服务消费

心理性旅游服务消费是指一种旨在满足游客心理需求和促进心理健康的旅游服务消费形式。这种消费不仅关注游客的物质享受，更重视游客在旅游过程中的心理体验和成长。

（1）心理性旅游服务消费的特点

心理健康导向：心理性旅游服务消费的核心在于通过旅游活动来促进游客的心理健康，包括减轻压力、舒缓情绪、提升幸福感等。

个性化定制：考虑到游客的心理需求因人而异，心理性旅游服务往往提供个性化的定制服务，以满足不同游客的心理需求。

专业心理咨询师参与：部分高端或专业的心理型旅游服务会邀请心理咨询师参与，为游客提供专业的心理指导和支持。

（2）心理性旅游服务消费的主要类型

心理健康度假：提供 SPA、瑜伽、冥想等身心放松的度假项目，帮助游客在舒适的环境中缓解压力、恢复精力。

心理疗愈旅游：针对有特定心理问题的游客，提供以心理疗愈为目的的旅游服务，如前往自然风光优美的地方进行徒步、骑行等活动，以促进心理健康。

文化探索与心灵成长：通过参观博物馆、艺术展览、历史遗迹等文化场所，结合专业的讲解和引导，帮助游客深入了解文化内涵，实现心灵成长和认知提升。

亲子心理陪伴游：针对亲子家庭，提供以心理陪伴为主题的旅游服务，通过亲子互动、共同完成心理挑战等方式，增进亲子关系，促进家庭成员的心理健康。

（3）心理性旅游服务消费的发展趋势

多元化发展：随着游客需求的多样化，心理性旅游服务将呈现多元化的发展趋势，涵盖更多类型的旅游产品和服务。

专业化提升：心理性旅游服务将更加注重专业化提升，通过引入专业心理咨询师、提供科学的心理测评和干预措施等方式，提高服务的专业性和有效性。

科技融合：未来心理性旅游服务将更加注重科技与旅游的融合，利用虚拟现实、人工智能等技术手段为游客提供更加沉浸式的心理体验。

社会认可度提高：随着社会对心理健康重视程度的提高，心理性旅游服务将逐渐获得更高的社会认可度，成为主流旅游市场的重要组成部分。

知识链接

案例：春秋国旅的"纯玩团"

背景

在旅游市场中，价格战曾一度盛行，导致部分旅行社为了降低成本，不给导游支付带团费用，甚至向导游收取人头费，迫使导游在旅游过程中推销商品，严重影响了游客的旅游体验。这种现象不仅败坏了旅游者的兴致，还导致越来越多的游客不愿再选择跟团旅游。

案例描述

为了改变这一现状，春秋国旅在2002年年初率先在海南旅游线路上推出了"纯玩团"，即 No Shopping 游。这一创新举措彻底改变了传统旅游团的购物模式，将原先硬性规定在购物点上的时间全部返还给旅游者，使旅游者能够得到更宽裕的游玩时间。例如，在沙滩上，游客可以自由地待上3~4小时，晒太阳、看大海，充分放松身心，这在有购物安排的旅游团中是不可能实现的。

心理性分析

1. 满足游客心理需求：游客在旅游过程中，往往希望获得纯粹的游玩体验，而不是被强制购物所打扰。春秋国旅的"纯玩团"正好满足了游客的这一心理需求，让他们能够更加自由地享受旅游的乐趣。

2. 提升旅游满意度：通过减少购物时间，增加游玩时间，游客能够更深入地体验旅游目的地的文化和风景，从而提升他们的旅游满意度。这种满意度不仅体现在物质层面，更体现在心理层面，使游客对旅游过程产生更加积极的评价。

3. 增强品牌忠诚度：春秋国旅的这一创新举措不仅赢得了游客的口碑，还增强了他们对品牌的忠诚度。当游客再次选择旅游服务时，他们更有可能优先考虑春秋国旅。

结果

春秋国旅的"纯玩团"在市场上取得了巨大的成功，吸引了大量对购物安排不满的游客。虽然这种旅游团的价格相对较高（通常需要多交200元团费），但游客们认为这是值得的，因为他们能够少花几倍的冤枉钱，并多出更多的时间痛痛快快地玩。这一案例表明，心理型旅游服务消费在旅游市场中具有巨大的潜力和价值。

（资料来源：根据有关春秋国旅的网络资料整理）

三、影响旅游者消费行为的因素

（一）消费内驱力

旅游消费内驱力是指促使旅游者进行旅游消费活动的内在动力或动机。这种内驱力源于旅游者的个人需求、兴趣、价值观等内部因素，并受到个人、社会和环境等多种因素的影响，是推动旅游者进行旅游决策和消费行为的关键因素。

1. 旅游消费者内驱力主要来源

个人需求：旅游者的个人需求是旅游消费内驱力的主要来源。这些需求包括探索新事物的渴望、放松身心的需求、寻求刺激和冒险的愿望、对文化知识的追求等。

兴趣和好奇心：旅游者对未知世界的好奇心和探索兴趣也是旅游消费内驱力的重要组成部分。他们渴望通过旅游来拓宽视野、增长见识、丰富人生经历。

价值观：旅游者的价值观也会影响其旅游消费内驱力。例如，一些旅游者注重环境保护和可持续发展，他们可能会选择低碳环保的旅游方式和产品。

2. 旅游消费内驱力的影响因素

个人因素：旅游者的年龄、性别、职业、收入水平等个人因素都会影响其旅游消费内驱力。例如，年轻人可能更注重冒险和刺激体验，而中老年人可能更注重休闲和养生。

社会因素：社会文化、家庭环境、相关群体等因素也会对旅游者的旅游消费内驱力产生影响。例如，家庭成员的支持和鼓励可能会增强旅游者的旅游意愿和消费动力。

环境因素：旅游目的地的环境、气候、交通等条件也会影响旅游者的旅游消费内驱力。一个美丽、舒适、便捷的旅游目的地更容易吸引旅游者前往消费。

了解消费者内驱力的来源和营销因素，有助于旅游企业和相关机构准确地把握旅游者的潜在需求的愿望，更好地制定出符合旅游者消费需求的产品，也有助于企业找到最优的营销方案。从而推动旅游业持续健康发展。

（二）消费需要

旅游消费需要是人们在旅游过程中所产生的各种物质和精神上的需求总和，既包括基本的生理需求，也包含更高层次的心理和精神需求，在旅游活动中生理需求与精神需求是相辅相成的，我们可以总结为以下几种消费需求：观光游览需求、休闲度假需求、文化体验需求、购物娱乐需求、美食体验需求、住宿和交通需求、健康养生需求。

| 知识链接 |

需求分层、体验为王：越来越多的游客为情绪买单

2024年上半年，全国文旅市场呈现出一幅丰富多彩的画卷。从旅游市场的全面回暖，到需求的分层细化，再到体验为王的新趋势，文旅行业正经历着一场深刻的变革。

1. "五一"假期，全国国内旅游出游合计2.95亿人次，同比增长7.6%，端午节假期，全国国内旅游出游合计1.1亿人次，同比增长6.3%。

2. 个性化、定制化旅游产品逐渐流行，例如，主打性价比的"反向旅游""特种兵旅游"等新型旅游方式受到年轻消费者的青睐，成为市场热点。

3. 高端旅游产品备受追捧，据庞洛邮轮的数据显示，2024年前两个月，中国市场有近3500人预订了其高端邮轮线路产品，人均消费高达11万元人民币，部分高端客户甚至达到30万元人民币的消费水平，彰显了中国高端旅游市场的巨大潜力。

4. 非传统旅游市场异军突起，成为新的增长点，据统计，"五一"期间，一些三线及以下城市的旅游人次同比增长高达100%以上，被网友称为"宝藏小城"，推动了文旅业的新发展。

5. 自驾游、亲子游等新型旅游方式备受热捧，根据马蜂窝数据显示，2024年上半年，自驾游市场迎来"井喷式"增长，成为旅游新潮流。自驾游在亲子家庭和年轻群体中尤为热门，其中四川、甘肃、云南成为最受欢迎的自驾游目的地。数据显示，上半年自驾游内容互动趋势月环比增长26%，亲水景观和山地探险类景区备受青睐，反映了家长对孩子教育成长的重视和旅游市场的多元化发展。

6. 体验为王，情绪价值成核心驱动力，在文旅市场全面回暖和需求分层的背景

下,体验成为王道,情绪价值成为核心驱动力。从淄博烧烤到哈尔滨宠粉,再到甘肃天水麻辣烫,各地政府主打一个"狠狠宠爱""无条件溺爱",事事有回应,件件有着落,游客情绪价值被照顾得足足的。

(资料来源:根据2024年文旅年中报之全国篇"需求分层、体验为王,越来越多的游客为情绪买单"整理)

| 分析 |

实体"有价",情绪"无价"。随着旅游总体供大于求的局面日益明显,旅游行业逐步走向体验时代,消费者更加注重旅游过程中的情感体验和精神满足。

(三)旅游动机

旅游动机是指一个人为了满足自己的某种需要而决定外出旅游的内在驱动力,即促使一个人有意于旅游以及选择旅游目的地和旅游方式的心理动因。旅游动机的强烈程度因人群而异,受到多种因素的影响,包括年龄、性别、职业、经济条件、文化背景等。

表4-1是不同年龄段人群的旅游动机。

表4-1 不同年龄段人群的旅游动机

人群	旅游动机
青年人群 (18~30岁)	1.好奇心与探索欲:青年人群通常对世界充满好奇,渴望探索未知的地方,了解不同的文化和风土人情。这种好奇心和探索欲成为他们旅游动机的重要驱动力 2.缓解压力与放松身心:面对学业、就业等压力,青年人群倾向于通过旅游来放松心情、缓解压力,寻找内心的平静和愉悦 3.社交需求:青年人群注重社交,旅游成为他们结交新朋友、拓展社交圈的重要方式。在旅游过程中,他们可以结识来自不同地区的游客,分享彼此的故事和经历
中年人群 (31~54岁)	1.家庭出游:中年人群往往已经成家立业,他们更倾向与家人一起出游,享受亲子时光和家庭团聚的温馨。家庭出游成为他们旅游动机的重要组成部分 2.工作与学习的需求:部分中年人群可能因工作或学习的需要而进行商务旅行或学术考察。虽然这并非纯粹的休闲旅游,但旅游过程中的体验和收获也成为他们旅游动机的一部分 3.健康与养生:随着年龄的增长,中年人群开始更加注重健康和养生。他们可能会选择去一些自然环境优美、空气质量好的地方旅游,以达到放松身心、增强体质的目的

续表

人群	旅游动机
老年人群 （55岁及以上）	1. 弥补遗憾与实现心愿：许多老年人群在年轻时由于各种原因未能实现旅游梦想，退休后他们有了更多的时间和经济能力去实现这些心愿。旅游成为他们弥补遗憾、实现心愿的重要方式 2. 健康疗养与休闲度假：老年人群的身体状况可能不如年轻时那么好，他们更倾向于选择一些适合老年人旅游的目的地，如温泉度假村、海滨城市等，以进行健康疗养和休闲度假 3. 情感交流与社交活动：老年人群在旅游过程中也注重情感交流和社交活动。他们可能会参加一些老年旅游团或社区组织的旅游活动，与同龄人一起分享旅游的乐趣和感受
特殊兴趣群体	1. 摄影爱好者：对于摄影爱好者来说，旅游不仅是放松身心的方式，更是捕捉美景、记录瞬间的绝佳机会。他们可能会为了拍摄特定的风景或人文景观而前往不同的地方旅游 2. 户外探险者：户外探险者追求刺激和挑战，他们可能会选择去一些偏远或未开发的地方进行徒步、攀岩、漂流等户外探险活动。这种对未知世界的探索和挑战成为他们旅游动机的重要来源

（四）旅游者风险认知

旅游者风险认知是旅游者在旅行决策和旅行过程中，对可能遇到的各种不确定性因素及其潜在后果的主观评估与感知。这种风险认知不仅涉及物理安全（如自然灾害、交通事故、犯罪活动等），还涵盖了健康风险（如食物中毒、疾病传播）、经济风险（如旅行费用超支、货币兑换损失）、心理风险（如文化冲击、孤独感）以及信息风险（如误导性旅游信息）等方面。

旅游者的风险认知会直接影响其旅游决策的制定。在决定旅游前，旅游者会综合考虑各种可能的风险因素，如安全风险、健康风险、经济风险等，并基于这些风险的评估来做出是否旅游、何时旅游、去哪里旅游等决策。当旅游者认为某个旅游目的地或旅游活动存在较高的风险时，他们可能会选择放弃或调整旅游计划。

（五）旅游态度

旅游态度是指个体对于旅游活动所持有的内在心理倾向和外在行为表现的总和。它涵盖了人们对旅游的认知、情感、意向以及实际行为等方面。一个人的旅游态度受到多种因素的影响，包括个人兴趣、经济状况、文化背景、社会环境、旅游经历等。

认知成分：这是旅游态度的基础，涉及个体对旅游活动的认识和理解。包括对旅游目的地的了解、旅游方式的选择、旅游服务的评价等。认知成分影响着个体对旅游的期待和预期，进而影响其旅游决策。

情感成分：这是旅游态度的核心，反映了个体对旅游活动的情感体验。积极的情感成分如兴奋、期待、满足等，会促使个体更加积极地参与旅游活动；而消极的情感成分如失望、厌倦、不安等，则可能使个体对旅游产生抵触情绪。

意向成分：这是旅游态度的行为倾向，表示个体在未来是否愿意参与旅游活动以及参与的程度。意向成分受到认知和情感成分的共同影响，是预测个体旅游行为的重要指标。

实际行为：旅游态度最终会体现在个体的实际旅游行为上。这包括旅游计划的制订、旅游产品的购买、旅游活动的参与等。实际行为是旅游态度最直接的反映，也是旅游市场研究的重要内容。

旅游态度具有稳定性和可变性：一方面，个体的旅游态度一旦形成，往往具有一定的稳定性，不易轻易改变；另一方面，随着个体经验的积累、环境的变化以及社会文化的变迁，旅游态度也可能发生相应的变化。

（六）旅游偏好

旅游偏好是指旅客在旅游过程中对于旅游目的地、旅游方式、旅游活动、住宿、餐饮、零售等方面的兴趣、选择和偏好。这些偏好不仅反映了游客的个人喜好和需求，也对旅游行业的市场定位、产品开发和服务提供产生了重要影响。

1. 旅游偏好的主要内容

旅游目的地偏好：游客可能偏好自然风光、历史文化名城、海滨度假胜地、城市观光等不同类型的旅游目的地。这种偏好受到个人兴趣、文化背景、经济状况等多种因素的影响。

旅游方式偏好：游客可能偏好跟团游、自由行、自驾游、徒步旅行等不同的旅游方式。这些方式在灵活性、自由度、成本等方面各有优劣，游客会根据自身需求和条件进行选择。

旅游活动偏好：在旅游过程中，游客可能偏好参观博物馆、古迹、自然风光，参与水上运动、滑雪、徒步等户外活动，或者享受购物、美食等休闲活动。这些活动丰富了旅游体验，满足了旅客的不同需求。

住宿和餐饮偏好：游客对于住宿和餐饮的偏好也各不相同。有些人可能偏好豪华酒店或民宿，享受高品质的服务和设施；而另一些人则可能更注重性价比和便利性。在餐饮方面，游客可能偏好当地特色美食或国际美食，以满足味蕾的需求。

零售偏好：在旅游过程中，游客也会购买各种零售商品和服务，如纪念品、手工艺品、特色食品等。这些购买行为不仅满足了游客的购物需求，也为旅游目的地带来了经济收益。

2. 旅游偏好的影响因素

旅游偏好受到众多因素的影响，包括社会因素、经济因素、心理因素、个人因素等，因此，游客的旅游偏好对于旅游行业的市场定位具有至关重要的影响。

（1）指导产品开发

定制化旅游产品：根据游客的偏好，旅游行业可以开发定制化的旅游产品。例如，如果游客偏好文化体验游，可以设计包含历史遗迹、博物馆、民俗表演等内容的旅游线路；如果偏好自然风光游，则可以推出徒步、摄影等主题活动。

多元化产品组合：旅游行业应提供多元化的产品组合，以满足不同游客的偏好。这包括不同类型的住宿（如豪华酒店、民宿、青年旅舍等）、餐饮（当地特色美食、国际美食等）以及零售商品（纪念品、手工艺品等）。

（2）精准市场定位

目标市场细分：根据游客的偏好，旅游行业可以将市场细分为不同的子市场。例如，按照年龄、性别、收入水平、教育程度等特征进行细分，从而更精准地了解目标市场的需求和偏好。

市场定位策略：根据目标市场的特征，旅游行业可以制定相应的市场定位策略。例如，如果目标市场是年轻人群体，可以强调旅游产品的时尚、刺激和个性化特点；如果目标市场是家庭游客，则可以注重产品的安全、便利和亲子互动性。

（3）提升服务品质

个性化服务：了解游客的偏好有助于提供个性化的服务。例如，在住宿方面，可以根据游客的偏好提供不同类型的房间和设施；在餐饮方面，可以推荐符合游客口味的餐厅和菜品。

增强游客体验：通过满足游客的偏好，可以显著提升他们的旅游体验。例如，提供符合游客兴趣的旅游活动、安排舒适的交通和住宿条件等，都可以让游客在旅游过程中感到更加愉悦和满足。

（4）促进市场营销

精准营销：根据游客的偏好进行精准营销，可以提高营销效果并降低营销成本。例如，通过社交媒体、旅游网站等渠道向特定群体推送符合他们偏好的旅游产品和服务信息。

口碑传播：满足游客的偏好还可以促进口碑传播。满意的游客会向亲朋好友推荐旅游产品和服务，从而带来更多的潜在客户和市场份额。

游客的旅游偏好对于旅游行业的市场定位具有深远的影响。旅游行业应密切关注旅客的偏好变化，及时调整市场定位和产品策略，以更好地满足旅客的需求并提升市场竞争力。

| 知识链接 |

2024年中国"五一"黄金周旅游出行人群消费偏好

随着2024年"五一"黄金周的到来，这个五天的假期为出行、住宿、餐饮、景区以及电影院线等各个领域带来了前所未有的机遇。

为客观反映当前消费者状况及消费需求，艾媒智库（data.iimedia.cn）联合草莓派网民行为调查与计算分析系统（survey.iimedia.cn），开展主题为"中国'五一'黄金周旅游出行人群行为调研及市场宏观数据"的全国随机抽样调查，以更好帮助人们了解中国"五一"旅游消费群体、消费意愿和市场趋势。

Media Research（艾媒咨询）数据显示，在中国消费者"五一"假期出行计划调研中，85%的受访者表示有出游计划，"五一"旅游热度只增不减。其中，35.00%的消费者选择了省内游，24.70%的消费者选择了跨省游，19.36%的消费者选择了本市游，5.94%的消费者选择了出境游。

而在中国消费者旅游节奏偏好这一调研中，39.60%的消费者选择了"度假式旅游"，31.68%的消费者选择了"游客打卡必去"的旅游方式，28.72%的消费者则选择了"特种兵式行程"。与前些日子"报复性旅游"的特种兵式出行相比，消费者如今更倾向于选择轻松、舒适的旅游方式。

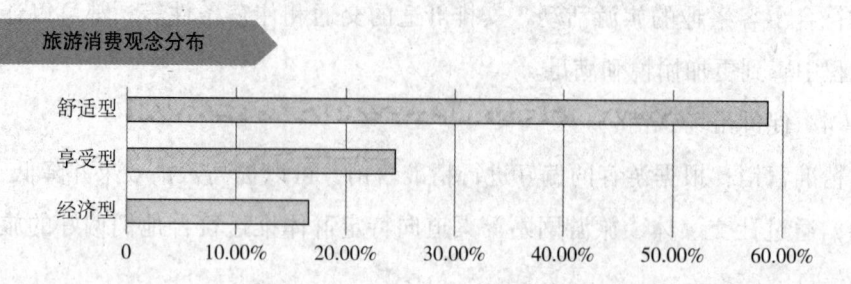

旅游消费观念分布

- 舒适型
- 享受型
- 经济型

（0 — 10.00% — 20.00% — 30.00% — 40.00% — 50.00% — 60.00%）

在中国消费者"五一"假期的出行餐饮偏好调研中，55.64%的消费者倾向于品尝当地特色小吃，感受地道的味蕾之旅；50.50%的消费者则偏爱当地传统老字号；41.98%的消费者选择中式餐厅，享受中华美食的博大精深；31.09%的消费者则追随潮流，选择网红餐饮店体验新鲜与独特；另外，28.12%的消费者在旅途中选择麦当劳、大家乐等西式快餐店，满足便捷用餐的需求。这些多样化的选择反映了消费者对于餐饮体验的丰富追求。

在中国消费者"五一"假期出游的酒店类型偏好调研中。47.72%的消费者会选择经济型便捷酒店，42.18%的消费者会选择热门民宿，39.41%消费者会选择特色主题酒店，25.94%的消费者会选择青年旅舍，24.55%的消费者会选择豪华星级酒店。

在中国消费者节假日出游住宿习惯偏好调研中，60%消费者选择更追求酒店性价比，即使住得偏僻，交通远一些也可以接受，40%消费者选择住在中心城区，追

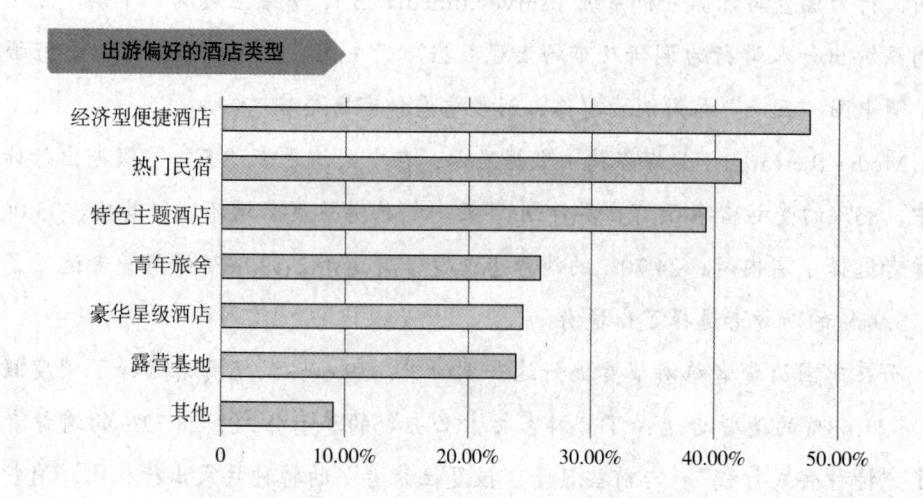

出游偏好的酒店类型

- 经济型便捷酒店
- 热门民宿
- 特色主题酒店
- 青年旅舍
- 豪华星级酒店
- 露营基地
- 其他

（0 — 10.00% — 20.00% — 30.00% — 40.00% — 50.00%）

求餐饮交通方便，尽管费用高一些。

（资料来源：根据艾媒咨询"中国'五一'黄金周旅游出行人群行为调研及市场宏观数据"整理）

（七）旅游者人格

人格是个人在适应环境的过程中所表现出来的系统的、一贯的、独特的反应方式。旅游者人格是指个体在旅游过程中表现出来的一系列稳定而独特的心理和行为特征的总和。这些特征包括旅游者的兴趣、偏好、态度、价值观、决策方式等，它们共同构成了旅游者的个性特征。旅游者人格具有整体性、稳定性、独特性和社会性等特点，是旅游者在长期社会化和个人经历中逐渐形成的。

人格理论有四种：气质说、特质论、精神分析理论和自我论。我们在旅游者人格分析中常用气质说的理论，对游客行为方式进行分析。气质说的创始人是古希腊医生希波见拉特，他认为人体内有四种体液，血液、黏液、黄胆汁、黑胆汁。它们在人体内所占比例不同，构成了气质的四种类型。即：多血质、胆汁质、黏液质和抑郁质。此种划分一直沿用至今天。这种学说认为：黏液过多的人冷静镇定；黄胆过多的人性急易躁；黑胆多的人沉溺于忧郁；血旺的人乐观自信（见表4-2）。

表4-2 气质类型与其特征

气质类型	特征
胆汁质	精力充沛，情绪发生快而强，言语动作急速而难于自制，内心外露，率直，热情，易怒，急躁，果敢
多血质	活泼爱动，富于生气，情绪变化迅速，表情丰富，思维言语动作敏捷，乐观，亲切，浮躁，轻率
黏液质	沉着安静，情绪发生慢而弱，思维言语动作迟缓，内心少外露，坚毅，执拗，淡漠
抑郁质	柔弱易倦，情绪发生慢而强，易感而富于自我体验，言语动作细小无力，胆小，忸怩，孤僻

旅游者人格对其旅游行为具有显著影响，主要体现在以下几个方面。

①旅游决策：旅游者人格特质会影响其旅游决策过程。例如，风险承受能力较高的人在选择旅游目的地和行程时可能更倾向于冒险和挑战；而谨慎型决策风格的旅游者则会在决策前进行充分的信息收集和比较分析，力求做出最佳选择。

②旅游方式：不同人格类型的旅游者会选择不同的旅游方式。外向型旅游者可能更喜欢团队旅行，享受社交活动和人群拥挤的景点；而内向型旅游者则可能更偏好独自旅行，享受安静和独处的时间。

③旅游体验：旅游者的人格特质也会影响其旅游体验的满意度。例如，外向型旅游者更可能享受社交活动和人群拥挤的景点，而内向型旅游者则可能更偏好安静、独处的环境。此外，旅游者人格还会影响其对旅游目的地的吸引力感知和满意度评价。

（八）旅游期望

旅游期望是指由旅游动机引发的旅游者对其旅游决策的出游目标实现的心理预期。它是旅游者在旅游活动开始前，基于个人兴趣、需求、经验、信息获取等多种因素，对旅游目的地、旅游产品和服务所形成的一种主观认知和期待。根据旅游活动过程，旅游期望可以分为不同的类型。

预定期望：指旅游者在出发前确定的所要实现的目标愿望。这是旅游者在决策阶段基于已有信息对旅游活动的一种初步预期。

引发期望：指旅游者在旅游过程中，由于目标指向上的可转移或替代性，在新的旅游环境的作用下所产生的新需要，引起旅游者本人对新的目标实现的一种期望。这种期望是随着旅游体验的深入而逐渐形成的。

旅游期望的形成和变化受到多种因素的影响，包括个人因素（如年龄、性别、职业、收入等）、社会因素（如文化背景、社会阶层、家庭结构等）、信息因素（如旅游信息的丰富程度、准确程度、传播渠道等）以及旅游产品和服务的特性等。

旅游期望影响着旅游者的决策行为、旅游体验的质量以及旅游后的满意度和忠诚度。因此，了解和满足旅游者的期望对于提升旅游服务质量和促进旅游业的发展具有重要意义。

四、旅游消费收获

（一）旅游地体验

旅游体验收获是一个广泛而深刻的概念，它涵盖了游客在旅行过程中所获得的各种感知、认知、情感和行为上的变化与成长。这些收获不仅来自对目的地的直接观察和体验，还包括与当地人、文化、自然环境的互动以及个人内心的反思与感悟。主要包括四个方面。

（1）知识与文化的收获，例如，参观故宫时，游客可以了解到明清两代皇家的历史变迁、建筑风格、宫廷礼仪等，从而对中国传统文化有更深入的认识；在西班牙的巴塞罗那，游客通过参观高迪的建筑作品，可以领略到现代主义建筑艺术的魅力。

（2）情感与心灵的收获，例如，在海边度假，听着海浪声，看着日出日落，游客可能会感受到前所未有的宁静和平和，从而减轻生活压力，提升幸福感；在尼泊尔徒步旅行，面对雄伟的喜马拉雅山脉，游客可能会感受到自然的壮丽和人类的渺小，进而引发对生命意义的思考。

（3）人际关系的收获，例如，参加青年旅舍的社交活动，游客可以遇到来自世界各地的背包客，通过分享旅行故事、交流文化见解，建立深厚的友谊；在团队游中，游客与队友共同克服困难，完成任务，可以增进彼此之间的信任和默契。

（4）自我成长与反思的收获，例如，独自背包旅行，游客需要独立解决住宿、交通等问题，这不仅能锻炼他们的自理能力，还能让他们更加自信；参加户外探险活动，如攀岩、潜水等，游客需要克服恐惧，挑战极限，这种经历往往能激发他们的潜能，促进自我超越。

（二）旅游幸福感

旅游幸福感是指个体在旅游过程中所体验到的一种积极、愉悦的心理状态，它源于对旅行目的地、活动、人际关系以及自我实现等多方面的满足和享受。主要源于环境体验、社交互动、自我实现、心理放松，旅游通过合理规划行程、注重旅游质量、保持积极心态以及学会感恩和分享等方法，有效地提升旅游幸福感。

（三）重游意向

重游意向是旅游者对某个旅游地一次及以上体验后，愿意再次到访的主观意愿。这种意愿通常基于旅游者对旅游地的满意度、旅游体验的质量、旅游资源的吸引力以及个人偏好等多种因素。当旅游者对某个旅游地产生积极的评价和感受时，他们更有可能产生重游意向。例如，故宫作为中国最具代表性的历史文化景点之一，每年吸引着大量游客前来参观。许多游客在游览完故宫后，由于对其丰富的历史文化遗产和独特的建筑风格产生了浓厚的兴趣，因此，产生了再次到访的意向。九寨沟以其绝美的自然风光和丰富的生态资源而闻名于世，许多游客在游览九寨沟后，被其壮丽的景色所震撼，因此，产生了再次前往九寨沟欣赏美景的意向。迪士尼乐园是一个充满欢乐和梦幻的地方，适合家庭和朋友一起游玩，许多游客在游览迪士尼乐园后，由于享受到了其中的乐趣和刺激，因此，产生了再次前往迪士尼乐园游玩的意向。

重游意向是旅游者对某个旅游地产生积极评价和感受后所形成的一种主观意愿。通过提升旅游资源质量、优化旅游服务、加强市场营销以及关注游客反馈等措施，可以有效地提升游客的重游意向。

（四）旅游焦虑

旅游焦虑是一种常见的心理现象，是指在旅游过程中或旅游前产生的担忧、不安或紧张等负面情绪，例如，在计划前往一个完全陌生的国家旅行，会担心自己无法适应当地的语言、文化和风俗习惯，也担心在旅游过程中自己无法与当地人建立良好的沟通和交流，因此感到焦虑和不安。

旅游可以通过提前了解目的地信息、做好规划和准备、接受和适应旅行的变化、增加社交能力和自信心以及关注自己的健康状况等方法来有效缓解和应对。景区可以通过加强信息沟通与提示、优化服务质量和体验、合理规划景区布局和游览路线、提升景区文化内涵和互动性以及建立完善的游客反馈机制等多种方式，来减少游客的旅游焦虑，提升游客的旅游体验和满意度。

【讨论】

采访一下你周围的朋友，最近一次促使他们出门旅游的因素有哪些，在旅游过程中他们主要消费了哪些项目，这次旅游的感受怎样？

要点：1. 影响旅游者消费决策的因素有哪些？

2. 旅游者消费行为的特点。

3. 旅游中最大的收获是什么？

任务二　大数据分析旅游消费信息

一、旅游消费大数据来源

旅游消费大数据的来源是多元化的，主要包括以下几个方面。

1. 内部数据

企业自有数据：旅游企业或组织内部生成的数据，如预订记录、客户偏好、经营数据等。这些数据是旅游企业日常运营和管理的重要基础，也是进行业务分析和决策的重要依据。

2. 外部数据

社交媒体数据：用户在社交媒体平台（如微博、微信、抖音等）上发布的与旅游相关的内容，包括游记、攻略、评价、图片、视频等。这些数据能够反映用户的旅游体验和需求，对于旅游企业了解市场动态、优化产品和服务具有重要意义。

（1）公共数据

政府部门、行业协会等发布的数据，如旅游统计报告、行业白皮书、政策文件等。这些数据为旅游企业提供了宏观层面的市场分析和趋势预测。

（2）舆情数据

通过舆情监测和分析工具获取的舆情数据，能够反映公众对旅游目的地、旅游产品和旅游企业的态度和看法。这些数据对于旅游企业评估品牌形象、提升服务质量具有重要作用。

| 知识链接 |

UGC 数据源和社交媒体数据源

一、UGC 数据源

1. 数据源内容

UGC 数据是游客在行程中或行程后发布的旅游感受、攻略、游记等信息，具体如下：检索关键词、标题、正文、旅游投诉关键词、目的地关键词、用户基本信息、转发数量、评价数量、点赞数量、评价内容、旅游关键词、时间关键词、发布时间、粉丝基本信息、转发网友基本信息。

2. 数据特征

UGC来源主要分为两类：第一类数据来源主要有大众点评、知乎、豆瓣，大部分数据为点评信息；第二类数据来源为包括穷游网、马蜂窝这样的旅游游记攻略类网站。

这些网站的社交、舆论、攻略信息，数据量大，包含内容多，如果能充分挖掘这些数据，得到转发、关注度、粉丝数等信息。但这些数据非结构化严重，同时，缺少交易数据，同其他数据的协同性较差，对旅游群体进行分析时，很难得出一个完整的游客画像，应用价值有限。

二、社交媒体数据源

1. 数据源内容

社交媒体数据是游客在行程中或行程后发布的旅游感受、评论、购物、移动轨迹等信息，具体如下。

用户信息：年龄结构、性别、职业、学历、毕业学校、就职单位、用户关注、参与社群（圈子）等。

网络行为：使用终端、观看视频、浏览资讯、发布原创信息、转载转发信息、评论信息、点赞、参与讨论、购物、平均打开次数、使用高峰期、移动轨迹、参与活动等。

资讯信息：原创标题、原创内容、评论内容、互动内容、转载内容标题、图片、视频等。

2. 数据特征

覆盖面广、渗透率高：众多社交媒体覆盖了各个年龄段、各种群体，社交媒体国内主要有QQ、微博、微信、陌陌等，国外主要有Facebook、Twitter、Linkedin、Pinterest等；使用频度高、数据及时：即时通信的需求导致人人都要随时随地地进行沟通、分享，社交媒体使用频度极高，数据非常及时；数据量大、数据复杂：海量用户产生了海量的数据，除了文字，还包括一些视频社交和图片社交产生的大量非结构化的数据。

［资料来源：文旅大数据实验室：文旅大数据来源之互联网篇（下）］

3. 用户行为数据

在线平台数据：用户在在线旅游平台（如携程、去哪儿、马蜂窝等）上产生的行为数据，包括搜索、浏览、预订、支付、评价等。这些数据能够直接反映用户的旅游需求和消费习惯，是旅游企业进行精准营销和个性化服务的重要基础。

移动应用数据：用户在旅游相关移动应用（如导航、地图、天气等）上产生的数据，如位置信息、搜索记录、使用习惯等。这些数据能够为旅游企业提供更加精细化的用户画像和服务推荐。

| 知识链接 |

OTA 数据源

一、数据内容

销售类数据：景区销售数量、酒店销售数量、线路产品销售数量、组合产品（酒+景）销售数量。

攻略评价类数据：酒店点评、酒店位置、酒店交通、酒店周边、酒店费用、酒店详情；景区点评、景区位置、景区交通、景区周边、景区费用、景区预订条款、景区详情；线路渠道点评、线路设计、线路交通、线路用餐、线路费用、线路景点、线路住宿、线路赠送、线路出发时间、线路品质、线路行程时间、线路儿童因素、线路预订条款；组合产品（酒+景）点评、组合产品名称、价格、时间。

二、数据特征：

通过OTA网站的消费数据，可以判断每一位用户的消费能力、收入水平、消费偏好等。旅游产品销售数据的优势在于数据已经结构化，而且数据的意义也很明确，可利用度高，数据相对更加真实。

但OTA数据存在很强的局部性，不同OTA之间的数据缺少关联，比如，携程只有携程的数据，淘宝只有淘宝的数据；OTA数据存在割裂性，不同OTA的用户数据没有比对，比如，在百度搜索了景区信息，又在淘宝上购买了景区门票，百度用ID1来代表，淘宝用ID2来代表，ID1与ID2的信息本环节中没有连接；OTA数据存在封闭性，很少有互联网公司愿意开放自己的数据，很难做到数据共享。

[资料来源：文旅大数据实验室：文旅大数据来源之互联网篇（上）]

4. 供应商数据

旅游供应商数据：酒店、航空公司、景区、旅行社等旅游供应商提供的数据，包括产品信息、价格、库存、服务评价等。这些数据是旅游企业进行产品组合和供应链管理的重要依据。

5. 第三方数据源

金融数据：通过银行、支付机构等获取的交易数据，能够反映用户的旅游消费能力和支付习惯。

人口统计学数据：通过人口普查、市场调研等方式获取的人口数据，能够揭示旅游市场的潜在需求和消费趋势。

旅游消费大数据的来源广泛，涵盖了企业内部数据、外部数据、用户行为数据、供应商数据以及第三方数据源等方面。通过对这些数据的收集、整合和分析，旅游企业能够更加精准地把握市场动态和用户需求，从而制定更加有效的营销策略和产品策略。

| 知识链接 |

搜索引擎数据源

一、数据源内容

搜索引擎数据是由用户的搜索行为和游客的移动轨迹数据组成，具体数据如下。

关键词移动端搜索次数、关键词 PC 端搜索次数、相关搜索次数、相关词搜索指数、关键词省份搜索数量、关键词区域搜索数量、关键词城市搜索数量；

来源检索词相关度数值、去向检索词相关度数值、百度知道问题浏览数量；

目的地省份热门景区拥堵指数、目的地城市热门景区拥堵指数、景区热力值；

出境游目的地热度值、出境游景点热度值、热门线路人数；

目的地城市热度值、出发地城市热度值、目的地城市客源地数值、出发城市目的地数值；

迁入城市人数、迁出城市人数、客源地进入目标城市人数、进入目的地人数等。

二、数据特征

目前，国内常用的搜索引擎主要有百度搜索、360 搜索、搜狗搜索、Google 搜索、雅虎搜索、微软搜索、阿里巴巴搜索，百度搜索市场占有率第一，保持在70%左右。

每天都有数以百万计的用户通过搜索引擎来寻求与旅游相关问题的答案。当游客产生旅游需求时，通过搜索引擎搜索相关景区、目的地、游记、攻略等，会产生大量的数据，如关键词、目的地、热门景点、住宿、特色小吃、特产等。

搜索引擎存在局限性，搜索引擎缺少类似淘宝、京东、同程和携程这些OTA的核心交易数据。同时，不同搜索引擎也存在数据的割裂性，数据整合困难，同一人在不同搜索引擎搜索行为数据很难建立全面联系，无法得到全面、准确的分析结果。

[资料来源：文旅大数据实验室：文旅大数据来源之互联网篇（中）]

二、旅游消费大数据的应用

旅游消费大数据的应用广泛且深入，主要体现在以下几个方面。

（一）旅游市场分析与预测

市场趋势洞察：通过大数据分析，可以洞察旅游市场的整体趋势，包括游客流量、消费水平、热门目的地等，为旅游企业制定市场策略提供依据。

消费行为分析：分析游客的消费习惯、偏好、满意度等，帮助企业了解市场需求，优化产品和服务。

预测未来趋势：结合历史数据和当前趋势，利用大数据模型预测未来旅游市场的走向，为企业的长期规划提供参考。

例如，某些旅游目的地，利用地方特色IP引流，通过大数据分析地方特色资源（如大熊猫"花花"的爆红）、地方特色产业（如延吉的民族风旅拍），以及地方特色文化（如洛阳的汉服文化月）的吸引力，进行精准营销和推广。不仅带动了地方旅游业的快速发展，还促进了地方经济的繁荣和文化的传播。例如，大熊猫"花花"的爆红吸引了大量游客参观成都大熊猫繁育研究基地，带动了相关产品的网络销量大幅增长。

（二）旅游服务优化

个性化推荐：基于游客的历史行为和偏好，通过大数据算法推荐个性化的旅游线路、景点、餐饮等，提升游客体验。

智能客服：利用人工智能技术，实现 24 小时在线的智能客服服务，快速响应游客咨询，解决问题。

服务流程优化：通过分析游客在旅游过程中的行为数据，发现服务流程中的瓶颈和痛点，进而优化服务流程，提高服务效率。

例如，黄山景区"迎客松掌上调度平台"，该平台实现景区内 30 多个系统的数据汇聚、共享和应用，基于门票、气象和视频监控等数据，通过智能算法实现一小时人流预测。大幅提升了景区管理效率与游客体验，有效缓解了景区拥堵问题，保障了游客的安全和舒适。

（三）旅游营销与推广

精准营销：利用大数据进行市场细分，针对不同客群制定精准的营销策略，提高营销效果。

内容营销：结合社交媒体和在线社区的数据，创作符合游客兴趣和需求的旅游内容，吸引潜在游客。

效果评估：通过大数据分析营销活动的效果，包括曝光量、点击率、转化率等，为后续的营销活动提供改进方向。

例如，在线旅游平台（如携程、去哪儿等）通过收集用户的搜索、浏览、购买等行为数据，运用大数据分析技术，对用户进行精准画像，进而实现个性化推荐。提高了用户满意度和转化率，同时，降低了营销成本。根据用户的偏好和历史行为，平台可以推送用户可能感兴趣的旅游线路、酒店或机票等产品。

（四）旅游安全监管

风险预警：利用大数据分析旅游目的地的安全状况，及时发现潜在的安全风险，并提前进行预警。

应急响应：在突发事件发生时，通过大数据快速获取相关信息，为应急响应提供决策支持。

例如，利用爬虫技术从各类平台抓取与旅游相关的信息，通过数据挖掘和文本挖掘技术对碎片化的文本数据进行多维度分析，掌握某一地区或景点的舆情动态。

帮助旅游企业及时了解游客的满意度、评价以及旅游重点行业的运行情况，为提升服务质量和应对危机提供数据支持。

（五）旅游资源配置

供需平衡：通过大数据分析旅游市场的供需状况，结合游客的行为数据和偏好，为旅游资源的优化配置提供决策支持，合理调配旅游资源，避免资源浪费和过度竞争。提升旅游行业的整体效益。

产品创新：结合市场需求和游客反馈，利用大数据创新旅游产品，满足游客的多样化需求。

（六）旅游政策制定

政策效果评估：通过大数据分析旅游政策的实施效果，为政策调整和优化提供依据。

政策制定参考：利用大数据洞察旅游市场的发展趋势和潜在问题，为政策制定提供参考意见。

旅游消费大数据在旅游市场分析与预测、旅游服务优化、旅游营销与推广、旅游安全监管、旅游资源配置以及旅游政策制定等方面都发挥着重要作用。随着大数据技术的不断发展，其应用范围和深度还将不断拓展。

|案例|

消费大数据在旅游业中的应用：演唱会等演艺活动对旅游消费的拉动作用

以周杰伦在海口举办的演唱会为例，这一大型演艺活动不仅吸引了大量粉丝和观众前来观看，还通过其强大的引流效应，显著带动了当地的旅游消费。具体来说，在演唱会期间，当地的住宿、餐饮、购物等消费领域均实现了大幅增长。住宿收入达到了 1.34 亿元，餐饮收入也有 0.72 亿元，购物收入更是高达 3.22 亿元，整个演唱会期间实现的旅游收入总计达到了 9.76 亿元。

|案例分析|

这一案例充分展示了消费大数据在旅游行业中的应用价值。通过大数据分析，旅游企业可以精准预测和评估类似大型演艺活动对当地旅游消费的拉动作用，进而

制定有效的营销策略和资源配置方案。同时,大数据还可以帮助旅游企业实时监测和分析游客的消费行为和偏好,为提供更加个性化、精准的服务提供支持。

此外,消费大数据还可以应用于旅游行业的其他多个方面,如旅游市场分析与预测、旅游服务优化、旅游营销与推广、旅游安全监管等,为旅游行业的创新与发展提供强有力的数据支持。

三、旅游消费决策过程

(一)旅游消费决策过程

旅游者的消费决策,是一个相互关联的漫长的消费行为过程,旅游消费过程在购买行动发生之前已经开始,且包括购买后的行为,在此期间的每一个阶段都会影响消费者的最终决策。我们将此过程分为五个阶段(见图4-1)。

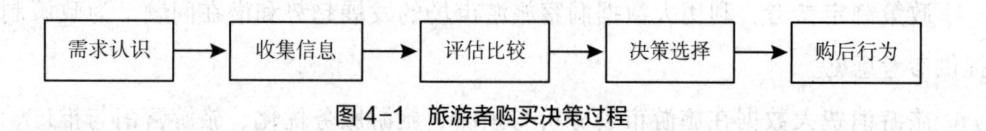

需求认识 → 收集信息 → 评估比较 → 决策选择 → 购后行为

图4-1 旅游者购买决策过程

1. 需求认识

购买决策的过程始于需求认识,即人们认识到自己对旅游产品的需要。对于旅游营销人员而言。他们必须了解自己的旅游产品可以满足消费者哪些内在需求;另一方面通过哪些外在刺激引发人们对旅游产品的需求。一项旅游产品能够满足旅游者的需求越多,就越受旅游者的欢迎。在这一阶段,旅游营销人员要努力唤起和强化消费者的需要,并协助他们确认需要,创造需求。

2. 收集信息

在认知到旅游需求后,旅游者会开始主动搜索更多关于旅游目的地的信息。

这些信息可能包括目的地的风景、文化、气候、交通、住宿、餐饮、旅游线路、费用预算等方面。可能通过阅读旅游指南、网上搜索、参与旅游论坛和社区交流、咨询旅行社等方式进行信息收集(见图4-2)。

3. 评估比较

通过信息收集阶段,旅游者了解到许多有关旅游产品的信息,一般从目的地吸引力、旅行时间与季节、预算考量、安全与便利性、旅行方式与舒适度、环保与可

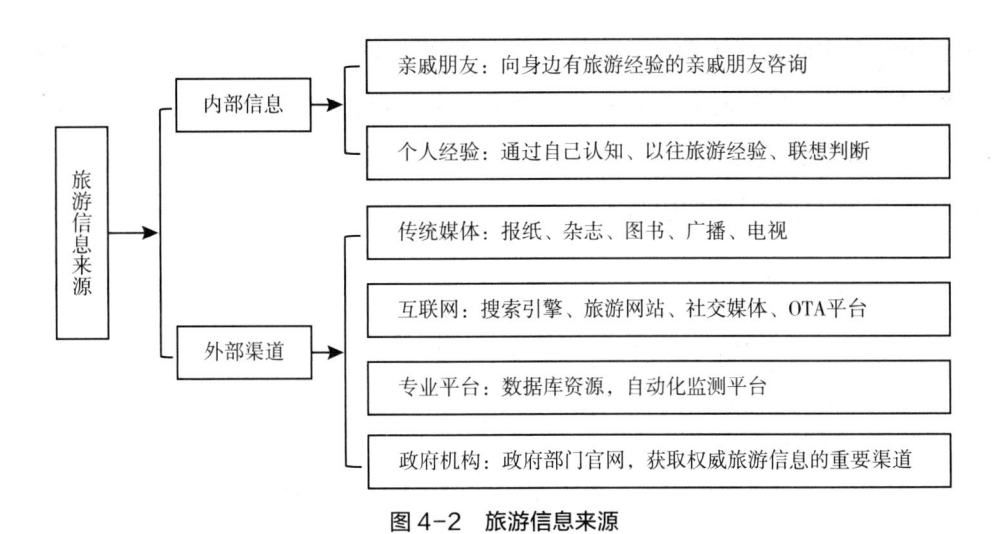

```
旅游信息来源 ──┬── 内部信息 ──┬── 亲戚朋友：向身边有旅游经验的亲戚朋友咨询
              │              └── 个人经验：通过自己认知、以往旅游经验、联想判断
              │
              └── 外部渠道 ──┬── 传统媒体：报纸、杂志、图书、广播、电视
                            ├── 互联网：搜索引擎、旅游网站、社交媒体、OTA平台
                            ├── 专业平台：数据库资源，自动化监测平台
                            └── 政府机构：政府部门官网，获取权威旅游信息的重要渠道
```

图 4-2　旅游信息来源

持续性、反馈与评价、风险评估与应对措施八个方面评估，再根据初步购买标准，只能留下少数几个旅游产品以供选择。旅游营销人员应努力使本企业的旅游产品进入可供旅游者选择的行列。旅游者最终决定购买某个旅游产品取决于他对哪些可供选择的旅游产品的综合评估。

大多数消费者都采用"理想品牌法"来评价可供选择的品牌和决定他们最喜欢的品牌。所谓理想品牌法就是消费者根据购买目的设想出一种"理想产品"，然后用实际产品同这种理想产品相比较。最接近理想产品的品牌，就是消费者选定的品牌。

4. 决策选择

购买决策，是指旅游者做出购买决策和实现对旅游产品的购买，它是旅游购买行为的中心环节。经过可供选择方案的评估，旅游者可以形成购买意愿。如果没有受到其他因素的影响，购买意愿产生以后就会导致购买决策。购买意愿形成之后到实施购买决策可能受到的影响主要来自两个方面。

一是他人的意见。他人意见或多或少会对旅游者的购买决策发生影响，其影响程度决定密切程度，关系越密切影响力越大。如果他人意见对购买意图持赞成态度，则会促使旅游者将购买意图转化为购买决策。二是"意外情况因素"，即在购买意图确定之后，由于意想不到的情况出现，影响了消费者购买决策的确定。

5. 购后行为

购后行为就是购买消费产品之后的行为，它既是一次旅游消费活动的结束，同时也可能是下次购买或不购买的开端（见图4-3）。购后行为在一定程度上是对购买决策的"反馈"。当旅游者认为购买到理想的旅游服务产品时，就会认可接受该产品，如果不满意其服务与质量，今后就会转而选择其他的旅游产品。旅游者购后的评价取决于心中对产品的期望与实际产品绩效之间的对比。

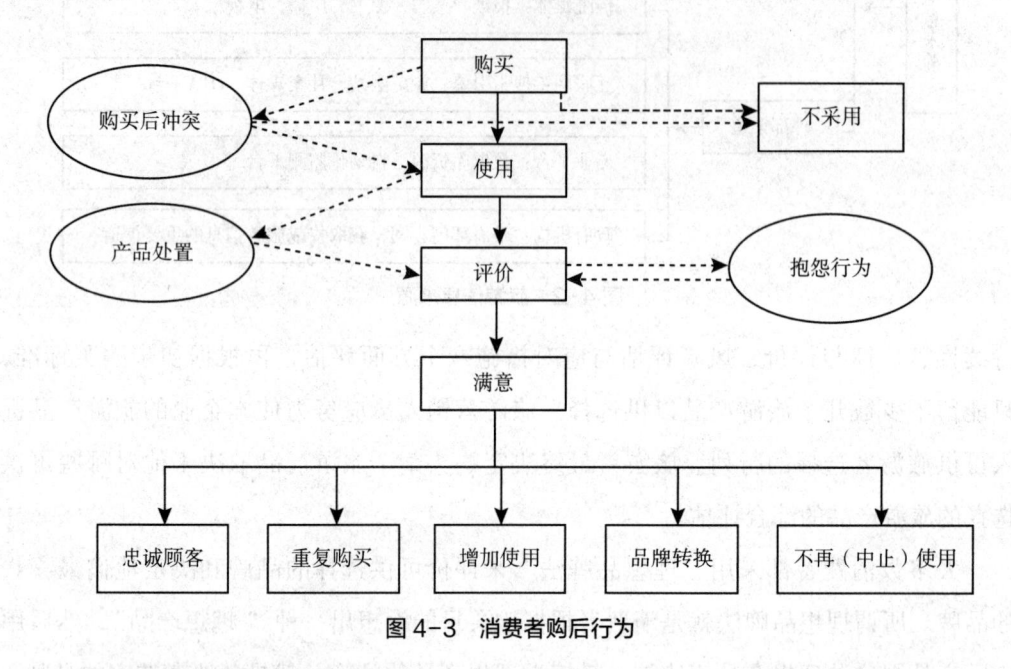

图4-3 消费者购后行为

四、旅游者消费行为模式

消费者购买行为模式是营销实战中必须研究的，它用于认识消费者购买前、购买过程中、购买后的各种因素，从而帮助销售人员更好地把握销售的主动性，本节我们主要介绍在旅游企业市场营销研究中常用的两种模式："需要—动机—行为"和"刺激—反应"模式。

（一）"需要—动机—行为"模式

这是一种基于心理学而构建的旅游者购买行为模式。它认为需要引发动机，动机再引起行为，旅游者的需要、动机及购买行为构成了一个旅游购买活动周而复始的过程（见图4-4）。当旅游者产生的旅游需要尚未得到满足时，就会引起一定程度的心理紧张。当这种需要有满足的可能性并有了一定的具体目标时，就可以转化为对具体目标某一种旅游产品的购买动机，具体的购买动机又会推动旅游者进行旅游消费购买过程。当旅游者的旅游需要通过旅游活动满足后，这种心理紧张感就会缓解。例如，小张迫于生活和工作的压力，长期紧张工作，不仅造成了心理紧张，也形成了一定的亚健康状况，医生建议他适当放松休息。小张接受了医生的劝告，细想自己已经有多年未外出旅游，便产生了对旅游的内在需要。小张在得到领导批准后请假休息，认为自己应该有一次两周左右的海滨度假旅游，于是这种需要转化为动机。小张针对海滨度假旅游信息进行购买决策，并顺利开展了自己的旅游消费活动。小张完成旅游活动后就完成了一个"需要—动机—行为"的周期。之后又会慢慢出现新的旅游需要，开始新一轮的"需要—动机—行为"周期。

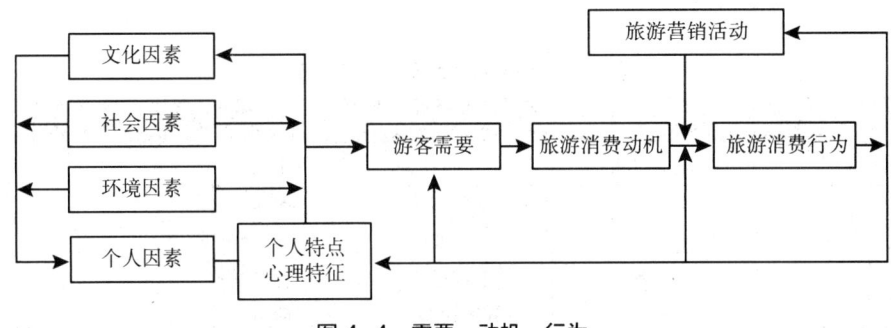

图 4-4　需要—动机—行为

从图 4-4 可以看出，旅游消费行为的原动力来自旅游需要和动机。个人的内在因素和外在诸如社会、文化、经济等宏观环境因素以及企业的旅游营销活动等微观环境因素共同引发了旅游者的旅游需求、旅游需要的产生是外部因素综合作用于旅游者而引发旅游者内因的结果。

之后又出现了满足旅游需要的某种具体目标，即旅游动机，此时，旅游者便会主动收集相关信息，同时，受旅游企业的商业信息和促销因素等的影响，进而产生旅游消费行为。

（二）"刺激—反应"模式

"刺激—反应"模式是基于行为科学研究的成果认为，人的消费购买行为是人的内在因素在受到外部因素刺激下所做出相应反应的结果（见表 4-3）。

在企业未了解旅游者以前，旅游者对企业来说就是一个黑箱，对于影响旅游者内在因素及决策过程的规律一概不知，仅知道该黑箱在接受来自外部的环境刺激和企业的营销刺激时会产生相应的反应，表现在旅游者接受外在刺激后所作出的一系列购买决策上。值得我们关注的问题是，旅游者会对哪些外部刺激做出什么样的反应；这些反应当中哪些是企业的营销策略对旅游者刺激后所产生的反应，哪些是环境因素刺激所产生的反应。所谓营销刺激，是指企业针对旅游者制定的产品、价格、渠道和促销等营销策略。企业总是希望自己做出的营销策略是正确的，是有效率的，但是其衡量的标志只是旅游者能做出的购买决策有利于企业，使企业营销能够收到效果，并提高企业经济效益。这就需要企业对消费者进行研究：一方面是静态的研究，研究消费者购买行为受到哪些因素的影响；另一方面是动态的研究，研究消费者的整个购买决策过程。

表 4-3　消费者"刺激—反应"模式

刺激变量		消费者黑箱		消费者反应
营销刺激	其他刺激	消费者特性	消费过程	
产品 价格 渠道 促销	社会 技术 政治 文化 法律	个性特点 文化背景 学习过程 信念和情感 经济情况	需求认识 收集信息 评估比较 决策选择 购后评估	产品选择 品牌选择 数量选择 时间选择 渠道选择

【讨论】

您作为一名旅游者，在购买旅游产品的过程中，你会有哪些考量？最终做出您所认为合适的选择。

要点：1. 旅游者消费购买的行为过程。

2. 旅游者购买行为的形成过程。

任务三　大数据助旅游消费市场定位

一、旅游消费市场定位概述

在竞争日益激烈的旅游行业中，准确的市场定位是旅游企业成功的关键。它关乎企业如何有效识别并满足目标消费群体的需求，从而在市场中脱颖而出。本节将从市场细分、目标市场选择、市场定位策略、消费者画像、需求趋势分析、品牌定位、营销策略以及评估与调整八个方面，对旅游消费市场定位进行概述。

二、旅游消费市场定位过程

（一）旅游市场细分

1. 市场细分概述

市场细分是指根据消费者需求的差异性和相似性以及资源自身的有限性，将整个市场划分为若干个具有相似需求的消费者群体的过程。在旅游行业中，市场细分可以帮助旅游企业更好地识别目标市场，提供符合消费者需求的旅游产品和服务。

2. 旅游市场细分的主要依据

旅游市场细分依据主要包括地理细分、心理细分、人口统计细分、行为细分（见表4-4）。

表4-4 旅游市场细分依据

细分依据	定义	实例
地理细分	根据旅游者的地理位置或旅游目的地的不同进行细分	国内旅游市场与国际旅游市场；城市旅游市场、乡村旅游市场、海滨旅游市场等
心理细分	根据旅游者的生活方式、价值观、兴趣爱好、个性特点等心理因素进行细分	追求冒险刺激的游客市场、追求文化体验的游客市场、追求休闲放松的游客市场等
人口统计细分	基于旅游者的年龄、性别、收入、职业、家庭结构等人口统计特征进行细分	青年市场、中年市场、老年市场；高收入人群市场、家庭游客市场等
行为细分	基于旅游者的购买行为、旅游动机、旅游方式等因素进行细分	自由行市场、跟团游市场、自驾游市场；观光游市场、度假游市场、商务游市场等

3. 旅游市场细分的作用

（1）识别市场机会：通过市场细分，旅游企业可以发现新的市场需求和潜在客户群体，从而开发出更符合市场需求的产品和服务。

（2）制定针对性营销策略：针对不同的细分市场，旅游企业可以制定营销策略和推广方案，提高营销效果和市场份额。

（3）优化资源配置：市场细分有助于旅游企业更精准地预测市场需求和变化趋势，从而合理调配资源，提高资源利用效率。

| 知识链接 |

旅游市场细分的实例

一、目的地细分

国内旅游市场：包括自然风光游、历史文化游、城市休闲游等。

国际旅游市场：涉及跨国界的旅游活动，如欧洲游、美洲游、亚洲游等。

二、旅游方式细分

自由行市场：游客自行安排行程，选择住宿和交通方式，享受自由灵活的旅行体验。

跟团游市场：游客参加旅行社组织的团队旅游活动，享受一站式服务，省心省力。

自驾游市场：游客驾驶私家车或租赁车辆进行旅游，灵活性高，适合家庭出游和深度游。

三、旅游主题细分

文化旅游市场：游客前往具有历史、文化背景的地方进行旅游，如博物馆、古迹遗址等。

生态旅游市场：强调对自然环境的保护和可持续利用，如自然保护区、国家公园等。

冒险旅游市场：提供刺激和挑战的旅游体验，如攀岩、跳伞、潜水等极限运动。

| 案例分析 |

华住酒店集团：六大品牌锁定六大细分市场

1. 禧玥酒店——满心禧悦：高档酒店品牌，一、二线城市核心区，高端白领。
2. 漫心度假酒店——漫度好时光：度假旅游。
3. 全季酒店——爱自己，住全季：中档酒店品牌，城市商业中心，商旅人士。
4. 星程酒店——星光照耀旅程：商旅城市。
5. 汉庭酒店——人在旅途，家在汉庭：经济酒店，商旅人士。
6. 海友酒店——四海皆朋友：经济酒店。

|分析|

针对不同的顾客需求，华住酒店集团在饭店产品上进行了市场细分，以满足不同市场、不同旅游消费者的需要。华住酒店集团将饭店产品分成六大类，针对不同顾客需求特点来细分市场，并制定不同的市场营销策略，提供不同的设施和服务，满足了不同层次顾客的需求，体现了现代市场营销以顾客为中心的理念，成为中国发展最快的酒店集团，在同行竞争中优势明显。

（二）目标市场选择

目标市场选择是在市场细分的基础上，企业根据自身资源、竞争优势和市场潜力，选择一个或多个细分市场作为服务对象。这要求企业综合考虑市场规模、增长潜力、竞争状况以及企业自身的战略目标和资源能力。

（三）市场定位策略

市场定位策略是指企业在目标市场中确定自己的独特位置和价值主张，以区别于竞争对手并吸引目标消费者。这通常涉及产品或服务的差异化、品牌形象的塑造以及价格策略的制定。例如，通过强调独特的旅游体验、提供高品质的服务或制定具有竞争力的价格来定位自己。

（四）消费者画像

消费者画像是基于市场调研和数据分析，对目标消费群体的详细描绘，包括其人口统计特征、心理特征、行为模式、消费习惯等方面的信息。这有助于企业更深入地了解目标消费者的需求和偏好，为制定更加精准的营销策略提供依据。例如，针对年轻白领市场，可以构建出追求品质生活、注重个性体验、喜欢社交媒体分享的消费者画像。

（五）需求趋势分析

需求趋势分析是指对旅游市场中消费者需求变化趋势的预测和分析。这有助于企业提前把握市场动态，调整产品策略和服务模式以适应市场需求的变化。例如，随着环保意识的增强，越来越多的消费者开始关注绿色旅游和可持续旅游；而数字化转型则促使消费者更加倾向于通过在线平台预订旅游产品和服务。

（六）品牌定位

品牌定位是企业在消费者心目中建立的独特品牌形象和价值认知。它涉及品牌名称、标志、口号以及品牌故事等多个方面，旨在与消费者建立深厚的情感联系并增强品牌忠诚度。例如，通过强调品牌的历史传承、文化底蕴或社会责任感来塑造独特的品牌形象。

（七）营销策略

营销策略是指企业为实现市场定位和品牌目标而采取的一系列促销活动和传播手段。这包括产品策略、价格策略、渠道策略和促销策略等。在旅游行业中，营销策略的制定应充分考虑目标消费者的需求和偏好，以及旅游产品的特性和市场环境。例如，通过社交媒体营销、内容营销和口碑营销等方式提高品牌知名度和美誉度；通过推出优惠套餐、积分奖励等促销手段吸引消费者。

（八）评估与调整

市场定位并非一劳永逸的过程，而是需要根据市场环境的变化和消费者需求的反馈进行持续的评估和调整。企业应定期收集市场数据和消费者反馈，分析市场定位的效果和问题，并根据分析结果对营销策略和品牌定位进行相应的调整和优化。例如，针对消费者反馈的不足之处进行产品改进或服务升级；根据市场变化调整目标市场或市场定位策略等。

旅游消费市场定位是一个复杂而系统的过程，需要企业从市场细分、目标市场选择、市场定位策略、消费者画像、需求趋势分析、品牌定位、营销策略以及评估与调整等多个方面进行全面考虑和周密部署。只有这样，才能在竞争激烈的旅游市场中赢得消费者的青睐并实现企业的持续发展。

▎案例分析

大数据助力各地文旅"卷"出含金量——"双城记"唱热三亚精准营销成功破圈

2023年暑期以来，三亚文旅部门加大精准营销力度，通过大数据分析，先后与西安、成都、重庆等重点客源城市开展"城城"联动精准营销。三亚市文旅部门相关负责人介绍，为做好此次联动，三亚文旅部门提前协同旅游企业、协会分析各地游客的旅游"偏好",推出有"城市针对性"的优惠活动套餐。

根据三亚市旅游发展局大数据平台显示,2023年1—7月,来自西安的机场进港客流量便达到31万人次。因此,西安成了三亚首个联动城市。同年8月11日,三亚西安旅游景区双城联动产品发布会举行。发布会上,三亚14家A级旅游景区针对西安市民及游客提供优惠旅游产品,激发了西安当地游客出行欲望。随后,三亚市旅文局持续发力,再次联动成都、重庆,针对客源地城市推出定制优惠旅游产品,实现游客精准导流,让每位游客都能感受到专属的VIP待遇。很快,"双城联动"精准营销模式的效果得以体现。2023年7—10月,西安、成都及重庆进港人数分别较2019年同期增长34%、114%及22.53%。2023年10月三亚市主要景区接待202.32万人次,较2019年增长4.32%;过夜旅游总收入63.77亿元,较2019年增长21.10%。

三亚"双城联动"成功的背后是对游客旅游出行需求、旅游消费习惯及旅游心理的深度洞察。随着游客需求变得多元化和个性化,以及对旅游体验价值认识的不断提升。如何深度挖掘分析游客需求、洞察旅游市场趋势,有针对性地设计符合目标游客群体偏好的旅游产品,更好地满足个性化游客体验服务,成为当下文旅产业发展和升级的方向。

(资料来源:根据"MobTech官微:大数据助力各地文旅'卷'出含金量"整理)

思考:三亚此次营销成功因素有哪些?其他旅游目的地有哪些可以借鉴的?

【学习资源】:1.https://mp.weixin.qq.com/s/IpW3cAiE1Lzc0G5lBefJdQ

2.https://mp.weixin.qq.com/s/O6IP_tMhI5hMnn_4AL-3rA

3.https://mp.weixin.qq.com/s/v9N_dDVXjXOWtafMbLj8JA

实训:旅游市场定位

【实训要求】以项目团队为基础,在老师的指导下,应用所学知识、查阅相关文献、收集一手资料,为所在区域的5A级旅游景区进行市场定位。

【实训准备】

1.组建3~5人团队,选出组长。

2.根据自己的特长选择任务,组织协调。

3. 准备好电脑、笔记本、记录笔、智能电话。

【实训步骤】

1. 收集资料了解景区现有的细分市场。

2. 评估现有细分市场，锚定预备新进入的细分市场。

3. 通过市场调研、刻画锚定新细分市场消费者画像。

4. 通过市场调研，对锚定市场消费者需求进行分析。

5. 确定定位策略和品牌策略。

6. 确定销售策略。

7. 评估与调整。

【实训总结】

1. 团队内部实训总结。

2. 小组代表发言交流。

3. 教师点评总结。

4. 团队继续完善市场定位方案。

【自我评估】

1. 旅游消费者的特点、消费内容。

2. 影响旅游者消费行为的因素有哪些？

3. 旅游者的消费行为模式。

4. 旅游消费大数据获取的渠道和方法。

5. 旅游市场定位的步骤。

项目五　大数据分析与旅游产品市场

◆ 学习目标

知识要求

1. 熟悉大数据背景下旅游产品的内涵、特点和分类。
2. 掌握旅游产品的生命周期。
3. 掌握大数据背景下旅游产品的开发过程、定价过程。

技能要求

1. 应用大数据分析旅游产品生命周期，制定相应的策略。
2. 应用大数据助力旅游产品的开发和价格制定。

◆ 职业素养目标

1. 树立正确的价值观念，以合理合法的方式获取和应用数据资源。
2. 树立正确的产品开发理念。
3. 诚信营销，保证产品的质量、合理定价。

| 案例 |

西安大唐不夜城发展之路

西安大唐不夜城被国家部委确认为首批"全国示范步行街""第一批国家级夜间文旅消费集聚区"，入选文化和旅游部产业发展司发布的"中国沉浸式产业数据库"。新冠疫情以来，其消费增速全国第一，助力西安进入夜经济全国十强城市，夜经济景区影响力全国排名第一，全网总曝光量百亿，相继登上抖音全国热榜TOP1的榜单，微博全国热榜TOP1，总计接待中外媒体万余家，创造超1000个就业岗位（数据来源：中国旅游新闻网）。

20世纪90年代末，工程院院士张锦秋先生规划设计了曲江核心区"七园一城一塔"布局，其中"一塔"就是大雁塔，"一城"就是大唐不夜城步行街。

自2002年启动建设至今，大唐不夜城见证了西安的发展速度，成为一个连接古今、融汇中外的文化街区。

2018年，气势恢宏的大唐不夜城步行街正式惊艳亮相。

2019年至今，大唐不夜城深入探索沉浸式文旅融合新产品，整合各类资源，把无形的文化融入有形的体验，以"文化IP＋旅游"为核心，为到此的游客献上一场盛唐之旅，大唐不夜城的每一次变迁，也都演绎着文化之峥嵘。

大唐不夜城以盛唐文化为主题，深入挖掘和传承了唐朝的历史文化精髓，将其融入建筑、景观等方面。

"大雁塔、贞观、开元"三大广场、"开元盛世"等五大主题雕塑，贯穿街区的氛围灯光，无论昼夜都展现出一幅大唐繁盛景象，形成了独特的文化魅力和品牌形象。

大街始终秉承"文化＋"理念，并且自主研发特色文创，从唐文化本身发掘文化元素和亮点，与现当代手工艺制作融合，开发出有设计感、趣味性、价格亲民的文创产品。

大唐不夜城主题文创旗舰店中，长安永安诗词书签、唐诗三万里笔袋等好物，彰显出唐朝时期诗词艺术的无限魅力。仕女瑜伽系列盲盒、遇见长安3系列盲盒等手办也显现出唐朝的繁荣昌盛与兼容并包的人文色彩。

大唐不夜城也会在文创中创造出新唐文化形象。唐韵冰激凌、茶系列伴手礼、国潮系列联名盲盒和手办、非遗IP与历史典故等系列文创，不仅满足了游客对于旅行纪念品的需求，同时，也能让人们在购买和使用这些产品的同时，更加深入地了解和感受到唐代文化的魅力。

大唐不夜城的唐文化底蕴也体现在"沉浸式体验"产品之中。街区上不仅有地方特色小吃、品牌餐饮，也有特色唐文化美食区——唐食坊，集唐代美食复原及文化创意美味为一体。大唐不夜城打造沉浸式体验、多元业态融合的"文旅新场景"，持续为游客提供丰富的文化内涵，不断传递文化自信的底色。

（资料来源：根据网络资料整理）

| 分析 |

西安大唐不夜城将当地传统文化植入文旅项目中，让文化与旅游深度融合，创造性地打造文旅场景，建立夜间文化旅游消费空间，延伸文旅产业链，丰富旅游产品类型、从而实现夜间旅游高质量发展。在体验旅游经济时代，旅游场景既要满足旅游功能性需求，又要关注旅游者的情感体验，在多元文化业态打造和创新旅游产品组合中营造特色鲜明、文化多元、产业兴旺的夜间文旅融合场景。

任务一　认识旅游产品

一、旅游产品概述

（一）旅游产品概念

旅游产品的定义有狭义和广义之分。广义的旅游产品是从旅游者的角度看，是指旅游者通过支付一定的货币、时间和精力所获得的系列旅游经历，在旅游过程中所消费的食、住、行、娱、游、购等所有要素。从旅游企业的角度看，旅游产品是旅游经营者向旅游者提供的一系列能够满足旅游者需求的物质产品和服务。包括物质商品，如旅游纪念品，也包括物质形态的劳动产品，如自然风光、人文景观等，而大量的则是非物化形态的劳动产品。狭义的旅游产品更有针对性，是指旅游从业者为满足旅游者审美和身心享受的需要而在一定的地域生产或开发出来以供销售的实物与服务的总和。

（二）旅游产品构成

从旅游产品的构成要素来看，旅游产品主要由旅游吸引物、可进入性和旅游服务组成，并且三方面综合性非常强，利益关系也相互制约。从这样的角度出发，我们可以把旅游产品分为三个部分，即旅游产品的核心部分、形式部分和延伸部分，三个部分代表着旅游产品的不同层面，有着不同的内涵和作用。

1. 旅游核心产品

旅游核心产品揭示的是旅游者所购买的基本利益或服务，是旅游产品的核心利益的体现。旅游者购买旅游产品，不是为了得到产品本身，而是为了体验一种经历，满足心灵上的愉悦、刺激或享受，即旅游者是为了从中获得满足其需要的效用和利益。不同的旅游企业提供的核心产品有很大差别。如旅行社提供的是一次旅游的经历，旅游交通部门提供的是出行的便捷，旅游饭店提供的是餐饮、休息和住宿。

2. 旅游形式产品

形式产品是作为核心产品的"载体"，是产品的外在表现形式，通过其满足消费者的需要。形式产品通常表现为产品的质量水平、外观特色、样式、品牌名称和包装等。形式产品对于有实物形态的产品来讲，就是有形产品。对于服务这种无形产品来讲，就是通过这项服务所采用的服务流程、服务设施、环境等来体现。如酒店向客人提供舒适的大床、干净的卫生用具。对于旅游产品来说，要以旅游者的核心利益为出发点，设计出旅游者需要的形式产品，使顾客利益得以实现。

3. 旅游附加产品

附加产品是指旅游企业在出售的基本产品上增加的服务或利益。附加产品主要的意义在于能使旅游者更好地享受到核心产品。旅游企业必须意识到，旅游者购买旅游产品是为了得到可以满足其需要的产品和服务，企业需要向消费者提供整体的消费系统。因此，旅游企业在基本产品的基础上要通过延伸产品来提高顾客的附加利益，诸如免费的接送服务、寄递服务等。同时，附加产品也成为当前企业获取竞争优势的一个来源。企业可以通过提供独特的附加服务来实现差异化竞争。因此，旅游企业要加强对旅游附加产品的开发。

从旅游产品的功能来看，可以将其划分为基础型产品、提高型产品和发展型产品三个内部存在的层次。

| 案例 |

景区产品的五层次

1. 核心产品——视觉欣赏（美的享受）、讲解服务（文化熏陶）。
2. 形式产品——自然、人文景观（山水、建筑、技艺等）。
3. 期望产品——精神愉悦。
4. 延伸（附加）产品——上网、轮椅、推车、邮递。

5. 潜在产品——云旅游、云体验。

(三) 旅游产品特点

在旅游业的广阔领域中，旅游产品作为连接旅游者与旅游资源的桥梁，展现出独特的属性与特征。

1. 综合性

旅游产品的综合性主要体现在其构成的多元性和服务全面性上。一个综合性的旅游产品不仅包含了旅游目的地的核心吸引物，还涵盖了住宿、餐饮、交通、游览活动、娱乐活动、购物体验以及服务与支持等多个方面。这些行业和部门组成了一个完整的旅游产品系统提供给旅游者，每一个要素都会影响到旅游产品的质量。作为旅游企业，首先需要通过整合不同的旅游资源和服务要素，使旅游产品能够为旅游者提供全面、丰富、个性化的旅游体验。其次，企业需要协调好各行业、各要素之间的关系，让旅游者拥有一段值得回味的旅游经历。

2. 无形性

旅游行业属于服务性的行业，其所提供的旅游产品为无形的服务产品，因此无形性作为旅游产品的核心特性之一，深刻影响着旅游市场的运作与消费者的体验。

（1）服务主体的无形性。与实物商品不同，旅游产品主要提供的是一种服务体验，包括住宿、餐饮、交通、游览、娱乐等多个环节。这些服务无法像商品那样被看见、触摸，而是通过旅游者的亲身体验来感知其价值。因此，服务的质量与水平成为评价旅游产品优劣的关键因素。

（2）旅游产品的无形性还体现在其消费过程中的感知性。旅游者必须在消费过程中亲自参与、体验，才能感受到旅游产品的真实价值。这种感知不仅包括对旅游目的地的自然风光、历史文化、社会风貌的直观感受，还包括对服务人员的服务态度、专业技能、文化素养等方面的综合评价。由于每个人的感知能力和审美标准不同，因此对同一旅游产品的评价也会存在差异。

（3）旅游产品价值无形化。旅游产品的价值往往难以用具体的货币量来衡量，旅游产品的价值不仅体现在物质层面的成本投入（如住宿设施的建设、餐饮原料的采购等），更体现在精神层面的满足与享受（如心灵的放松、文化的熏陶、情感的交流等）。这些非物质的价值元素往往比物质成本更加难以量化和评估，但却对旅游者的整体体验产生深远影响。

（4）软开发的强烈依赖。与硬件设施的投入相比，旅游产品的软开发（如旅游线路的设计、服务人员的培训、旅游文化的挖掘与展示等）更加重要且难以复制。一个成功的旅游产品往往需要经过长期的策划、设计与优化，不断提升服务质量与游客体验。同时，软开发还需要紧密结合市场需求和消费者心理，不断创新与调整，以保持产品的竞争力和吸引力。

旅游产品的无形性是其固有的重要特征之一。它要求旅游企业在产品开发、服务提供、市场营销等各个环节中充分认识和把握这一特性，以提供更加优质、个性化、具有吸引力的旅游产品。通过不断优化服务流程、提升服务质量、加大软开发力度等措施，旅游企业可以在激烈的市场竞争中脱颖而出，赢得消费者的信赖与支持。

3. 不可转移性

旅游产品的不可转移性是指旅游产品无法像实体商品那样被运输或转移到其他地方供消费者使用，具体来说，旅游产品的不可转移性主要体现在以下几个方面：第一，旅游产品在空间上不可移动，旅游产品，包括其核心的旅游资源和相关服务设施，如景点、酒店、餐厅等，都是固定在特定地域的。旅游者必须亲自前往旅游目的地，才能享受这些产品带来的服务和体验。这种不可移动性决定了旅游产品的消费具有地域限制性，旅游者必须选择适合自己时间、预算和兴趣的旅游地点进行消费。第二，旅游产品的效用与时间和空间相捆绑，旅游产品的价值不仅仅在于其提供的服务内容，更在于这些服务内容在特定时间和空间下的独特体验。例如，一处历史文化遗迹的价值在于其背后的历史故事和文化底蕴，而这些故事和底蕴是与特定的地理位置和时间节点紧密相连的。因此，旅游产品的效用和价值是与其所在的时间和空间相捆绑的，无法被分离或转移到其他地方。第三，相关旅游服务设施所有权不可转移旅游产品中的服务设施，如酒店、餐厅、交通工具等，其所有权是固定的，不能随旅游者的意愿而转移。旅游者在购买旅游产品时，实际上是在购买一段时间内在这些设施中享受服务的权利，而非设施本身的所有权。这意味着旅游者无权将这些设施据为己有或转让给他人使用。

4. 易损性

旅游产品的易损性是一个复杂而多维的概念，需要从多方面进行理解。

（1）易受外界因素影响

旅游产品，特别是以自然资源或文化遗产为基础的旅游产品，往往容易受到外界因素的干扰和破坏。这些外界因素包括但不限于自然灾害（如地震、洪水、风暴等）、环境污染（如空气、水体污染）、人为破坏（如游客的不文明行为、过度开发等）等。这些因素可能导致旅游资源的损害甚至消失，从而影响旅游产品的质量和可持续性。

（2）服务与体验的无形性

旅游产品中的服务和体验是旅游产品核心组成部分，但这些部分往往是无形的，难以被量化和标准化。因此，它们更容易受到各种因素的影响而出现波动。例如，服务人员的态度、技能水平、天气变化等都可能导致旅游体验的不同，从而影响旅游产品的整体质量。

（3）季节性和周期性变化

许多旅游产品具有明显的季节性和周期性特点。例如，某些自然景观在特定季节最为壮观，而某些文化活动则只在特定时间段内举行。这种季节性和周期性变化使得旅游产品在不同时间段内的吸引力和价值存在显著差异。如果旅游企业不能及时调整产品和服务策略以适应这些变化，就可能导致旅游产品的浪费或损失。

（4）供应链和合作关系的复杂性

旅游产品的生产和消费涉及多个环节和多个利益相关者，包括旅游企业、景区管理者、当地社区、政府部门等。这些利益相关者之间的合作关系和供应链关系错综复杂，任何一个环节的失误都可能导致旅游产品的受损或失败。例如，供应商的问题可能导致旅游产品质量的差异；景区管理者的不当行为可能引起游客的不满和投诉等。

（5）竞争激烈的市场环境

由于旅游业的快速发展和市场竞争的加剧，旅游产品面临着越来越大的竞争压力。为了在市场中脱颖而出，旅游企业需要不断创新从而提升产品质量和服务水平。然而，这种创新和提升往往需要投入大量的人力、物力和财力，并且伴随着一定的风险。如果旅游企业不能正确评估市场趋势和竞争态势，就可能导致投资失误和产品失败。

为了降低旅游产品的易损性，旅游企业需要采取一系列措施来加强管理和保护。例如，加强自然灾害的预警和应对能力，提升服务人员的专业素质和服务意识，制定科学合理的旅游规划和开发策略，加强与利益相关者的沟通和合作等。此外，旅游企业还需要注重旅游产品的创新和差异化发展，以满足游客日益多样化的需求和提高市场竞争力。

5. 不可储存性

旅游产品的不可储存性是旅游产品不同于其他产品最重要的特性之一，首先，有形产品可以储存起来在未来的某一天出售，而旅游产品具有生产和消费统一性，因此，产品一旦购买，通常需要在特定的时间段内使用，否则其使用权就会自然消失，只有在旅游者到达旅游目的地并享受相关服务时，旅游产品才算被真正"生产"出来并交付给消费者。这种同步性意味着旅游产品无法在消费前进行储存或积累，也决定了旅游产品的不可储存性。其次，旅游产品往往包含大量的无形服务，如导游讲解、景区游览、文化体验等。这些服务无法像实体商品那样被触摸和量化，因此也很难被储存起来。即使旅游企业试图通过录像、照片等方式记录这些服务，也无法完全还原现场的真实感受和体验。最后，旅游市场需求具有较大的波动性和不确定性。受到季节、天气、政策、经济环境等多种因素的影响，旅游市场的需求量可能会在短时间内发生巨大变化。由于旅游产品的不可储存性，旅游企业很难通过储存产品来应对市场需求的变化，而必须采取灵活的市场策略和价格策略来应对市场的波动。

6. 生产和消费同步性

有形产品一般是先生产、再消费，而大部分的旅游产品的生产、销售与消费是同时进行的。这个特征意味着服务的提供者要首先参与到旅游产品的生产过程中，也说明旅游者会实际地参与到生产过程中。

一些产品的生产和消费量是可以分离的，这就允许企业在生产过程结束后可以运用各种手段对产品的质量进行检验剔除不合格产品，杜绝劣质产品进入市场。然而，旅游产品的生产和消费是同时进行的，在生产的同时也完成了消费。这无疑给旅游企业的生产人员、管理人员提出了更高的要求。由于服务的提供者要参与到生产过程中，其语言、行为、个人素质等都会直接决定旅游者的服务感受，所以旅游企业要特别重视对员工特别是一线员工的培训与管理。另外，旅游者本身要参与到生产过程中，并且经常会有其他游客的存在，这也使旅游的生产过程的不确定性增加。不同的旅游者对于服务质量、服务类型有不同的要求，而且旅游者的个人行为也会影响旅游产品的质量。只要有一位游客不按照行程擅自行动，就会影响整个旅游团队的体验感受。因此，旅游企业还要制定措施对旅游者进行管理。

二、大数据背景下旅游产品分类

在大数据背景下，旅游产品的分类可以更加细致且多元化，以满足不同游客的需求。以下是根据当前旅游市场趋势和大数据分析所支持的旅游产品分类方式。

（一）按照旅游目的分类

（1）观光旅游产品：主要包括自然风光、历史遗迹、文化名胜等观光游览类产品。大数据分析可以帮助企业了解游客对不同观光景点的偏好，从而优化产品组合和推广策略。

（2）休闲度假旅游产品：包括海滨度假、温泉疗养、高尔夫度假等以休闲放松为目的的产品。大数据可以分析游客的度假偏好、消费习惯等，为度假产品的定制化和个性化服务提供依据。

（3）文化旅游产品：注重文化体验和知识获取，如民俗节庆、历史文化体验、艺术展览等。大数据分析可以揭示游客对文化产品的兴趣点和需求变化，促进文化产品的创新和发展。

（4）探险旅游产品：如徒步穿越、攀岩、潜水等具有挑战性和刺激性的产品。大数据可以分析探险旅游市场的趋势和潜在风险，为产品设计和安全保障提供支持。

（二）按照产品形态分类

（1）实体旅游产品：包括传统的旅游线路、酒店住宿、交通工具等。大数据分析可以优化这些产品的资源配置和服务质量，提高游客满意度。

（2）虚拟旅游产品：随着科技的发展，虚拟现实（VR）、增强现实（AR）等技术在旅游领域的应用越来越广泛。虚拟旅游产品可以让游客在家中就能体验到世界各地的风景名胜和文化特色，大数据分析可以优化虚拟旅游产品的体验效果和市场推广。

（三）按照消费层次分类

（1）高端旅游产品：面向高收入人群，提供高品质、高附加值的服务和产品，如豪华游轮、私人定制游等。大数据分析可以精准定位高端旅游市场的目标客户群体，提供个性化的产品和服务。

（2）中端旅游产品：满足大众游客的消费需求，提供性价比高的旅游产品和服务。大数据分析可以分析中端旅游市场的消费趋势和游客需求，帮助企业制定合理的产品定价和市场推广策略。

（3）经济型旅游产品：针对预算有限的游客群体，提供经济实惠的旅游产品和服务。大数据分析可以优化经济型旅游产品的成本结构和服务质量，提高市场竞争力。

（四）其他分类方式

（1）主题旅游产品：如亲子游、蜜月游、老年游等以特定人群或主题为目标的旅游产品。大数据分析可以帮助企业了解不同人群的旅游需求和偏好，为产品设计和营销提供精准定位。

（2）定制旅游产品：根据游客的个性化需求量身定制的旅游产品和服务。大数据分析可以收集和分析游客的偏好、行为等数据，为定制旅游产品的设计和实施提供有力支持。

| 知识链接 |

数字化对旅游产品分类的影响

一、产品性质分类的细化与多样化

数字化技术使旅游产品性质分类更加细化与多样化。传统上，旅游产品可能仅根据自然或人文景观进行分类，但数字化技术的应用让旅游产品的内涵更加丰富。例如，通过虚拟现实（VR）和增强现实（AR）技术，可以将历史文化遗迹、自然景观等以数字化的形式呈现，从而创造出全新的虚拟旅游产品。这些产品不仅保留了传统旅游产品的特点，还增加了互动性和沉浸感，为游客提供了全新的体验。

二、消费习惯分类的个性化与定制化

数字化技术使旅游企业能够更准确地收集和分析游客的消费数据，从而更好地理解游客的消费习惯和偏好。基于这些数据，旅游企业可以推出更加个性化和定制化的旅游产品。例如，通过智能推荐算法，旅游平台可以根据游客的历史搜索记录和购买行为，为其推荐符合其兴趣和需求的旅游产品。这种个性化的分类方式不仅提高了游客的满意度，还促进了旅游产品的差异化竞争。

三、消费记录分类的精准化

数字化技术使消费记录的收集和分析变得更加精准和高效。旅游企业可以利用大数据分析技术，对游客的消费记录进行深度挖掘和分析，从而了解游客的消费行为和消费习惯。基于这些分析结果，旅游企业可以对旅游产品进行更加精准的分类和定位，以满足不同游客的需求。同时，消费记录的精准化分类也有助于旅游企业制定更加科学的营销策略，提高营销效果。

四、旅游目的分类的多元化

数字化技术的应用使旅游目的分类更加多元化。传统上，旅游目的可能主要局限于观光游览、休闲度假等方面，但数字化技术的发展使旅游目的更加丰富多彩。例如，通过数字化技术，游客可以实现远程办公、在线学习等新型旅游目的，将旅游与工作、学习等相结合。这种多元化的旅游目的分类不仅满足了游客的不同需求，还推动了旅游产业的创新发展。

五、旅游方式分类的创新化

数字化技术为旅游方式分类带来了创新。传统上，旅游方式可能主要包括自驾游、跟团游等形式，但数字化技术的发展使新的旅游方式不断涌现。例如，通过共享经济和数字化平台，游客可以更容易地实现拼车、共享住宿等新型旅游方式。同时，数字化技术还为游客提供了更加便捷的旅游信息获取和预订渠道，使旅游方式的选择更加多样化和灵活化。

六、产品档次分类的智能化

数字化技术使产品档次分类更加智能化。旅游企业可以利用大数据分析技术，对游客的消费能力和消费习惯进行深度挖掘和分析,从而对不同档次的旅游产品进行更加精准的分类和定价。这种智能化的分类方式不仅有助于旅游企业更好地满足游客的需求,还有助于提高旅游产品的市场竞争力。

| 分析 |

数字化对旅游产品分类产生了深远的影响,使旅游产品分类更加细化、多样化、个性化、精准化、创新化和智能化。这些变化不仅提高了游客的满意度和体验度,还推动了旅游产业的创新发展。

【讨论】请以你熟悉的旅游景区、旅行社、饭店等旅游企业为例,谈论它们旅游产品的构成。

要点:1. 大数据背景下旅游产品的特点。

2. 大数据背景下旅游产品的分类。

3. 大数据背景下旅游产品的开发有哪些创新点。

任务二 大数据下的旅游产品生命周期

一、旅游产品生命周期曲线

市场营销学认为,旅游产品会经历从构思、开发投放市场到最后被更新更好的产品或替代品取代而退出市场的过程。随着社会发展、科技进步、民众需求变化的加快,大多数旅游产品生命周期呈现出越来越短的趋势。旅游企业必须紧跟时代发展的步伐,不断更新换代适应旅游者的需求变化。同时,不同的旅游产品类型,如商务旅游产品、主题公园和全国性观光旅游产品,其产品生命周期各有不同,相应的投资开发策略也大相径庭。

旅游产品生命周期是从旅游产品进入市场开始到旅游产品退出市场并消失为止的全过程。它关注的是旅游产品是否被市场接受以及被接受的程度。旅游产品生命周期是旅游市场营销学中的一个重要理论,它能够对旅游企业产生重要的实践意义。

通过运用相关理论，可以制定出各发展阶段的营销策略，发现导致旅游产品衰退的各种原因，并采取有效措施减缓衰退期的到来，从而改变旅游产品生命周期。

旅游产品的生命周期一般可以分为两种类型：一般性生命周期和特殊性生命周期。

一般性生命周期型旅游产品分为四个阶段：导入期、成长期、成熟期和衰退期（如图 5-1 所示）。

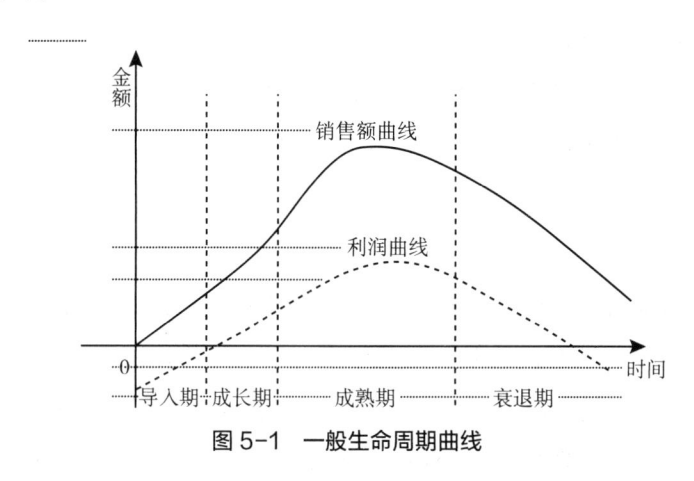

图 5-1 一般生命周期曲线

二、大数据分析旅游产品生命周期曲线

大数据分析旅游产品生命周期曲线，可以帮助我们更深入地理解旅游产品的市场变化和发展趋势。旅游产品生命周期曲线通常分为四个阶段：导入期、成长期、成熟期和衰退期。下面结合大数据分析的特点，对这四个阶段进行详细分析。

1. 导入期

（1）特点

①产品刚刚推出，市场需求不确定。

②基础设施和配套设施可能不完善。

③消费者对该产品还不了解，销量小，单位成本高。

④促销费用大，利润较少，甚至可能亏损。

（2）大数据分析应用

①通过社交媒体监测和在线调查，了解潜在客户的兴趣点和需求。

②利用搜索引擎数据和用户行为分析，预测市场接受度。

③精准投放广告，提高市场认知度。

（3）营销策略

引入期营销策略主要考虑的是价格水平和促销力度方面，根据不同旅游产品的特点可以采用四种营销策略。

①高价格高促销策略（快速撇脂策略）。新产品定较高的价格，然后采用高强度促销，快速地让市场知晓和熟悉产品。这种策略对产品有其特殊的要求：a.该产品具有非常强的特色，对特定的市场有着极强的吸引力；b.特定的市场对该旅游产品有着支付能力；c.旅游产品开发成本高，需要快速收回成本；d.旅游企业有良好的形象或期望树立一种良好的形象。如高端的异国游（欧洲、东南亚等）、邮轮游、游艇旅游等。

②低速撇脂策略（高价格/低促销）。以高价格和低促销方式推出旅游产品。高价格可以获取更多的利润，低促销花费可以有效地降低营销费用。采用这种营销策略的条件是：a.面对的市场规模有限，较低的促销水平就可以有效地传播产品信息；b.有意购买该产品的旅游者愿意支付较高的价格；c.竞争者的进入有一定的困难，因此潜在的竞争不会在较短时间到来。如近年来的内地居民赴台湾旅游就属此类产品。

③高速渗透策略（低价格/高促销）。以较低价格和高水平的促销方式推出旅游产品。低价格可以使市场接受该产品的消费者更多，高促销水平又可以加快目标顾客认识和接受产品的速度。旅游企业通过此战略可以得到较高的市场占有率。采用该策略的条件是：a.目标市场的规模较大；b.目标市场的绝大多数消费者对该产品不熟悉；c.绝大多数消费者是价格敏感型；d.产品具有较陡峭的行业生产经验曲线，旅游企业通过规模扩大获得低成本生产的好处。如自驾车旅游、滑雪旅游和一般的出境旅游。由于市场上同类产品数量的增加和产品生产成本的不断降低，过去高不可攀的价位，如今一般百姓也可问津。

④低速渗透策略（低价格/低促销）。以低价格和低促销水平推出旅游产品。低价格可以使旅游者较快接受该产品，而低促销水平又可降低营销成本，使企业能得到更多的早期利润。采用该策略的条件是：a.目标市场的规模较大；b.市场上的消费者大都熟悉或知晓该旅游产品；c.目标市场的绝大多数消费者都是价格敏感型的。

如滨海旅游、宗教旅游、乡村旅游等为广大消费者熟知的旅游产品，在某地区刚开始发展时，都可采取此种策略。

2. 成长期

（1）特点

①市场需求逐渐增加，产品开始得到认可。

②基础设施和配套设施逐渐完善。

③销售渠道逐渐拓展，销售量迅速提高。

④广告费用降低，销售成本大幅度下降，利润增加。

（2）大数据分析应用

①分析销售数据和用户反馈，优化产品功能和服务。

②监控竞争对手动态，调整营销策略。

③利用大数据分析预测市场需求变化，提前布局。

（3）营销策略

这一阶段的营销策略的核心就是提高竞争优势，维持旅游产品的市场增长率，尽可能延长旅游产品的成长期。

①改进并提高产品的质量，以继续保持产品对消费者的吸引力。增加产品新的功能和品种，以系列化的产品满足不同目标市场的需求。不断完善产品品质，并跟进产品的服务，获得更好的市场信誉，以吸引更多的潜在旅游者。如开发新的旅游资源、增加新的服务项目，满足更多旅游者的需求。

②进入新的细分市场。如早期主要吸引探险爱好者，在这一阶段可以开发旅游产品。

③为适应需求量的快速增长，应及时建立新的分销渠道。同时，加强销售渠道管理，搞好渠道成员之间的协调，挖掘市场深度，将市场更加细化。如旅行社除了开设直营店外，还可以寻求与酒店、网络运营商之间的合作。

3. 成熟期

（1）特点

①市场需求达到顶峰，市场竞争激烈。

②产品销量稳定，但增长速度放慢。

③利润趋于稳定，但可能面临价格战等挑战。

（2）大数据分析应用

①通过用户画像分析，精准推送个性化产品和服务。

②监测市场趋势和消费者偏好变化，及时调整产品策略。

③利用大数据分析提升运营效率，降低成本。

（3）营销策略

一些旅游企业在这期会摒弃衰退的产品，专注于更多盈利的和新的旅游产品。然而，它们可能忽视了许多高潜力的成熟市场，老产品仍有潜力。许多旅游企业通过营销想象力的运用获得销售额的复兴。这阶段可以采取的策略主要有以下三类。

①市场改进策略。一个旅游企业可以通过作用于构成销售量的两大因素，为其成熟产品扩展市场：销售量＝消费者数量×每个消费者的使用率。一方面是扩大使用人数，首先是寻找新的消费者。其次是进入新的细分市场，如上海迪士尼最初的市场定位长三角地区，后来，随着经济发展、交通改善等原因，逐步扩张到珠三角，京津冀乃至中西部地区，迪士尼把目标市场由长三角转向沿海地区及中西部地区，开发出新的细分市场，最后吸引竞争者的顾客。

②产品改进策略。旅游企业可以通过对产品质量改良、特色改进和风格改进调整产品特征，来刺激销售。一方面是增加产品的独特性、新颖性、技术的先进性、时代感等，以吸引不同需求的旅游者。根据旅游者的反馈信息，哪些旅游活动吸引人，哪些活动内容单调，现有的基础设施能否满足需要，给旅游地带来怎样的影响，如何应对这些影响，这些都是旅游产品质量改进的基本内容。另一方面改进服务质量，规范服务标准，提高服务技巧，同时增加服务项目，以此吸引旅游者。

③营销组合改进策略。旅游企业根据市场特征，对原有的市场营销组合进行调整来刺激销售。如考虑是降价、量多优惠、特价等方式来实现更低的价格，还是提高价格来彰显高质量呢；企业能否通过更多的分销渠道来实现销售；是否需要增加广告费用、改变广告文案呢等。

4. 衰退期

（1）特点

①市场需求下降，产品面临淘汰。

②竞争对手减少，但市场份额难以保持。

③促销活动费用增加，成本上升，利润下降。

（2）大数据分析应用

①分析市场衰退原因，寻找新的市场机会或产品升级方向。

②利用大数据分析预测市场衰退速度，合理安排库存和生产计划。

③关注新兴技术和市场趋势，为新产品开发提供参考。

（3）营销策略

旅游企业在衰退期不一定就要退出市场，营销策略取决于行业的相对吸引力和企业在行业中的竞争力。如果处于缺乏吸引力的行业，但拥有竞争优势的企业可以选择性地考虑收缩，即放弃某些销售额过小的细分市场，保持或扩大较具潜力的细分市场规模。如果行业具有吸引力，同时企业也具备竞争优势，则应该考虑加大投资，通过为原有的产品增加价值而成功地重入市场或使衰退产品恢复活力。

①立刻放弃策略。如果旅游产品的市场销售量急剧下降，甚至连变动成本也无法补偿，应果断将产品撤出市场。如果旅游企业坚持让产品继续存在于市场，可能会付出更多代价。衰弱的产品经常消耗不对称的管理时间，增加广告和人员销售的开支，而这些成本可以更好地用于获利性的健康产品。不放弃衰弱产品，就会拖延对新产品的积极开发。

②撤退或淘汰疲软产品。对于疲软产品，要维持其生产发展，需要企业不断对其投入资源，这会给企业增添更多的负担，使企业的人、财、物不能分配到最优的产品上去，导致企业成本增加收益减少，甚至还会影响到企业的整体形象。对于此类产品，企业在经过详细的分析后，应该采取相应的措施，撤退或淘汰相关的疲软产品。

③收获策略。对于一些虽然销售额下降，但是仍有一定发展潜力的产品，旅游企业可以试图在维持销售额的同时逐步减少产品成本。首先是要削减管理成本、人员和资金投入。企业也可以通过降低产品质量、销售团队的规模、基本服务以及广告费用来实现。收获策略应尽可能做到不动声色，不让消费者、竞争者和员工知晓发生了什么。这种策略对成熟的产品是有保障的，能够大幅提高公司当前的现金流。

大数据分析在旅游产品生命周期的各个阶段都发挥着重要作用。通过收集、处理和分析大量数据，旅游企业可以精准地把握市场动态和消费者需求，从而制定有效的营销策略和产品策略。同时，大数据分析还可以帮助旅游企业提前预判市场变化，降低经营风险。因此，对于旅游企业来说，充分利用大数据分析工具和技术是提升竞争力的关键方式之一。

三、大数据分析旅游产品生命周期曲线的优缺点

1. 优点

（1）精准预测市场趋势：大数据分析能够处理海量数据，通过复杂的算法模型，精准预测旅游产品的市场需求、消费者偏好以及市场趋势，为旅游企业制定营销策略提供科学依据。

（2）优化资源配置：在旅游产品生命周期的不同阶段，大数据分析可以帮助企业了解市场变化，从而合理调整资源配置，如优化库存管理、调整销售渠道、改进产品功能等，以提高资源利用效率。

（3）提升用户体验：通过用户行为分析、用户画像等大数据技术手段，旅游企业可以更加深入地了解用户需求，提供更加个性化的产品和服务，从而提升用户体验和满意度。

（4）辅助决策制定：大数据分析为旅游企业提供了丰富的数据支持，使得企业在制定战略决策时能够有据可依，减少主观臆断和盲目性，提高决策的科学性和准确性。

（5）发现新的市场机会：在旅游产品衰退期，大数据分析可以帮助企业发现新的市场机会或产品升级方向，从而延长产品生命周期或推出新产品，保持市场竞争力。

2. 缺点

（1）数据获取难：旅游数据信息的获取存在一定难度，如数据不连续、空间尺度变化性大、信息非标准性与非可靠性等，这些都可能影响大数据分析的准确性和可靠性。

（2）技术门槛高：大数据分析需要专业的技术团队和先进的技术设备支持，对于中小企业来说可能面临技术门槛高、投入成本大等问题。

（3）存在数据隐私和安全风险：在收集和分析用户数据时，可能涉及用户隐私和安全问题，如果处理不当，可能引发信任危机和法律纠纷。

（4）模型存在局限性：虽然大数据分析能够提供丰富的数据支持，但模型本身可能存在局限性，如无法完全覆盖所有影响因素、模型假设条件过于理想化等，这些都可能影响分析结果的准确性和可靠性。

（5）过度依赖数据：大数据分析可能导致企业过度依赖数据而忽视其他重要因素，如市场变化、政策调整等，从而做出错误的决策。

尽管大数据分析在旅游产品生命周期曲线分析中具有显著的优势，但也存在一些不容忽视的缺点。因此，在应用大数据分析时，需要充分考虑其优缺点，并结合实际情况进行合理应用。

四、成本分析

大数据分析旅游产品生命周期曲线所需投入的成本是一个相对复杂的问题，因为它涉及多个方面，包括数据收集、处理、分析以及相应的技术支持和人员配置等。以下是对这一投入成本的详细分析。

（一）数据收集成本

数据来源：旅游产品生命周期的数据可能来源于多个渠道，包括社交媒体、在线旅游平台、市场调研公司、政府机构等。收集这些数据需要支付相应的费用，如购买数据报告、订阅数据服务等。

技术投入：为了高效、准确地收集数据，可能需要投入一定的技术设备和软件，如爬虫技术、API 接口调用等。

（二）数据处理成本

数据清洗：收集到的原始数据往往存在噪声、缺失值等问题，需要进行清洗和预处理，以确保数据的准确性和可靠性。这一过程需要投入相应的人力和技术资源。

数据存储：处理后的数据需要存储在相应的数据仓库或云存储中，以便后续的分析和查询。存储成本包括硬件设备的购置、维护以及云服务的费用等。

（三）数据分析成本

分析工具：进行大数据分析需要使用专业的分析工具，如数据挖掘软件、统计分析软件等。这些工具可能需要购买许可证或订阅服务。

人力成本：数据分析需要专业的数据分析师或数据科学家来完成，他们的薪资和培训成本也是投入的一部分。

模型开发：为了构建准确的旅游产品生命周期模型，可能需要进行大量的模型开发和测试工作，这同样需要投入相应的资源。

（四）技术支持和人员配置

技术支持：为了确保大数据分析工作的顺利进行，可能需要投入一定的技术支持团队，负责系统的维护、升级以及故障排查等工作。

人员配置：除了数据分析师，还需要其他相关人员的支持，如项目经理、产品经理等，以确保项目的整体进度和质量。

（五）其他成本

培训成本：为了提高团队成员的数据分析能力和技能水平，可能需要进行相应的培训和学习投入。

法律咨询：在处理和分析数据的过程中，可能需要咨询法律顾问以确保合规性并避免法律纠纷。

由于大数据分析旅游产品生命周期曲线的投入成本涉及多个方面且难以精确量化，因此，很难给出一个具体的数字。不过，可以明确的是，这一投入是相对较大的，需要企业根据自身的实际情况和预算进行合理规划。同时，企业也可以考虑通过合作或外包等方式来降低投入成本并提高效率。具体投入成本还需根据企业的实际情况和需求进行具体评估。

【讨论】分析你所在区域的 5A 级旅游景区现阶段处于旅游产品生命周期的哪个阶段，在此阶段旅游景区应当采用什么样的营销策略。

任务三　大数据服务旅游新产品开发过程

大数据在旅游新产品开发过程中扮演着至关重要的角色。从市场调研、创意设计、产品规划、开发与测试到营销推广和市场监测与评估等各个环节，大数据都提供了有力的数据支持和决策依据。通过充分利用大数据技术，旅游企业可以更加精准地把握市场需求和消费者行为，开发出更具竞争力和吸引力的旅游新产品。

（一）市场调研阶段

1. 数据收集与分析

利用大数据技术，通过在线预订平台、社交媒体、旅游网站等多个渠道收集用户数据，包括用户行为、偏好、消费习惯等。对收集到的数据进行深度分析，了解目标市场的需求、竞争状况和消费者行为，为产品开发提供数据支持。

2. 市场细分

基于大数据分析，对目标市场进行深度细分，识别出具有不同需求和偏好的消费群体。为每个细分市场设计相应的旅游产品分类，以满足不同消费者的个性化需求。

（二）创意设计阶段

1. 产品构思

结合市场调研结果和大数据分析，团队成员开放思维、创新思考，提出切实可行的产品构想。利用数据洞察消费者需求，设计出具有吸引力的旅游新产品。

2. 用户画像构建

通过大数据构建用户画像，包括用户的年龄、性别、地理位置、兴趣爱好、消费能力等维度。基于用户画像，为新产品开发提供更加精准的市场定位和目标用户群体。

（三）产品规划阶段

1. 综合规划

在产品规划中，综合考虑市场需求、公司资源和竞争情况等因素，确定产品的目标市场、定位及相关战略。利用大数据分析结果，优化产品规划方案，确保产品符合市场趋势和消费者需求。

2. 差异化策略

基于大数据分析，了解竞争对手的产品特点和市场策略，制定差异化的产品策略。强调产品的独特性和创新性，以吸引消费者并提升市场竞争力。

|知识链接|

在产品规划阶段，利用大数据分析可以为企业提供更深入的市场洞察、更精准的产品定位和更科学的决策支持。以下是如何在产品规划阶段利用大数据分析的具体方法。

一、市场趋势分析

收集市场数据：通过大数据平台、社交媒体、行业报告等多种渠道收集与旅游市场相关的数据，包括市场规模、增长率、消费者行为等。

趋势预测：运用时间序列分析、回归分析等预测性分析方法，对收集到的市场数据进行处理和分析，预测未来市场的发展趋势和潜在机会。

竞品分析：通过大数据分析竞争对手的产品特点、市场策略和用户反馈，了解市场竞争格局，为产品规划提供参考。

二、消费者需求分析

用户画像构建：利用大数据技术对消费者数据进行深度挖掘，构建用户画像，包括年龄、性别、地域、兴趣偏好、消费能力等维度。

需求洞察：基于用户画像，分析消费者的真实需求和潜在需求，识别出市场中的痛点和机会点。

需求细分：根据消费者的不同需求和偏好，将市场细分为不同的消费群体，为产品差异化策略提供依据。

三、产品策略制定

产品定位：结合市场趋势和消费者需求分析的结果，明确产品的市场定位和目标用户群体。

功能规划：根据产品定位和目标用户群体的需求，规划产品的核心功能和特色功能，确保产品能够满足消费者的期望。

差异化策略：利用大数据分析竞争对手的产品特点，制定差异化的产品策略，以区别于竞争对手并吸引消费者。

四、资源配置与风险评估

资源配置：基于大数据分析的结果，合理分配研发、营销、运营等环节的资源，确保产品开发的顺利进行。

风险评估：通过大数据分析潜在的市场风险、技术风险、竞争风险等，制定相应的风险应对策略和预案。

五、持续优化与迭代

数据反馈：在产品规划过程中，持续收集用户反馈和市场数据，利用大数据分析评估产品的市场表现和用户满意度。

迭代优化：根据数据反馈的结果，对产品进行迭代优化，不断提升产品的竞争力和用户体验。

综上所述，在产品规划阶段利用大数据分析可以为企业提供全面的市场洞察、精准的需求分析和科学的决策支持。通过深入挖掘数据价值，企业可以制定出更符合市场需求和消费者期望的产品策略，从而在激烈的市场竞争中脱颖而出。

（四）开发与测试阶段

1. 原型制作与测试

根据产品规划方案，制作产品原型并进行功能测试。利用大数据模拟用户行为和数据交互过程，对原型进行全面测试和优化。

2. 市场测试

在小范围内进行市场测试，收集用户反馈和数据指标。利用大数据分析测试结果，对产品进行必要的调整和改进。

（五）营销推广阶段

1. 精准营销

基于大数据分析，制订精准的营销策略和推广计划。利用社交媒体、在线广告等渠道，针对目标用户群体进行精准投放和宣传。

2. 个性化推荐

通过大数据分析用户行为和历史数据，为用户提供个性化的旅游产品推荐。提高用户满意度和忠诚度，促进产品销售和转化。

（六）市场监测与评估

1. 销售监测

利用大数据技术实时监测产品销售情况、市场反馈和竞争状况。根据监测结果及时调整营销策略和产品策略。

2. 用户反馈分析

收集用户反馈和评价数据，利用大数据技术进行情感分析和文本挖掘。了解用户对产品的满意度和不满意度，为产品改进和优化提供数据支持。

| 知识链接 |

竞品分析

竞品分析是产品开发、市场营销以及企业战略制定过程中的重要环节。以下是竞品分析的具体方法，这些方法有助于企业深入了解竞争对手的产品、市场策略以及优劣势，从而指导自身的产品开发和市场策略。

一、明确竞品分析的目标和范围

在进行竞品分析之前，首先需要明确分析的目标和范围。这包括确定要分析的竞品、分析的目的（如了解市场趋势、识别产品差异点、评估竞争对手的强弱项等）以及分析的重点领域（如功能、用户体验、营销策略等）。

二、选择竞品分析方法

竞品分析的方法多种多样，根据分析目标和范围的不同，可以选择一种或多种方法进行分析。以下是一些常见的竞品分析方法。

1. 表格分析法

（1）方法描述：使用表格来统计竞品的功能、元素、特性等，通过对比来识别竞品的异同点。

（2）操作步骤：

①创建一个包含竞品和功能元素的表格。

②对每个竞品的功能元素进行统计，存在则打钩或标记，不存在则留空。

③分析表格数据，识别竞品的共同点和差异点。

2. 雷达图分析法

（1）方法描述：通过雷达图对竞品在多个维度上的表现进行直观展示，以评估竞品的优势和劣势。

（2）操作步骤：

①定义分析维度，如功能、性能、用户体验、价格等。

②对每个竞品在每个维度上的表现进行打分。

③将打分结果绘制成雷达图，进行比较分析。

3. 评分比较法

（1）方法描述：通过评分的方式对竞品在特定方面的表现进行评估，以找出自身产品的优势和劣势。

（2）操作步骤：

①确定评分标准和区间。

②邀请目标用户对竞品进行评分。

③收集并分析评分数据，识别竞品的强弱项。

4. 功能拆解法

（1）方法描述：将竞品的功能进行拆解，分析每个功能的实现方式、用户价值等，以了解竞品的整体架构和细节设计。

（2）操作步骤：

①识别竞品的主要功能。

②将主要功能拆解成更小的功能单元。

③分析每个功能单元的实现方式、用户价值等。

5. 用户体验分析法

（1）方法描述：通过实际使用竞品来评估其用户体验，包括界面设计、交互流程、性能表现等方面。

（2）操作步骤：

①制定用户体验评估标准。

②使用竞品进行实际操作，记录体验过程中的感受和发现的问题。

③分析评估结果，提出改进建议。

6. SWOT 分析法

（1）方法描述：对企业内外部条件各方面内容进行综合和概括，进而分析它的优劣势、面临的机会和威胁。

（2）操作步骤：

①列出竞品的优势（Strengths）、劣势（Weaknesses）。

②分析竞品面临的外部机会（Opportunities）与威胁（Threats）。

③将内外部因素进行匹配分析，制定竞争策略。

7. 加减乘除分析法

（1）方法描述：在竞品的基础上进行"加减乘除"操作，以发现创新点和差异化点。

（2）操作步骤：

①分析竞品的功能和特性。

②对竞品的某些功能进行加法（增加新功能）、减法（删除不必要的功能）、乘法（扩展功能的应用场景）、除法（细化功能）等操作。

③评估操作后的结果，寻找创新点和差异化点。

三、收集和分析竞品信息

在进行竞品分析时，需要收集大量的竞品信息，包括产品功能、用户评价、市场策略等。这些信息可以通过多种渠道获取，如官方网站、社交媒体、用户论坛、行业报告等。收集到的信息需要进行整理和分析，以便更好地了解竞品的全貌和细节。

四、撰写竞品分析报告

竞品分析报告是竞品分析成果的总结和展示。在撰写报告时，需要清晰地阐述分析目标、方法、过程和结果，并提出相应的建议和改进措施。报告的内容应该客观、准确、全面，并具有一定的可读性和可操作性。

【总结】竞品分析需要明确分析目标和范围、选择合适的分析方法、收集和分析竞品信息以及撰写竞品分析报告。通过这些步骤的实施，企业可以深入了解竞争对手的优劣势和市场表现，为自身的产品开发和市场策略提供有力的支持。

【讨论】 选择你所熟悉的旅游景区、酒店、旅行社等企业，分析其现有产品，对其未来产品的开发给一些建议。

要点：1. 现有旅游产品现状分析。

2. 旅游产品创新的思路，例如：结构创新、内涵创新、功能创新、主题创新等。

案例拓展

杭州年轻化旅游产品开发与设计的思考

一、杭州旅游产品现状分析

杭州花了20年，把自己打造成了一个超级景区。

目前，杭州的旅游产品主要为七大体系：以西湖、大运河为主的"双遗产"自然人文观光产品；以千岛湖、西溪湿地为主的自然观光产品；以灵隐寺为主打的宗教文化体验产品；以城市商业综合体为依托的主题商业产品；以湘湖、桐庐、茶坞村等为主的乡村旅游产品；国际会议承办带来的会奖旅游产品；以浙西山地为依托的骑行、登山、徒步、房车露营等运动养生产品。

国际旅游品牌产品打造了：最忆西湖产品，包括茶忆休闲之旅、朝圣文化之旅、美味体验之旅；最忆运河产品，包括穿越运河之旅、文创体验之旅；最忆西溪产品，包括浪漫度假之旅、绿意慢行之旅。

杭州以自身地理优势以及自然资源打造了许多知名的旅游景点和旅游产品，但随着时代的发展以及出游客群的变化，不适应时代的产品终将会被淘汰。综观杭州旅游产品虽涉及方方面面，也迎合了"全域旅游"发展的新理念，但是旅游产品始终要以"需求"为导向，以游客为中心，以市场为衡量依据，功能、颜值、定制化已成为产品创新与设计的三大主流要素。如今的杭州旅游客源市场定位已经发生改变，"年轻化"市场崭露头角，我们不仅要打造杭州旅游产品爆点与卖点，更要摆脱有热点无卖点的不利局面。

二、杭州旅游产品创新思路

旅游产品创新的实质就是吸引力的提升，准确地说就是市场竞争力的提升，所以旅游产品竞争力因素的创新就是旅游产品创新的核心。

旅游产品类型结构的创新：对原有产品的组合状况进行整合，加强度假、商务、会议、特种旅游等多种旅游产品的开发，完善产品的结构。根据旅游者的消费心理，结合并正确预测旅游产品时尚周期，把握时代脉搏，紧跟时代潮流而设计开发旅游产品。

内涵创新：产品内涵的创新主要是对原有产品质量的全面提升和开发新产品。包括服务质量的提高、产品种类的增加、产品品牌的提升、旅游大环境的完善、旅游目的地构建以及旅游主题的延伸等。

功能创新：运用最新的高科技手段，多角度地开发旅游景点和休闲活动的文化内涵，对某些特殊景点和服务设施进行多功能化的综合设计；运用相应的宣传促销手段，像如今一些短视频软件比如快手、抖音等的推广涉及的是全年龄层。

主题创新：随着市场形势、顾客画像的变化，适时推出新的产品内容，在动态中把握并引导旅游需求，充分依托市场，引导消费时尚。

三、杭州旅游产品设计

对于杭州旅游产品设计，可以从目前杭州旅游客群的特征、顾客画像与杭州当地特色潜力相结合进行产品的更新与设计，随着旅游客群年轻化的趋势，可以主要从美食、化妆、女装、运动休闲四大符合当前顾客画像的主力对产品进行规划开发。

美食主题型旅游产品：现如今旅游群体中对旅游不再仅局限在美景的获取中，美食也成为他们旅游动机之一，会为了网红美食打卡旅游景点。从杭州发展美食旅游可充分挖掘杭州美食中的传统文化内涵，将美食旅游作为一个特色产品来发展。比如推出美食文化、制作方法、风俗体验、娱乐活动等一系列综合性旅游产品。在推出美食旅游产品的过程中，餐饮环境的设计布局通过文化元素的采用要体现杭州文化的特色，使游客不仅品尝到美食，而且了解菜肴的来历，蕴含的文化内涵。

运动休闲型旅游产品：第一，集惊险、刺激趣味于一体的漂流，逐渐成为现代旅游者所热衷的新兴旅游选择。双溪漂流已经发展得比较成熟，可考虑开发钱塘江或富春江部分河段的漂流，利用江河湖众多的优势，将划船项目从西湖、西溪扩展到运河、钱塘江等。第二，将富有群众基础的西湖徒步大会，千岛湖游艇节，环西湖、环千岛湖、沿钱塘江、富春江骑自行车游等项目，发展成品牌项目。

购物组合型旅游产品：互动以及沉浸式体验已然成为当今的主打旅游方式，旅游者更倾向于身体与思想的参与。对于服装，要"特色"而非"日常"。可考虑将景融于衣，以衣代景，打造杭州美衣一条街，每个游客都有只属于自己的美衣；关于美妆，以"文创"为主导进行美妆外部装饰化，不改造原有的美妆产品，仅仅从"定制化"出发，刻上"杭州印记"。

【总结】将年轻化潜力产业与旅游接轨，对于提升杭州城市旅游休闲的品质，真正实现经济品质和生活品质的全面提高以及休闲产业和创意产业的双核驱动发展，促进杭州旅游消费结构和城市功能的全面提升，完成产业的升级换代，丰富杭州旅游产品的内涵，具有重要的意义。

杭州江南名城吸引着外来年轻人，这是一个巨大的具有极高消费潜力和消费需求的优质的市场，要充分利用杭州市自有的营销与互联网技术优势，借助网络平台的力量，打造旅游产品爆点与卖点，摆脱有热点无卖点的不利局面。

（资料来源：根据文章"昂普理论下年轻化旅游产品开发与设计的思考——以杭州潜力产业转型为例"整理）

任务四　大数据服务旅游产品的定价过程

一、旅游产品定价方法

定价是一门科学。菲利普·科特勒认为，世上没有减价两分钱不能抵消的品牌忠诚。所以，无论你的品牌多么受人欢迎，也要研究价格策略。

（一）旅游产品价格的含义

旅游产品价格是旅游者为满足旅游活动的需求而购买单位旅游产品所支付的货币量，它是旅游产品的价值、旅游市场的供求和一个国家或地区的价值三者变化的综合反映。旅游产品的价格则由旅游实体产品、旅游服务和利润三部分构成。

（二）影响旅游产品定价的因素

旅游企业为了制定出合理的产品价格，必须综合考虑影响旅游产品的各种因素，包括可以控制的影响因素和不可控因素。

1. 可控因素

（1）旅游产品成本

旅游产品成本是指在旅游活动中所产生的各种成本费用，它构成了旅游产品价格的重要组成部分，包括直接成本、间接成本和其他成本。

直接成本，包括直接材料成本，如旅游接待设施设备、交通运输工具、建筑物以及各种原材料、燃料、能源等的成本。这些物化劳动的耗费是旅游产品成本的重要组成部分。直接人力成本，如旅游企业从业人员的工资，这些工资是旅游从业人员提供劳务的价值补偿，属于活劳动的耗费部分。直接设备使用成本，如旅游车辆、船只、飞机等的运营和维护成本。

间接成本，包括管理人员薪酬，如旅游企业管理人员的工资及福利费用；办公费用，如办公场地租金、水电费、通信费等；营销费用，如市场推广、广告宣传等费用；其他间接成本，如旅游产品设计、研发等费用。

其他成本，包括税金及附加，如增值税、城市维护建设税等；广告宣传费用：用于提升旅游产品知名度和吸引力的费用；财务费用，如贷款利息、汇率变动等产生的费用等。

成本是旅游产品定价的根本参考因素，定价一般应在成本之上。

（2）旅游企业营销目标

旅游企业的营销目标指旅游企业在未来某一时期内需要在市场中占据的位置，以及期望实现的业绩指标。这些目标通常是围绕利润、销售额、市场占有率等核心要素来设定的，旨在指导企业的营销活动，目的是确保这些活动能够朝着既定的方向前进。旅游企业的营销目标核心要素包括利润、销售额、市场占有率。

利润：利润是旅游企业营销活动的最终目标之一。通过制定合理的营销策略，企业可以提高销售额，降低成本，从而实现利润最大化。

销售额：销售额反映了旅游企业产品或服务的市场需求情况。通过增加销售额，企业可以扩大市场份额，提高品牌影响力。

市场占有率：市场占有率是衡量企业在市场中竞争地位的重要指标。通过提高市场占有率，企业可以巩固和扩大市场份额，增强市场竞争力。

（3）旅游产品特色

旅游产品特色是吸引游客的关键因素之一，它体现了旅游产品的独特性和吸引力。

旅游产品特色是指旅游产品所具备的与众不同、能够吸引游客的特质或优势。在竞争激烈的旅游市场中，具有鲜明特色的旅游产品更容易脱颖而出，吸引游客的注意，提高市场竞争力。

（4）营销组合策略

营销组合策略，也被称为营销混合策略，是指企业在推广和销售产品或服务时，通过灵活运用产品、价格、渠道和促销等组合方式，以实现最佳市场效果和利润最大化的策略。

2. 不可控因素

（1）旅游市场的竞争是一个多维复杂的现象，呈现出多元化和激烈化的特点，涉及跨行业，企业及产品间的竞争。同一空间区域内，竞争对手的积聚程度和竞争态势。

（2）旅游市场需求，指在特定时期内、以价格为基础，旅游者对旅游产品所表现的购买意愿和支付能力，它受到多种因素的影响，包括旅游者收入、旅游者规模及构成、旅游动机和旅游行为、产品因素、经济因素、消费者客观因素、消费者心理因素等。

（3）汇率变动，指两种货币之间兑换比率的变化。这种变化可能受到多种因素的影响，包括经济基本面、货币政策、地缘政治局势以及市场预期等。汇率变动对旅游的影响，涉及旅游支出、旅游目的地选择、国际旅游竞争力以及旅游业的发展等多个层面。

（4）通货膨胀，指在纸币流通条件下，因货币供给大于货币实际需求，也即现实购买力大于产出供给，导致货币贬值，而引起的一段时间内物价持续而普遍地上涨现象。它对旅游行业，尤其是国际旅游，产生了多方面的影响。

（5）政府宏观管理，是一个重要而复杂的过程，它涉及多个领域和方面，需要政府综合考虑各种因素，制定符合实际情况和长远发展的政策，以实现经济、社会和文化的协调发展。

(三)旅游产品定价的方法

旅游企业在制定旅游产品价格时,必须首先确定旅游产品价格制定的目标,因为它是旅游产品价格决策的依据,直接关系到价格策略和定价方法的选择。因此必须慎重对待,科学地确定旅游产品定价目标。旅游产品定价目标是由旅游企业生产经营目的决定的,它是生产经营目标的具体化。定价目标必须与旅游企业生产经营的总目标相适应,为总目标服务。旅游企业作为市场经济的主体,其生产经营的根本目的是价值的增值,是追求收益的最大化。因此,判断旅游产品定价目标制定的正确与否,取决于一个较长时期内最终是否给企业带来尽可能多的利润总量。

旅游产品的定价方法是旅游企业在特定目标的指导下,根据企业的生产经营成本,面临的市场需求及竞争状况,对旅游产品价格进行计算的方法。常用的定价方法包括:成本导向定价法、需求导向定价法、竞争导向定价法。

1. 成本导向定价法

成本导向定价法是最根本、最传统的定价方法。它基于最简单的成本利润之间的关系作为价格的确定标准,是产品价值实现的基本途径,同时这种方法简单易行,便于核算,便于旅游经营者掌握产品利润的浮动程度。但是这种定价方法没有参考市场需求、竞争、旅游消费者的心理等因素,具有保守性、被动性和局限性等特点。

成本加成定价法是指在产品成本的基础上,加上一定的毛利润率(税前利润率),最终构成产品的价格。成本加成定价法在实际操作中,可分为总成本加成定价法和变动成本加成定价法两种形式。它们主要运用于旅行社旅游线路产品的制定和酒店餐饮产品的核算。其核心思路在于:一方面一般以社会平均成本为基准对产品的成本进行定位;另一方面根据产品的社会平均利润率确定适当的利润百分比。

(1)总成本加成定价法

总成本是旅游经营者研发推广销售旅游产品所有的成本费用支出,包括固定成本和变动成本两部分。单位产品总成本加上一定比例的利润,就是单位产品的价格。其计算公式为:

单位产品价格 = 单位产品总成本 + 单位产品预期利润

(2)保本定价法

又称盈亏平衡点定价法,指旅游经营者依据旅游产品的成本和估计销量计算出产品的价格，使销售收入等于生产总成本。其计算公式为：

单位产品价格 = 单位产品的变动成本 + 固定成本总额 / 估计销售量

（注：固定成本总额指在一定时期和一定业务量范围内，不受业务量增减变动影响而能保持不变的成本，变动成本指那些成本的总发生额在相关范围内随着业务量的变动而呈线性变动的成本。但单位产品的耗费则保持不变。）

（3）变动成本加成定价法

也称边际贡献定价法或生存定价法，这种方法在定价时只计算变动成本而不计算固定成本，是在变动成本的基础上加上预期的边际贡献。所谓边际贡献，就是销售收入减去补偿变动成本后的收益。预期的边际贡献即补偿固定成本费用后企业的盈利。这种定价法在旅游市场内部竞争十分激烈、产生严酷价格战的情况下有一定的参考意义，只有当价格大于单位产品变动成本时，才不会导致企业亏损，其计算公式为：

单位产品价格 =（变动成本 + 预期边际贡献）/ 预期产品产量

= 单位产品变动成本 + 单位成本边际贡献

【练一练】某景区旅游项目的单位成本为86元，成本利润率为20%，则其单价为？

2. 需求导向定价法

（1）惯性定价法

某些经过广大消费者长期多次重复购买，已经形成比较稳定的价格印象，已经习惯这个价格水平。在定价时参考惯用价格进行定价。

（2）需求差别定价法

需求差别定价法又称为价格区别对待法，这种方法主要根据旅游者对旅游产品的需求强度以及需求弹性的差别来制定旅游产品的价格。需求差别定价法的具体实施在旅游实践活动中比较多样，例如，依据旅游者可支配收入情况不同而进行定价；依据旅游者或旅游企业地理位置的差异而进行定价；由于时间的不同而进行定价，根据旅游产品的不同形式而进行不同定价。

（3）理解价值定价法

这是旅游企业根据消费者对旅游产品价值的感觉和理解程度来决定产品价格的一种方法。其关键在于旅游企业对消费者理解的旅游产品"价值"有正确的估计。如果估计过高，定价超过了消费者的价值判断，消费者就会拒绝购买；如果估价过低，定价低于消费者的价值判断，消费者又会不屑购买；只有当旅游产品定价同消费者的价值判断大体一致时，消费者才会乐于购买。采用理解价值定价法时，旅游企业并非完全处于被动地位，而是在充分了解消费者对旅游产品价值理解的基础上，尽可能地采用多种手段去影响消费者对旅游产品价格的理解。有计划地搞好旅游产品的市场定位，在质量、服务、包装、广告等因素上下功夫，从而进一步提高价格决策的主动性。运用理解价值定价法的关键，是把自己的产品同竞争者的产品相比较，准确估计消费者对本旅游产品的理解价值。为此在定价前必须做好市场调查，定价过高、过低都会造成损失。

（4）可销价格倒推法

旅游产品的可销价格是指消费者或中间商习惯接受和理解的价格。可销价格倒推法就是旅游企业根据消费者愿意接受的价格而确定其销售价格的定价方法。为了在价格方面与现有类似产品进行竞争，旅游企业往往设计出能参与市场竞争的同类产品，先通过市场调查了解购买者对该产品的可接受价格，然后反向推算出产品的最初售价。采用可销价格倒推法的关键在于正确测定市场的可销价格，否则，定价会偏高或偏低，影响旅游企业的市场营销能力。所谓市场可销价格一般应满足以下两个条件：与消费对象的支付能力大体相适应，与同类产品的现行市场价格水平大体相适应。

3. 竞争导向定价法

竞争导向定价法是指以同类型旅游产品或旅游服务的市场竞争情况为基础，以竞争对手的产品价格为参考的定价方法。这种定价方法要求旅游经营者在竞争时结合自己的实力、战略等要素，综合考虑价格的制定。在行业实践中，它主要表现为随行就市法、率先定价法、高价定价法、低价定价法、边际贡献定价法等。

（1）随行就市定价法

这种定价法是指以同行业的平均价格水平或领导企业的价格为标准来制定旅游价格的方法。这种定价方法既可使本企业价格与同行业的价格保持一致，在和谐的气氛中促进企业和行业的发展，同时企业也可得到平均的报酬。这种定价方法还使企业之间的竞争避开了价格之争，而集中在企业信誉、销售服务水平的竞争上。当本企业旅游产品的质量、销售服务水平及企业信誉与其他同行企业相比有较大差异时，其定价可在比照价格基础上加减一个差异额。

（2）率先定价法。此方法是指旅游经营者根据市场竞争情况，结合自身的条件和能力，率先打破市场原有的价格体系，制定出具有竞争力的产品价格。采取这种定价方法的旅游经营者，首先在特定的区域内需要具备较强的竞争实力，在产品上有其他经营者无法复制的特点，这样在竞争中才能处于优势地位，具备制定价格的话语权。

（3）高价定价法。这种定价法是旅游企业以较高的价格进行产品售卖，一般只限于数量较少、品牌声誉极高的旅游企业。这一类旅游企业拥有高质量的产品、雄厚的资金实力、先进的技术条件，并且高价市场上几乎没有竞争者，也很少引起顾客不满。

（4）低价定价法。这种定价法是旅游企业采用低于同类企业同类旅游产品价格在目标市场上抛售产品，其目的在于打击竞争者，占领市场。一旦企业控制了市场，还会再次提价，以收回在低价期间的损失。但这种方法并非适用于所有企业，也非长久之计。而低价打败高价是个案，真正要占领市场最终还是得靠产品的质量。

（5）边际贡献定价法。边际贡献是指每增加单位销售量所得到的收入超过增加的成本的部分，即旅游产品的单价，减去单位变动成本的余额，这个余额部分就是对旅游企业的"固定成本和利润"的贡献。一种情况是，当旅游产品的销量足够大，旅游企业的当期固定成本已经收回，增加的旅游产品销量可以不考虑固定成本时，新增旅游产品的单价大于单位变动成本的余额即是对旅游企业的利润贡献，那么边际贡献大于零的定价可以接受。如旅游旺季一间双人客房按正常价格出售，增加一张床位的价格可按边际贡献方法定价。另一种情况是，旅游淡季时旅游产品供过于求，旅游企业低价销售产品没有盈利，但不销售则亏得更多。如一间客房房价成本价为100元/天，其成本构成为固定成本60元，变动成本40元，如不得已销售价降为80元/天，卖则亏20元/天，不卖则亏60元/天，故还是卖为好。当然，如果售价低于40元/天，则不卖为好。因此，可以这样概括边际贡献定价法，它是指保证旅游产品的边际贡献大于零的定价方法，即旅游产品的单价大于单位变动成本的定价方法。

二、数据服务旅游产品定价程序

大数据服务在旅游产品定价程序中扮演着至关重要的角色。通过大数据的分析与应用，旅游企业能够更加精准地制定价格策略，以满足市场需求，提高竞争力。以下是大数据服务旅游产品定价程序的具体步骤。

（一）市场与消费者分析

需求洞察：利用大数据分析技术，收集和分析消费者的在线行为数据、历史购买记录、社交媒体互动等信息，以洞察消费者的旅游偏好、购买习惯及支付意愿。这有助于企业了解目标市场的实际需求，为定价提供市场基础。

竞争对手分析：通过大数据分析竞争对手的定价策略、市场份额、产品特点等，评估自身产品的市场竞争力。这有助于企业制定差异化的定价策略，以吸引消费者并保持竞争优势。

（二）成本核算

直接成本计算：对旅游产品的直接成本进行核算，包括机票、酒店、交通、门票等费用。这些成本是定价的基础，直接影响产品的利润空间。

间接成本估算：除了直接成本外，还需估算产品的间接成本，如员工工资、营销费用、管理费用等。这些成本虽然不直接体现在产品上，但同样需要纳入定价考虑范围。

（三）定价策略制定

价值定价：基于消费者对旅游产品价值的感知来制定价格。通过分析产品的独特卖点、附加值以及消费者对品质的期望，设定与产品价值相匹配的价格。

动态定价：利用大数据实时分析市场需求和供应情况，动态调整产品价格。在需求高峰期提高价格以增加利润，在需求低迷时降低价格以吸引客流。这种定价方式有助于企业灵活应对市场变化，实现收益最大化。

差异化定价：针对不同消费者群体和市场细分，制定差异化的价格策略。例如，为高端市场提供高品质、高附加值的旅游产品并设定高价，同时为中低端市场提供性价比高的产品以满足不同消费者的需求。

捆绑销售与促销策略：利用大数据分析消费者的购买行为和偏好，设计捆绑销售套餐和促销活动。通过提供更具吸引力的价格和套餐组合，增加产品的销量和市场份额。

（四）实施与调整

定价实施：根据制定的定价策略，对旅游产品进行定价并实施。在定价过程中，要确保价格信息的准确性和透明度，以建立消费者的信任。

市场反馈与调整：密切关注市场反应和消费者反馈，根据销售数据和市场趋势及时调整价格策略。通过持续优化定价策略，确保企业能够在激烈的市场竞争中保持领先地位。

大数据服务在旅游产品定价程序中发挥着重要作用。通过深入分析市场需求、消费者行为、竞争对手情况以及产品成本等因素，企业可以制定出更加精准、有效的定价策略，以提高市场竞争力并实现可持续发展。

| 实训 |

旅游产品开发

为了促进当地旅游景区的可持续发展，分析当地旅游景区产品组合现状，近期旅游市场环境和旅游者结构的变化，为其产品升级和新产品的开发提供方案。

【实训准备】

1. 组建 3～5 人团队，选出组长。

2. 根据自己的特长选择任务，组织协调。

3. 准备好电脑、笔记本、记录笔、智能手机。

【实训步骤】

1. 市场调研，了解景区目前发展状况，特别是目前所有产品的现状。

2. 设计旅游新产品。

（1）确定产品性质。

（2）明确主题，突出特色。

（3）依据市场调研数据，明确目标市场。

（4）进行成本核算和定价。

（5）撰写旅游产品开发方案。

【实训总结】

1. 团队内部审核产品开发方案，将小组成员意见和建议进行汇总。

2. 小组代表发言交流。

3. 教师点评总结。

4. 团队继续完善旅游产品开发方案。

【自我评估】

1. 旅游产品的构成、特点及分类。

2. 旅游产品生命周期。

3. 大数据背景下旅游新产品开发过程。

4. 旅游产品定价方法及定价过程。

项目六 大数据分析与产品分销渠道选择

◆ **学习目标**

知识要求

1. 理解分销渠道的概念特征及内容。
2. 掌握营销渠道的发展趋势。
3. 掌握网络营销渠道。

技能要求

1. 根据行业及渠道的特点确定营销渠道的类型。
2. 能适应渠道变化的趋势进行大数据分析与网络营销。
3. 能分析不同的环境对营销渠道的影响。

◆ **职业素养目标**

1. 树立正确的营销渠道选择与运用的观点。
2. 能坚持营销渠道运用的原则,遵循营销渠道运用的流程。

任务一 旅游产品分销渠道概述

| 引入案例 |

OTA

OTA 是什么?

OTA(Online Travel Agent)是指在线旅游服务商,是旅游电子商务行业的专业词汇。

代表有携程网、去哪儿网、同程网、村游网、号码百事通、旅游百事通、驴妈妈旅游网、百酷网、8264、出游客旅游网、乐途旅游网、欣欣旅游网、芒果网、艺龙网、搜旅网、途牛旅游网、易游天下、快乐 e 行旅行网、驼羊旅游网等。OTA 的出现将原来传统的旅行社销售模式放到网络平台上，更广泛地传递了线路信息，互动式的交流更方便了消费者的咨询和订购。

传统旅游产品的购买是一个复杂的过程，旅游消费者在做出购买决策之前需要查阅大量旅游产品的信息，以确定旅游产品的价格和购买渠道，并向旅游中间商咨询。由于旅游中间商素质参差不齐，即使消费者决定购买旅游产品，也还是要到旅游中间商那里办理相关手续。旅游电子商务克服了这一挑战，可以为旅游消费者提供全面的服务，包括为消费者的旅游提供参考信息和建议，解决信誉问题，并且不受时空限制，还可用银行卡实现线上支付，对消费者购买旅游产品极为方便。而且，旅游电子商务提供的旅游产品往往具有比较优惠的价格，更能吸引消费者。

传统的旅游中间商在业务操作上要经历产品设计、订购、促销、结贷等诸多环节，效率低下，成本高昂。旅游电子商务的出现可以让旅游中间商在电子商务平台上轻松完成旅游产品的业务运作过程，同时，进行宣传推广和在线销售，还可进行内部业务交流与合作，保持旅游业务高效顺畅的运营。旅游产品的销售实质上只是传递旅游产品信息，没有实物形态进行配送。消费者必须到旅游产品供应企业那里去消费，而旅游电子商务可以更多地履行旅游批发商的功能，即使需要传送一些交通票据也可集中办理。电子机票，这也是旅游业发展的方向。旅游电子商务将改变旅游消费方式和行业竞争格局。比如，当旅游网站组织自己的旅游产品时，网站就扮演旅游批发商的角色；当网站将旅游产品直接推向市场与消费者见面时，它又成为具有价格优势的旅游零售商。这样，网上旅游便缩短了销售渠道，减少了销售环节，降低了产品成本，提高了工作效率，可以为消费者提供价廉物美的旅游产品。所以，网络旅游发展的逐渐成熟将给传统的旅游中间商带来较大的冲击。

对于传统的旅游分销渠道，除了旅游产品生产者和旅游者之外，很多情况下还有许多独立的中间商和代理商存在。在这种情况下，旅游产品通过传统分销渠道完成了旅游产品的转移。而相对于传统旅游分销渠道，旅游网络分销渠道的优势非常明显。传统营销能够及时将旅游产品的有关信息提供给消费者，而消费者对旅游企业及产品的反应，旅游企业却很难准确及时地获得，即使能够有机会获得消费者的反馈信息，也已经是很久以后的事了。这种信息反馈的滞后性，阻碍了旅游企业和旅游者的有效沟通，从而使旅游企业的各种营销策略带有一定的盲目性和滞后性，不能真正使旅游产品满足消费者的需求。由于网络具有实时性和交换性的功能，网络分销渠道从过去传统分销渠道单向信息沟通变成双向信息沟通。旅游企业可以通过论坛、社区、电子邮件、网上讨论等形式，使企业与旅游者建立快捷和有效的沟通；利用网上对话功能，还可以举行网上旅游者联盟，与旅游者之间实现跨时空的沟通，及时了解消费者的反馈信息，及时调整旅游产品的营销策略，从根本上满足顾客的需求，这是传统分销渠道所不具备的优势。

（资料来源：根据 OTA 行业深度报告：市场规模、竞争格局及增速展望 https://mp.weixin.qq.com/s/glAxNjrJwfm7W--CMjkYBQ 整理而来）

| 分析 |

市场上大多数生产者并不直接将产品出售给顾客，大多数企业通过中间商将产品投放到市场。如何选择高效的销售渠道将旅游产品送达旅游消费者手中并对其进行管理，是旅游产品生产者必须面对的重大问题。

一、旅游分销渠道的概念

美国市场营销学权威菲利普·科特勒认为："营销渠道是指某种货物或劳务从生产者向消费者移动时，取得这种货物或劳务所有权或帮助转移其所有权的所有企业或个人。"简单地说，营销渠道就是商品和服务从生产者向消费者转移过程的具体通道或路径。在激烈的市场竞争和快速发展的信息科技挑战中，营销渠道正在发生历史性的变革。旅游营销渠道又称旅游产品分销渠道。所谓旅游产品分销渠道，是指旅游产品从旅游生产企业向旅游者转移过程中所经过的一切取得使用权或协助使用权转移的中介组织和个人，也就是旅游产品使用权转移过程中所经过的各个环节连接起来而形成的通道。由此可见，分销渠道是产品销售的通路，渠道通畅才能货畅其流，赢得利润。对分销渠道的管理，是企业营销主管最重要的日常工作。

二、旅游分销渠道的特征

市场竞争、全球市场、电子分销技术以及旅游产品的不可储存性使旅游企业分销渠道的管理变得越来越重要。因此,分销渠道策略是旅游企业最重要的策略之一。理解旅游产品的分销渠道的特征应把握以下要点。

(1) 旅游分销渠道的起点是旅游产品生产者和供应者,终点是旅游者,旅游分销渠道是指从起点到终点的各个流通环节组成的系统。

(2) 分销渠道的环节是指那些参与旅游产品流通的各种中间商,包括各种批发商、代理商、零售商、经纪人和实体分销机构等。

(3) 分销渠道不包括供应商和辅助商。

(4) 旅游产品分销渠道在销售转移的过程中,与其他实体产品转移不同,消费者只拥有有限的使用权而不发生所有权的转移。无论是旅游景点、旅游线路还是旅游饭店,旅游者都必须在规定的时间到指定的地方去消费,旅游者与旅游企业的关系是一种契约关系。

(5) 旅游销售渠道包括旅游企业在生产现场直接向旅游者销售其产品和服务的直接销售方式,也包括旅游企业依靠自身的力量在生产地点以外的其他地方销售其旅游产品和服务的直接销售方式,还包括旅游企业借助中间商向旅游者出售其产品和服务的间接销售方式等多种方式。

在商品经济高度发达的现代社会,绝大多数产品都要经过或多或少的中间环节(中间商)到达消费者手中。所以,作为商品交换的媒介,中间商便随着社会分工和商品经济的发展而产生。旅游企业作为一个特殊的行业,虽然旅游产品的销售在很大程度上还以传统的直销为主,即产品从生产领域直接到达消费者手中,不需要经过过多的中间环节,但在产品的生产和消费之间也存在时间、地点、品种、信息、价格等方面的矛盾。为了解决这些矛盾,实现企业销售目标,中间商在其中发挥着巨大的作用。比如很多旅游景点的散客游只占很少一部分,而绝大多数游客是由旅行社或企事业单位与景区签订协议输送的客人。大多数旅游产品不是由旅游生产企业直接供应给旅游消费者,而是通过旅游中间商将旅游产品更有效地提供给目标市场。

| 知识链接 |

渠道系统的特征

一、整体性

整体性即渠道各子系统都应该拥有一致的目标，充分体现该功能的整体性。加强渠道子系统之间的合作，使各子系统功能在质与量两个方面放大，创造出大于各子系统功能简单相加的系统整体性效用。

二、有序性

系统之所以能成为一个有机整体，发挥较高的功效，就在于系统的有序性。这就要求渠道系统结构及内部状态保持良好的秩序，表现为渠道子系统之间地位与关系的有序性、渠道结构空间与时间上的有序性及渠道系统变化、发展的有序性。

三、相关性

相关性指渠道系统内各子系统之间存在相互制约、相互影响、相互依存的关系。各子系统应努力实现子系统之间合作双赢，甚至是多赢的目标。

四、开放性

营销渠道是一个开放的系统，每个渠道子系统都要适应正在变化的环境。伴随着渠道子系统不断地改变自己的职能，调整组织与任务，以适应不断变化的环境，整个渠道系统都会发生相应的变化。因此，营销渠道系统的演变，就是渠道中各个组织对渠道的内部和外部环境中的经济、技术和社会文化力量不断适应的结果。

三、旅游分销渠道的作用

（一）旅游分销渠道是旅游企业进入旅游市场的必经之路

旅游产品生产者和供应者只有在出售旅游产品之后才能实现其旅游产品的价值，进而实现自己的战略目标。而出售旅游产品大多需要经过旅游分销渠道才能成功，这也是旅游分销渠道最基本的作用。

（二）旅游分销渠道是旅游企业的重要资源

旅游分销渠道是出售旅游产品的途径，对旅游产品的销售有着直接的影响。如果旅游销售渠道数量多、容量大、信誉质量高、能力强。那么，旅游产品生产者和供应者便能以较高的价格、较大的数量、较低的成本销售自己的产品，及时获得较好的收益。显然，这样的销售渠道理所当然地成为旅游企业的重要资源。

（三）旅游分销渠道可以提高交易效率

这里所指的旅游分销渠道是由旅游中间商介入的销售渠道，而非直销渠道。旅游产品是一种组合产品，在一般的旅游市场中，大多数旅游产品和服务并非由旅游产品生产者和供应者直接销售给旅游者，而是经过旅游中间商销售出去的。旅游中间商作为一个专业化的经济实体，在转移旅游产品和服务的过程中，凭着自己丰富的营销经验、良好的公共关系和众多的信息来源，可以减少旅游产品的交易次数，从而加快旅游产品的流通过程，提高销售效率。

（四）旅游分销渠道为旅游者购买旅游产品提供方便

旅游分销渠道的这一作用主要体现在以下 3 个方面。

1. 旅游分销渠道具有组合旅游产品的功能

旅游产品生产者和供应者一般只生产或供应单项旅游产品，而旅游活动是一种综合性的活动，因此，通常只有将单项旅游产品组合起来才便于出售给旅游者。当单项旅游产品进入销售渠道后，旅游销售渠道就开始发挥组合功能，将单项旅游产品组合成整体旅游产品，从而方便了旅游者购买。旅行社作为旅游销售渠道的重要部分，是这种功能的典型实践者。

2. 在购买地点和时间方面，旅游分销渠道显得灵活方便

设立旅游分销渠道就是为了及时顺利地销售旅游产品，因此，在时间和地点上方便旅游者购买旅游产品便成为旅游分销渠道的基本属性。而且，随着现代通信技术的发展，时间和地点对旅游分销渠道的限制也将逐渐减弱，旅游零售商可充分发挥旅游销售渠道"灵活方便"的作用。

3. 旅游分销渠道可减少旅游者购买旅游产品的精力和费用

旅游销售渠道有了旅游中间商的介入，销售网点增加，销售环节减少，营销成本降低，旅游产品的价格会有所下降。因此，一般情况下，旅游者购买旅游产品的精力和费用都会有不同程度的降低。

总之，旅游分销渠道的重要意义在于它所包含的整个流通结构，构成了了解旅游营销活动效率的基础。

四、主要分销渠道类型

（一）直接分销渠道

直接分销渠道又叫零环节分销渠道，是指旅游产品生产者在其营销活动中，不经过任何中介机构而直接把旅游产品销售给旅游者的分销渠道。例如，许多旅客在登机前直接在购票大厅购买机票，航空公司因此能够直接向旅客提供机票和飞行服务。这是一种简便且快捷的分销渠道。

从旅游产品的销售实践看，直接分销渠道一般有三种模式。

1. 旅游产品生产者或供给者—旅游者（在旅游目的地）

在这一模式中，旅游产品的生产者或供给者向前来购买产品的旅游者直接销售其产品，它在产品的生产地扮演了旅游零售商的角色。这种分销渠道至今仍被很多旅游企业采用。

例如，旅游景区、旅游饭店、博物馆等组织采用这种模式向散客销售其产品，有利于直接获得旅游消费者的信息，控制产品质量，强化旅游企业形象。

2. 旅游产品生产者或供给者—旅游者（在旅游客源地）

由于旅游产品的特殊性，旅游产品的消费必须在旅游产品生产现场进行，旅游者可以在任何接受预购的地方，通过网络、电话等现代通信方式向旅游产品的生产者或供给者购买或预订旅游产品，旅游产品的生产者仍然扮演的是旅游零售商的角色。随着现代信息技术的迅猛发展及其在旅游业中的广泛应用，近年来，这种模式有了新的发展和突破。很多旅游企业都已开始借助计算机预订系统直接向目标旅游者出售其产品，为传统的直接销售渠道注入了新的活力。电话、电传和计算机系统等成为这种销售模式的主要工具。

3. 旅游产品生产者或供给者—自营销售网点—旅游者（在产品销售地点）

在这一模式中，旅游产品生产者或供应者通过自己设立在产品生产地以外的销售网点直接向旅游者销售其产品。由于这些销售网点是旅游企业在一定市场区域拥有自设的零售系统，所以，仍然归属于直接销售渠道。一般大中型旅游产品生产者或供应者会采用这种模式作为销售本企业旅游产品的重要渠道之一。比如，航空公司在目标市场所在区域设立自己的分公司或售票处；旅游饭店在机场设立销售点，直接向游客销售其产品；铁路部门在许多地点设立售票处、订票处开展销售活动；大中型旅游公司通过自设的销售网点销售旅游产品等。

（二）间接分销渠道

间接分销渠道至少含有一个中介机构，是旅游产品的生产者或供应者借助于中间商的力量将产品转移到消费者手中的途径。它是旅游市场上占主导地位的渠道类型，有以下三种结构。

1. 一级分销渠道

一级分销渠道指旅游产品生产者与消费者之间只有一层旅游零售商的渠道（见图6-1）。旅游生产者把旅游产品交给零售商代售，需向旅游零售商支付佣金或手续费。这种销售渠道模式在西方国家应用很广泛。在我国主要体现在旅行社代订交通票、代订饭店客房等，但是这类形式是中间商向顾客收取佣金，而不是向旅游生产企业收取。这种销售渠道具有成本低、开支少的优点，仅适宜营销批量不大、地区狭窄或单一的旅游产品。

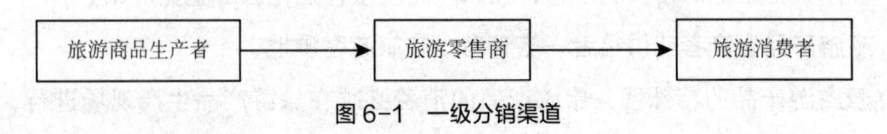

旅游商品生产者 → 旅游零售商 → 旅游消费者

图6-1 一级分销渠道

2. 二级分销渠道

二级分销渠道指在旅游生产者和消费者之间有两个中介机构的渠道（见图8-2）。这种销售渠道模式是产品生产者将产品交由批发商销售，再由旅游批发商委托旅游零售商或通过其自设的销售网点将旅游产品销售给旅游者。所以在这种销售渠道中，旅游生产者只与旅游批发商发生关系。例如，现在国外很多旅游批发商通过大批量购买航空公司、饭店、旅游景区等业务项，然后将它们巧妙组合，设计出许多迎合

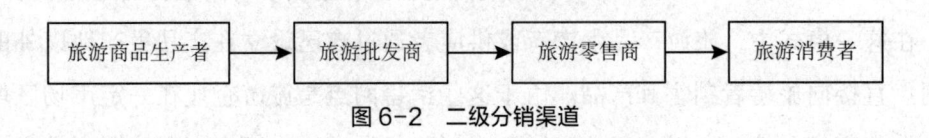

旅游商品生产者 → 旅游批发商 → 旅游零售商 → 旅游消费者

图6-2 二级分销渠道

旅游消费者需求的包价旅游产品，但他们并不自行销售这些产品，而是通过旅游零售商或自设旅游网点进行销售，效益非常看好。

3. 三级分销渠道

三级分销渠道指在旅游产品生产者与消费者之间有三个中介机构的渠道（见图6-3）。

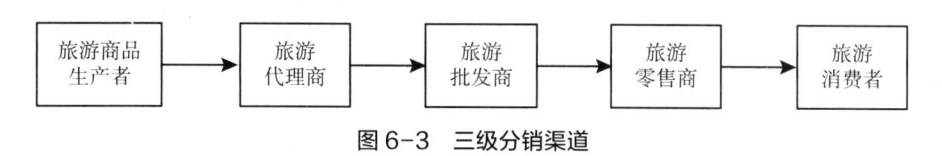

图 6-3　三级分销渠道

通常适用于一些地域偏远、规模不大，又需要广泛推销的旅游产品。旅游产品生产者把旅游产品销售给旅游代理商，旅游代理商再将产品销售给旅游批发商，旅游批发商再转售给旅游零售商，最后再通过旅游零售商将产品出售给消费者。在此渠道中的代理商通常是一些区域代理商或经纪人，他们经营规模较大，一般不直接向零售商销售，需要通过批发商转售。这种分销渠道在国际旅游中使用最为广泛，这是由于与零售商相比，大型旅游批发商的规模大、手段多、网点多，而且销售地区较广，具有明显的优点。

此外，还有级数更多的旅游渠道，但较少见。旅游渠道的级数表示了旅游渠道的长度，级数越高，中介机构越多，旅游渠道越长，企业就越难控制。

（三）长渠道和短渠道

根据旅游营销渠道的长度，可以将旅游营销渠道归纳为长渠道和短渠道两种类型。

旅游分销渠道的长度是指旅游产品从生产者脱手到消费者购买为止，这个过程中所经过的中间机构的层次数。中间层次越多，旅游产品的分销渠道越长；中间层次越少，旅游产品的分销渠道越短。分销渠道越短越好控制，分销渠道越长越难控制。

一般把三级及以上的旅游渠道称为长渠道，三级以下的渠道称为短渠道，直接销售渠道是最短的一种渠道。实际上，在旅游企业的营销实践中，同一种类的旅游产品，由于市场的地理位置不同，采用的渠道也是不相同的；同样，同一种类的旅游产品，即使市场地理位置都相似，但还由于中间商规模大小不同等原因影响渠道的长短。

【小贴士】

为分析和决策的方便，有些学者将零级渠道与一级渠道定义为短渠道，而将二级渠道、三级渠道及以上渠道定义为长渠道。很显然，短渠道比较适合于在小区域市场范围销售产品或服务；长渠道比较活，在较大区域市场范围和更多的细分市场销售产品或服务。长渠道与短渠道的优缺点比较见表6-1。

表6-1 长渠道与短渠道的优缺点比较

渠道类型	优点及适用范围	缺点及基本要求
长渠道	市场覆盖面广，厂家可以将中间商的优势转化为自己的优势，一般消费品销售较为适宜，减轻厂家压力	厂家对渠道的控制程度较低，增加了服务水平的差异性，加大了对中间商进行协调的工作量
短渠道	厂家对渠道的控制程度较高，专用品、时尚品及顾客密度大的市场区域较为适宜	厂家要承担大部分或者全部渠道功能，必须具备足够的资源，市场覆盖面较窄

（四）宽渠道和窄渠道

旅游分销渠道的宽度，一般是指一个时期内销售网点的多少、网点分配的合理程度以及销售数量的多少。广泛营销，也称密集营销，是指通过尽可能多的中间商来销售旅游产品。

优点是可以很快扩大销售面和销售量；缺点是费用大、控制难、质量降、形象差。选择营销是指在同一目标市场上有选择地使用少数中间商，适用于价格较高的产品。优点是增强对渠道的控制，建立良好的关系，建立产品声誉；缺点是要求旅游产品生产者本身拥有较大的实力。独家营销是指仅选择目标市场上的某家中间商，是最窄的渠道形式，适合特殊的高价旅游产品。优点是有利于双方互动，提高对销售渠道的控制；缺点是风险大、销售面窄、灵活性小。

（五）单渠道和多渠道

根据旅游企业所采取的渠道类型的多少。旅游渠道又可以分为单渠道和多渠道。单渠道营销适用于生产规模小或者经营能力较强的旅游企业，如所有产品全部由自己直接销售或全部交给批发商经销；多渠道营销适用于生产规模大或经营能力较弱的旅游企业。而有的旅游企业会根据不同层次或地区消费者的不同情况采取不同的分销渠道。

【课堂思考】

1. 比较分析不同渠道的案例。
2. 讨论渠道的优缺点并提出优化建议。

任务二　大数据分析与产品分销渠道

一、大数据对旅游分销渠道的影响

互联网的本质在于信息传播，基于互联网的大数据能够更好地进行信息加工，旅游业是信息密集型的产业，也是信息依托型产业。旅游分销渠道的首要功能是提供信息和促进交易；互联网无可避免地影响了旅游分销渠道；大数据作为一种信息技术，极大地改变了信息传播与交易方式，并逐渐发展成为一种直接销售的渠道途径，也可以被认为是一种新型的旅游中间商。

这种新型旅游中间商被称作在线旅游服务商（OTA）。它作为旅游服务提供商的代理，与传统旅游经销商的本质差异在于销售方式的不同。它不是通过自身设立实体销售网点或委托代理门市完成销售，而是通过在线网络提供各种旅游企业产品信息的发布、预订服务的在线旅游企业。全球最大的在线旅游服务商是美国人 Jay Walker 于 1998 年创立的 Priceline，其凭借核心商业模式"Name Your Price（用户出价）"迅速成长，引起投资者的广泛关注。

二、我国旅游分销渠道的发展趋势

进入 21 世纪以来，互联网技术的进一步提高，旅游网站逐渐分化为供应商网站和中介商网站，而按照网站性质，则可分为信息媒介类网站与交易媒介类网站。信息媒介类网站主要提供旅游资讯（如新浪旅游频道），无在线交易功能的景区、酒店、旅行社网站、游记攻略、互动点评（如猫途鹰）或是旅游信息垂直搜索功能（如去哪儿、酷讯）。交易媒介网站在信息媒介网站功能的基础上强化了旅游交易功能（如携程网、艺龙网、同程网）。形成了分销渠道，使用这一渠道的人数增长迅速，在线旅游交易也日益明显增加。2012年我国在线旅游市场交易规模是1689.5亿元，2018年，中国在线旅游市场交易规模显著增长，达到6820.95亿元。到了2023年，中国在线旅游市场交易规模进一步加强，达到8957亿元。因旅游信息传播与旅游交易模式的变革，旅游分销渠道也开始呈现了多元化、网络化的发展特征。

（一）传统旅行社网络化进程加快

互联网旅游信息的传播加强了旅游者和组团社的信息获取能力，而国内多家旅行社纷纷建立网站，主动提供相关旅游信息。这些旅行社网站主要提供旅游资源评价、旅游指南、推介线路、沟通交流。旅游景区的自媒体运营仍然是重中之重。

移动互联网给营销带来最大的变革就是，将自媒体运营权最大可能地交给了旅游景区。除了传统的官方网站之外，还有新浪微博、微信公众号。它们仍然是一切营销的基础，也是用户的归口和将来进行大数据分析的保证。很难想象，一个连自媒体都没有运营好的景区会是一个口碑积极、市场反馈良好的景区。

从文旅产业指数实验室发布2022年2月全国5A级景区新媒体传播力指数报告（表6-2）可以看出，5A级景区新媒体综合传播力评价维度由微信传播力、微博传播力、抖音传播力三个一级指标构成。权重构成为：微信传播力40%、微博传播力30%、抖音传播力30%。

基于对全国5A级景区微信公众号、官方新浪微博、网络媒体传播力综合评价的结果，2022年2月5A级景区新媒体的综合传播力TOP10排序为：故宫博物院、云台山景区、广州长隆、武功山景区、乌镇景区、清明上河园景区、华山景区、老君山风景区、峨眉山景区、台儿庄古城。

抖音传播力指数排名靠前的嵖岈山风景区、上海野生动物园等景区，并不见得都是响当当的旅游景区。相反，正因为新媒体运营的成功，类似于"上海野生动物园"这样不太为人所知的地方，反而异军突起，引人关注。

表 6-2 中国旅游景区新媒体排行榜

排名	综合传播力指数	微信传播力指数	微博传播力指数	抖音传播力指数
1	故宫博物院	微故宫	故宫博物院	湖南张家界天门山景区
2	云台山景区	大唐芙蓉园	横店影视城	老君山风景区
3	广州长隆	颐和园	芜湖方特	萍乡武功山景区
4	武功山景区	上海科技馆	广州长隆	清明上河园
5	乌镇景区	青城山都江堰	江西龙虎山景区	上海野生动物园
6	清明上河园景区	圆明园遗址公园	乌镇旅游	梵净山风景区
7	华山景区	青秀山	云台山	崆峒山风景区
8	老君山风景区	长鹿旅游休博园	四川光雾山旅游景区	欢乐长隆
9	峨眉山景区	武功山	金佛山旅游	洛阳白云山旅游度假区
10	台儿庄古城	连云港花果山风景区	峨眉山景区	喀什古城景区

（数据来源：中国旅游新闻网 2022 年 2 月全国 5A 级景区新媒体传播力指数 TOP10 发布 www.ctnews.com.cn）

（二）在线预订与交易网站快速发展

目前，我国在线旅游的发展已经达到了一定规模。根据艾瑞监测数据，2014 年，中国在线旅游市场交易规模达 3077.9 亿元，同比增长 38.9%。其中，在线机票市场规模为 1930.7 亿元，在线酒店市场规模为 632.5 亿元，在线度假市场规模为 448.8 亿元。艾瑞咨询认为，在线旅游市场的高速发展主要受在线机票、在线酒店及在线度假等细分市场的利好发展所驱动。其中，在线机票是在线旅游市场中发展最成熟、渗透率最高的细分市场。艾瑞咨询认为，在线机票市场的持续高速增长主要有两方面原因：一方面，去哪儿、阿里旅行等平台类企业的高速发展，平台类企业为中小票代和航空公司提供线上销售平台，促进线上渗透的发展；另一方面，航空公司也在不断加强其官网直销能力，近两年航空公司官网直销占在线机票市场比重有连续提升之势。在线度假是最具发展潜力的细分市场，在线渗透率也在逐年提升。另外，随着公寓、客栈等非标准化住宿业的兴起，未来在线酒店预订市场也将持续保持较高速度增长。

在线旅游平台是旅游景区的引流关键。数据显示，移动端产品预订正在成为越来越多用户出行选择的方式，其中"80后""90后"成为使用移动端产品预订出游人群的主力军。中国在线旅游移动端市场规模随之扩大，2014年交易规模达到1247.3亿元人民币，占中国在线旅游市场整体规模（2798.2亿元）的44.6%。其中，旅游交通预订在移动端市场规模中占比最大，达到70.4%。尤其值得注意的是，近年来，移动端的订单已经远远超过PC（电脑）端和电话端的总和。

在此背景下，一个旅游景区如果在在线旅游平台特别是移动端都还没有任何作为的话，失去占据主流用户的入口，那肯定是落伍的。调查显示，携程、去哪儿、同程、艺龙、途牛等App成为排名前列的旅游类App，相信这样一份榜单（表6-3）也能给旅游景区的经营者们一个清晰的答案。和以往的单纯发布新闻不同，移动互联网客户端的阅读更加碎片化，时间也更加短频化，这就对旅游景区在品牌营销、新闻策划、内容推送方面提出了更高的要求。如果不能在第一时间吸引用户的关注，营销费用也就打了水漂。其中，今日头条、搜狐新闻、凤凰新闻等新闻资讯聚合类App，以及马蜂窝等细分、个性化的旅游App就成为用户了解旅游景区品牌信息的各个入口。

表6-3 旅游出行App排行榜

排名	App名称	出行服务质量	操作易用性	综合评分
1	携程	95.12	93.79	94.59
2	去哪儿	93.67	95.5	94.40
3	同程旅游	91.79	92.57	92.10
4	途牛	90.79	91.61	91.07
5	到到无线	89.67	92.08	90.63
6	艺龙	90.51	90.23	90.40
7	飞猪旅行	88.58	90.28	89.26
9	驴妈妈旅游	85.66	87.52	86.26
9	百度旅行	83.69	86.68	84.89
10	悠哉旅游	82.69	84.58	83.45

（数据来源：互联网周刊 http://www.cinek.com/）

（三）旅游景区整合和互补式营销已成为趋势

单一旅游景区的宣传越来越显得单薄和声音渺小，而同区域的其他景区一起优势互补，打包整合，将是旅游景区营销的可行之路，比如滑雪＋温泉，景区＋酒店＋农家乐，小镇＋购物＋特产，也包括线上资源的整合打包推广。而这样的整合，政府部门发挥的作用不可或缺，尤其是在大型资源整合打包以及整体推广上。

原四川省旅游局、四川省旅游协会曾主办推出了"四川旅游K计划——境外游客最喜爱的四川旅游线路产品"。"四川旅游K计划"是一个多功能、多维度、多层次、多空间、国际化的新型旅游营销平台，是境内外游客参与的一项大型综合旅游营销平台。"四川旅游K计划"活动从2014年7月启动至2016年4月，利用1000天，发布K条线路，通过K种营销形式，针对国内外游客各种旅游需求，通过旅游主管部门引导，带动广大游客互动体验。"四川旅游K计划"通过整合资源的方式，让参与的旅游景区多重受益，更让游客眼前一亮，积极参与。

移动互联网风云变幻，发展良机稍纵即逝，抓住移动互联网，旅游景区也就抓住了营销的命门，而错过这次机会，就只能是愧惜了。

| 知识链接 |

旅游分销渠道

旅游分销渠道又称为旅游产品分销渠道，是指旅游产品从旅游生产企业向旅游者转移过程中所经过的一切取得使用权或协助使用权转移的中介组织和个人，也就是旅游产品使用权转移过程中所经过的各个环节连接起来而形成的通道。旅游销售渠道是旅游企业进入旅游市场的必经之路，是旅游企业的重要资源，可以提高交易效率，为旅游者购买旅游产品提供方便。

根据旅游交易中有无旅游中间商参与交换活动，可以将旅游分销渠道分为直接分销渠道和间接分销渠道。直接分销渠道又称为零环节销售渠道，是指旅游生产者在其营销活动中，不经过任何中介机构而直接把旅游产品销售给旅游者的分销渠道。间接分销渠道又可以根据旅游产品从生产者到消费者过程中所经过的中介机构的层次数分为长渠道和短渠道；根据一个时期内销售网点的多少、网点分配的合理程度以及销售数量的多少分为宽渠道和窄渠道。

旅游中间商在旅游企业营销中起着十分重要的作用。它帮助旅游企业寻找旅游消费者并直接与旅游消费者进行交易，从而完成产品从生产者到消费者的转移。旅游中间商根据产品在销售渠道中流动时有无所有权的转移分为旅游经销商和旅游代理商；旅游经销商又根据销售对象划分为旅游批发商和旅游零售商。

【课堂思考】

在移动互联网背景下，旅游景区新媒体营销怎么做？

越来越多的用户选择使用移动互联网来了解旅游景区，借鉴旅游攻略，订购景区门票和相关旅游服务，其中的移动互联网包括微信、微博等社交软件，也包括今日头条、搜狐新闻、凤凰新闻等新闻资讯聚合类App，更包括携程、去哪儿、飞猪旅行等在线旅游平台，当然，也少不了面包旅行、航旅纵横、马蜂窝等细分、个性化的旅游App。

当用户的出游习惯被这些移动互联网的应用碎片化的时候，旅游景区又该作何选择，移动互联网下的旅游景区新媒体营销怎么做？

【思考与讨论】

1. 互联网时代，旅游景区的分销渠道会有哪些发展趋势？
2. 新媒体的出现和大量使用给旅游景区的分销渠道策略带来了哪些启示？

三、网络分销渠道

（一）网络分销渠道的含义与特点

1. 网络分销渠道的含义

网络分销渠道是指充分利用互联网络的特性，在网上建立产品服务分销体系，通过网络平台从生产者向消费者转移过程的具体通道或路径。从厂家的角度看，为了在激烈的市场竞争中抢占先机，通过网络渠道传递信息，实现网上销售。从客户角度看，由于消费者购买行为的"代理化"，消费者需要通过快捷、便利的网络渠道获得尽可能多的信息，也愿意通过网络实现购买。网络分销渠道管理的深入探讨和有效实施是企业在竞争激烈的市场中取得成功的关键。通过网络分销渠道，企业可以在市场竞争中取得显著优势，实现更大的发展和突破。

2. 网络分销渠道的特点

互联网的发展和商业应用，使传统营销渠道中的分销商凭借地缘因素获取的优势,被互联网时代背景下的全球性与虚拟性所取代。同时,互联网络信息交换的高效率化,将错综复杂的关系简化为单一关系。为企业提供了一个新的增长点的同时也为消费者带来了前所未有的便利和选择。因此,网络分销渠道主要有以下特点。

(1)渠道技术化

网络分销渠道是随着互联网和通信技术的产生而产生的,网络分销渠道应用了大量的网络信息技术,如局域网技术、广域网技术、搜索技术、网上订货技术、网上支付与安全技术、网上配送技术等。

(2)结构扁平化

网络分销渠道的应用大大减少了渠道分销商的数量,拉近了企业与顾客之间的距离,同时,使企业建立直销渠道的可能性大大提高。企业利用自己或分销商的商务网站,一方面发布企业和产品等相关方面的信息,另一方面可以接受顾客的咨询和订购。

(3)形式虚拟化

网络分销渠道是"虚"与"实"的结合,甚至是完全虚拟的。虚拟化的网络分销渠道的表现形式主要是在线销售、电子商店、网上零售、网上采购、网上拍卖、网上配送等。

(4)突破时空限制

由于互联网具有全球性、全天候性的特点,一方面,网络分销渠道拓展了营销渠道的范围,使之加大加宽。因为互联网打破了地域的限制,哪里有互联网,哪里就有网络营销渠道终端,因此,基于互联网的渠道网络使得企业的全球市场的整合成为现实,使产品的营销渠道扩展到了更为广阔的世界市场,而非局限于局部区域市场。另一方面,网络分销渠道也不受时间的限制,可以全天 24 小时地实现在线服务。与传统渠道相比,大大延长了运营时间。

(5)渠道系统整合性强

网络分销渠道以电子信息技术为工具,把企业价值链和供应链中的与分销相关的营销环节整合在一起。当顾客在网上购物时,下订单、支付、配送、售后服务等环节都可以利用互联网进行整合,除实物配送,其他环节都可以在网上完成。

(6)销售对象数字化

由于数字化产品具有自身独特的性质,互联网的发展使得网络销售对象日趋数字化。数字化产品的销售商拥有了一个低廉快速的营销渠道，使之能在全球接入互联网的任何地方营销自己的产品，选择、订购、支付、配送等整个购买过程都可以在网上完成。

| 案例 |

什么是 O2O 模式？

随着互联网的快速发展，电子商务模式除了原有的 B2B、B2C、C2C 商业模式之外，O2O 是一种新型的消费模式，已快速在市场上发展起来。为什么这种模式能够悄然地产生？对于 B2B、B2C 商业模式下，买家在线拍下商品，卖家打包商品，找物流企业把订单发出，由物流快递人员把商品派送到买家手上，完成整个交易过程。这种消费模式已经发展得很成熟，也被人们普遍接受，但是在美国这种电子商务非常发达的国家，在线消费交易比例只占 8%，线下消费比例达到 92%。正是由于消费者大部分的消费仍然是在实体店中实现，把线上的消费者吸引到线下实体店进行消费，这个部分有很大的发展空间，所以有商家开始了这种消费模式。

O2O 三个特点：(1) 交易是在线上进行的。(2) 消费服务是在线下进行。(3) 营销效果是可监测的。

对用户而言

①获取更丰富、全面的商家及其服务的内容信息。

②更加便捷地向商家在线咨询并进行预售。

③获得相比线下直接消费较为便宜的价格。

对商家而言

①能够获得更多的宣传、展示机会，吸引更多新客户到店消费。

②推广效果可查、每笔交易可跟踪。

③掌握用户数据，大幅提升对老客户的维护与营销效果。

④通过用户的沟通、释疑，更好地了解用户心理。

⑤通过在线有效预订等方式、合理安排经营节约成本。

⑥对拉动新品、新店的消费更加快捷。

⑦降低线下实体对黄金地段旺铺的依赖，大大减少租金支出。

对平台而言

①与用户日常生活息息相关，并能给用户带来便捷、优惠、消费保障，能吸引大量高黏性用户。

②对商家有强大的推广作用及其可衡量的推广效果，可吸引大量线下生活服务商家加入。

③数倍于 C2C、B2C 的现金流。

④巨大的广告收入空间及形成规模后更多的盈利模式。

虽然 O2O 模式与 B2C、C2C 一样，均是在线支付，但不同的是，通过 B2C、C2C 购买的商品是被装箱快递至消费者手中，而 O2O 则是消费者在线上购买商品与服务后，需去线下享受服务。这是支付模式和为店主创造客流量的一种结合，对消费者来说，也是一种新的"发现"机制。

（资料来源 https://mp.weixin.qq.com/s/ruUpSI7qr270u0q5lWExxQ 什么是 O2O 模式？——石家庄大数据产业联盟）

（二）网络分销渠道的功能

与传统营销渠道一样，以互联网为支撑的网络营销渠道也应具备传统营销渠道的基本功能，如信息沟通、资金转移和实物转移等。网络营销渠道一方面为消费者提供产品信息，给顾客提供更多的选择机会；另一方面，在顾客选择产品后能完成同步交易。因此，一个完善的网络分销渠道还具有以下三种功能。

1. 订货功能

订货功能是指企业间利用通信网络和终端设备，以在线链接的方式进行订货作业和订货信息交换的表现形式，主要由订货、通信网络和接单计算机三部分构成。订货功能为顾客提供产品信息同时也方便企业获取顾客的需求信息，一个完善的订货功能系统，可以最大限度降低库存，减少销售费用。

2. 结算功能

结算功能主要是管理网络分销渠道中的资金流，企业需要提供支付功能系统为顾客在订购商品后进行选择付款。目前，比较流行的支付方式有：货到付款、预存款结算、邮政汇款、银行卡网上付款、银行电汇、第三方支付平台（如阿里巴巴的"支付宝"）等。

3. 配送功能

网络销售的产品主要有实体产品和无形产品两种类型，对于无形产品，如服务、信息、软件、音乐等产品，企业可以直接通过互联网进行提供，如现在许多软件都可以直接从网上购买和下载后使用。因此，网络分销渠道中的配送系统一般讨论的是实体产品的配送问题。实体产品的配送在现阶段主要有两种配送方式：一是企业拥有自己的物流配送队伍，在顾客订货后，企业安排配送部门送货；二是企业和第三方物流企业进行合作，在顾客订货后，再委托第三方物流服务商送货。

|案例|

电商助力中国服装业转型

随着中国国内本土企业自主品牌意识的不断增强，很多服装企业都开始走上了转型之路，而更多的企业则是选择了与移动互联网这一新兴商业模式的融合发展。一时间，"时尚服装批发"这样的移动电商平台开始在移动互联网大量涌现，中国的服装产业在迈入移动互联网电子商务时代的同时，其行业格局也在悄然发生着变化。服装行业进入移动互联网，对于服装企业而言可谓百利而无一害，除了能够帮助企业获得经济效益上的提升之外，更重要的是还能够增强未来竞争力，而这正是本土服装企业所缺少的核心，移动互联网具有信息开放性的优势，能够帮助企业快速精准地推送和投放企业和产品宣传信息，从而提升企业知名度，增强大企业的品牌效应，增强企业的"软实力"。

四、网络分销渠道结构的类型

（一）网络直销渠道与网络中介渠道

与传统营销渠道一样，网络分销渠道也可分为网络直销渠道和网络中介渠道，如图 6-4 所示。

网络直销渠道是指通过互联网实现产品或服务从生产者到消费者的过程，简称网上直销。这时传统中间商的职能发生了改变，由过去的中枢力量变为网络直销渠道提供服务的中介机构，如提供货物运输配送服务的专业物流服务商，提供货物网上结算服务的网上银行，以提供产品信息发布、网站建设的互联网服务提供商和电

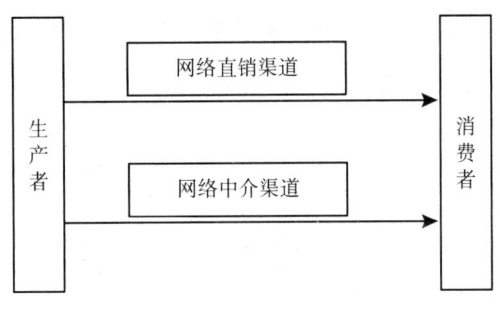

图 6-4 网络营销渠道结构

子商务服务商、网上直销渠道的建立,使生产者与最终消费者直接连接和沟通成为现实。

网络中介渠道是指通过融入互联网技术后的中间商向消费者提供产品或服务。传统中间商由于融合了互联网技术,大大提高了网络中间商的交易效率、专业化服务水平和规模经济效益。基于互联网的新型间接网络分销渠道与传统间接营销渠道有着很大不同:传统间接营销渠道可能有多个中间环节,如代理商、一级批发商、二级批发商、零售商等,而间接网络分销渠道只需要一个中间环节。

| 知识链接 |

网络中间商与传统中间商的区别

一、存在前提不同

传统中间商是因为生产者与消费者之间直接达成交易成本较高而存在;而网络中间商是中间商职能和功效在新的互联网领域的发展和延伸,是对传统直销的替代。

二、参与主体不同

传统中间商是直接参与生产者与消费者交易活动的,而且是交易的枢纽和驱动力;而网络中间商作为一个独立主体存在,不直接参与生产者与消费者之间的交易活动,其提供一个网络媒体和场所,同时,为消费者提供大量的产品与服务信息,为生产者传递产品服务信息和需求购买信息,促成生产者与消费者之间的交易实现。

三、交换内容不同

传统中间商参与交易活动,需要承担物质、信息、融资等交换活动,而且这些交换活动是伴随交换周期发生的;而网络中间商作为交换的一种媒体,主要提供的是信息交换场所，具体的物质、资金交换等活动则由生产者与消费者之间直接进行。因此，交换过程中的信息交换与实体交换是分离的。

四、交换方式不同

传统中间商承担的是具体的实体交换，包括实物、融资等；而网络中间商主要进行信息交换，属于商家交换，可以代替部分不必要的实体交换。

五、交换效率不同

通过传统中间商达成生产者与消费者之间的交易至少需要两个环节，如果中间的信息交换特别不畅通，易造成生产者与消费者之间缺乏直接沟通；而网络中间商提供信息交换可以帮助消除生产者与消费者之间的信息不对称，在有交易意愿的前提下，才实现具体的实体交换，可以极大减少中间商因信息不对称而导致的无效交换和破坏性交换，最大限度地降低交换成本，提高交换效率和质量。

（二）网络宽渠道与网络窄渠道

网络宽渠道是将网络产品或服务提供给消费者时，在某特定目标市场的某层级上选择两个以上中间商销售本企业的产品或服务的营销渠道。如某酒业有限公司将生产的产品选择京东、天猫等多家网上交易商代理，这种营销渠道为网上宽渠道。

网络窄渠道是指将网络产品或者服务提供给消费者时，在某一特定目标市场的某一层级上只选择一个中间商的营销渠道。如某地区市场电脑的销售，仅选择太平洋网一家交易商，这种渠道为网络窄渠道。

（三）网络短渠道与网络长渠道

网络短渠道是指将网络产品或者服务提供给消费者时，不经过中间商环节或者只经过一个中间商环节的网络分销渠道。短营销渠道能减少流通环节，缩短流通时间，节约流通费用，致使产品最终价格较低，能增强商品竞争力；能将信息迅速、准确地反馈给生产者，从而使生产者及时作出决策；由于环节少，生产者和中间商较易建立直接的、密切的合作和服务关系。但短营销渠道使生产者承担了较多的中间商职能，不利于集中精力搞好生产。

网络长渠道是指将网上产品或者服务提供给消费者时，经过两个或者两个以上中间商环节的网络分销渠道。长渠道的优点有：一是物流商和结算商介入，利用其经营的经验和分销网络，既为网络交易商节省时间、人力和物力，又为厂商节省营销费用；二是能够提供运输费服务和资金融通；三是组织货源，调节供需在时空上的矛盾；四是为生产企业提供市场信息和服务。长渠道也有不足之处：经营环节多，降低了盈利水平；流通时间长，不利于协调和控制。

五、应用网络分销渠道的模式

由于互联网在各行业应用水平不同，可根据产品网络分销的适应性和网络渠道与物理渠道的关系，将网络分销渠道划分为4种模式（如图6-5所示）。

其中对产品网络分销的适应性可从两个方面来界定：一是数字产品，这类产品可以通过互联网传输，从而可以在互联网上完成全部交易；二是复杂、大件、高价产品，由于这类产品通常有一个复杂的询价和谈判过程，因而互联网可以在此方面带来便利。网络渠道与物理渠道的关系则主要指互联网作为渠道资源与产品实体转移的渠道流之间的关系。如果通过互联网可以完成产品实体的传递，或者互联网完全不涉及产品交易过程（包括实体转移），则表示网络渠道与物理渠道的关系简单；否则，则表示两者的关系复杂。

	网络渠道与物理渠道的关系	
产品网络分销的适应性	简单	复杂
高	单纯网络销售型	战略分销型
低	辅助促销型	协同分销型

图6-5　应用网络分销渠道模式

（一）辅助促销型

辅助促销型分销是指一些网站提供许多产品信息和链接转售服务，客户不能直接联系它们购买产品或服务，而是通过这些网站为客户指点转售这些产品或服务的一种分销模式。

该分销模式的特点在于网络渠道与物理渠道的关系简单。同时，产品的网络分销适应性较低。这种分销模式的成功在很大程度上取决于提供客户渠道合作伙伴的可信度，以及合作伙伴是否能充分履行其品牌承诺。只要这些合作伙伴在交易时能履行承诺，那么这种模式对许多公司都是有效的。比如将自己的网站设计成目的网站，用以提供信息和娱乐，当客户需要购买时，网站会将他们推荐到出售网站或传统销售点完成购买过程。

在服装行业辅助促销型分销模式较常见，如生产 Lee 牛仔和 Wrangler 牛仔的制衣商 VF 公司就采取了将客户推向指定销售点的分销模式。VF 将自己的网站设计成目的网站，提供信息和娱乐，当客户需要购买时，网站会将其推荐到出售网站或传统销售点完成购买过程。

（二）单纯网络销售型

单纯网络销售型分销指企业将产品通过网络直接销售给最终客户，网络承担信息沟通和产品传递功能的一种分销模式。该分销模式的特点在于网络分销渠道与物理渠道的关系简单，通过互联网可以完成所有交易过程，产品网络分销的适应性较高，如简单数字产品（音像及信息产品等）的网上销售模式。由于这类产品便于网络下载，相应的售后服务较少，加上网络销售可以有力打击数字产品的盗版，使得单纯网络销售型分销模式在简单数字产品领域发展得比较成熟，如中国电子图书网等。

（三）协同分销型

协同分销型分销指企业采用二元策略，既通过自己的网站销售，又利用其他合作渠道销售产品，同时，还提供某些技术支持的一种分销模式。该分销模式的特点在于网络分销渠道与物理渠道的关系比较复杂，而产品网络分销的适应性较低。由于互联网的虚拟性和非数字化产品的物理属性，使得服务功能较强的协同分销型分销模式在许多非数字化产品领域运用得较为普遍。例如，微软公司 B2B 网站可以使客户了解购买提供的硬件、软件信息，并获得教育、培训及咨询方面服务，客户可以在网上订购，也可以打电话到最近的零售店咨询、购买获得相关服务。

（四）战略分销型

战略分销型分销指企业通过发展网络战略，以加大网络直销力度，尤其针对那些有战略意义的大客户的一种分销模式。其特点在于网络分销渠道与物理渠道的关系比较复杂，同时产品网络分销的适应性也较高，适用于复杂、高投入的数字化产品及大宗产品交易等领域。对于一些数字化产品，由于其自身的复杂性和高投入的特点常常要求销售人员拥有一定的技巧，特别是在与客户建立关系方面。因此，互联网并没有完全代替传统的营销渠道。但互联网在各种营销渠道之间创立了一种新的协同效应和平衡，这对维持客户满意程度和提高利润非常重要，对用户和销售商来说，在售后服务及配件服务中也起着关键的作用。如 1994 年 Dell 公司率先使用网络直销渠道，基于互联网的销售收入占到该公司总收入的一半以上。

| 案例 |

网站解析

① 实华开网站：

网址：http://www.sparkice.com，实华开早期建设网上商店，页面上罗列了公司主要经营的产品，可以按品种和地区查询和检索，主要著名的商品供应商链接、热卖产品介绍。

当用户希望选购一件传统中国服装，可直接点击"服装"，进入中国最优秀服装设计大师网页。为了帮您选购，在内容上特设了布料选择和测量等项目，以保证用户选择精良的布料和把握精确的尺寸。在"服务"中有关退货、退款、付款、运输、安全协议的说明。当订购完毕，公司将通知快递公司前往商家负责将货物运送到消费者手中，快递公司负责所有货物的海关手续、商检、保险等事宜。实华开公司产品分类丰富，结构清晰，在产品展示销售和售后服务方面细致周到，给人留下深刻印象。

② 8848 网站：

网址：http://www.8848.net，其超市网址：http//shop.8848.net 主页显示了 8848 的主要产品有图书、软件、音像、PC 及辅助设备等；还开设了部分专卖店，罗列了每天的特价商品，用户可以很方便地通过分类进行产品检索，找到自己的欲购商店。填写网上订单，可选择 3 种付款方式，如信用卡结算、网上订货货到付款及划账。用户填写的订单在当天将由公司员工在后台保留完整记录，并进行分类筛选，由联邦货运将货物送到消费者手中。8848网站突出购物的方便快捷,在网上经常有相当具有吸引力的促销热卖、打折活动。

六、网络渠道的形式及网络分销渠道建设

(一)分析目标顾客群

一般来说,网上销售主要有两种方式:一种是B2B,即企业对企业的模式,这种模式每次交易量很大,交易次数较少,并且购买方比较集中,因此网上销售渠道建设的关键是订货系统,方便购买企业进行选择。B2B方式,一方面,企业一般都有较好的信用,通过网上结算比较简单;另一方面,由于量大次数少,因此配送时可以进行专门运送,既可以保证速度也可以保证质量,减少中间环节造成的损耗。第二种方式是B2C,即企业对消费者的模式,这种模式的每次交易量小,交易次数多,而且购买者非常分散,因此网上渠道建设的关键是结算系统和配送系统,这也是目前网上购物必须面对的门槛。由于国内的消费者信用机制还没有建立起来,加之缺少专业配送系统,因此开展网上购物活动时,特别是面对大众购物时必须解决好这两个环节才有可能获得成功。

(二)确定产品所需的服务方式

在选择网络销售渠道时还要注意产品的特性,有些产品易于数字化。可以直接通过Internet传输,脱离了对传统配送渠道的依赖。但大多数有形产品,还必须依靠传统配送渠道来实现货物的空间移动,对于部分产品所依赖的渠道,可以通过Internet进行改造,最大限度地提高渠道的效率,减少由于渠道运营中的人为失误和时间耽误造成的损失。虽然有Dell成功的案例,但由于各种产品的自然属性、用途等不同,所以不是所有的产品都适合进行网上销售。如果供应者一味地打破原有经营体系,越过所有的分销商,直接与经销商和最终用户打交道,会给自己增加额外的负担,到头来不仅没有节约成本,还可能在售后服务、培训体系等方面也做得不好。在设计网络分销渠道时首先要分析产品的特性,确定该产品是否适合在网上进行销售以及需要什么样的网络分销体系。在分析产品因素时主要考虑:产品的性质,产品的时尚性,产品的标准化程度和服务,产品价值大小,产品的流通特点,产品

市场生命周期。如信息、软件产品可以实现在线配送、在线培训和服务,是最适合网上销售的。另外有些产品虽然目前不适合网上销售,但随着网络技术的发展,消费观念和消费水平的变化,在今后也可能实现网上销售。如在我国,大多数消费者还只是把货币支出看作成本,而所花的时间和精力不作为成本。除了一些日常用品,购物的方便性还不是消费者购买时所非常关注的。

(三)选择网络渠道成员

在从事网络营销活动的企业中,大多数企业除建立自己的网站外,还同时利用网络间接渠道,如信息服务商或商品交易中介机构发布信息,销售产品,扩大企业的影响力。因此,对于开展网络营销的企业来说,要根据自身产品的特性、目标市场的定位和企业整体的战略目标正确选择网络分销商,一旦选择不当就可能给企业带来很大的负面影响,造成巨大的损失。在筛选网络分销商时,可以从它的服务水平、信用、成本以及特色等方面进行综合考虑。

1. 服务水平

网络分销商的服务水平包括独立开展促销活动的能力、与消费者沟通的能力、收集信息的能力、物流配送能力以及售后服务能力等。比如,对于一个正处于成长期的中小企业来说,它的主要精力都放在了产品的研制开发上,在网络销售中就需要一个服务水平较高的分销商,协助它与消费者进行交流收集市场信息、提供良好的物流系统和售后服务。而一家实力较强、发展成熟的企业往往只是通过网络信息服务商获取需求信息,并不需要网络中间商开展具体的营销活动。

2. 信用

这里的信用指网络分销商所具有的信用程度的大小。由于网络的虚拟性和交易的远程性,买卖双方对于网上交易的安全性都不确定。目前还无法对各种网站进行有效认证的情况下,网络中间商的信用程度就显得至关重要。在虚拟的网络市场里,信誉就是质量和服务的保证。生产企业在进行网络分销时只有通过信用比较好的中间商,才能在消费者中建立品牌信誉和服务信誉。缺乏信用的网络分销商会给企业形象的树立带来负面影响,增添不安全因素。因此在选择网络分销商时要注意其信用程度。

3. 成本

这里的成本主要是指企业承担网络分销商服务的费用。这种费用包括：生产企业提供商品交易中间商的价格折扣促销支持等费用，在中间商服务网站建立主页的费用，维持正常运行的费用，获取信息的费用等。

4. 特色

网络营销本身就体现了一种个性化服务，更多地满足消费者的个性化需求的特色。每个网站在其设计、更新过程中由于受到经营者的文化素质、经营理念、经济实力的影响会表现出各自不同的特色。生产企业在选择分销商时，就必须选择与自己目标顾客群的消费特点相吻合的特色网络分销商，才能真正发挥网络销售的优势，取得经济效益。

（四）确定渠道方案

企业在进行产品定位，明确目标市场后，在对影响网络分销渠道决策的因素进行分析的基础上，就需要进行渠道设计，确定具体的渠道方案。渠道设计包括3方面的决策：确定渠道模式、渠道的集成和明确渠道成员的责任和权利。

1. 确定渠道模式

确定渠道模式，即对网络直销渠道和间接渠道的选择。企业可根据产品的特点、企业战略目标的要求以及各种影响因素，决定采用哪种类型的分销渠道：网络直销还是网络间接销售。企业也可以在采用网络直销的同时开拓网络间接销售渠道。这种混合销售模式被西方的许多企业采用。因为在目前买方市场条件下，通过多种渠道销售产品比通过一条渠道更容易实现"市场渗透"，增加销售量。

2. 渠道的集成

渠道的集成，即确定分销渠道的中间商的数目。在网络分销中，分销渠道大大缩短，企业可以通过选择多个中间商，如信息服务商或商品交易中间商来弥补短渠道在信息覆盖上的不足。在确定网络中间商的个数时，有3种策略可供选择。

（1）密集型分销渠道策略，即选择尽可能多的分销商来销售自己的产品，这种策略使顾客随时随地都能够买到产品，它提供的是一种方便，一般适合于低值易耗的日用品。

（2）选择型分销渠道策略，即在一个地区只选择有限的几家经过仔细挑选的分销商来销售自己的产品，分销商之间存在有限竞争，它提供给顾客的是一种安全保障和信心，它一般适合于耐用消费品。

（3）独家型分销渠道策略，即在一个地区只选择一家经过仔细挑选的分销商来销售自己的产品，它提供的是一种独一无二的产品或服务，而且价值昂贵，顾客稀少。

3. 明确渠道成员的责任和权利

在渠道的设计过程中，还必须明确规定每个渠道成员的责任和权利，以约束成员在交易过程中的行为。例如，生产企业向网络中间商提供供货保证、产品质量保证、退换货保证、价格折扣广告促销协助服务支持等；分销商要向生产者提供市场信息和各种统计资料，落实价格政策，保证服务水平，保证渠道信息传递的畅通等。在制定渠道成员的责任和权利时要仔细谨慎，要考虑多方面的因素，并取得有关方面的积极配合。

此外，在具体建设网络分销渠道时，还要考虑到下面几个方面。

首先，从消费者角度设计渠道。只有采用消费者比较放心、容易接受的方式才有可能吸引消费者上网购物，以克服网上购物虚空的感觉。如在中国，目前采用货到付款方式比较让人认可。

其次，订货系统的设计要简单明了，不要让消费者填写太多信息，而应该采用现在流行的模拟超市的"购物车"方式，让消费者一边浏览物品比较选择，一边选购。在购物结束后，一次性进行结算。另外，订货系统还应该提供商品搜索和分类查找功能，以便消费者在最短时间内找到需要的商品；同时还应对消费者提供想了解的有关产品信息，如性能、外形、特色等。

再次，在选择结算方式时，应考虑到目前网络营销的实际状况，尽量提供多种方式方便消费者选择，同时还要考虑网上结算的安全性。对于不安全的直接结算方式，应换成间接的安全方式。如8848网站将其信用卡号和账号公开，消费者可以自己通过信用卡终端自行转账，避免了网上输入账号和密码被丢失的风险。

最后，建设网络分销渠道的关键是建立完善的配送系统。一个高效、可靠的配送系统不仅能确保产品及时、准确地送达消费者手中，还能提升客户满意度，进而促进销售和品牌声誉的提升。根据产品特性和目标市场，选择最合适的分销渠道，如线上电商平台、实体零售店等。从而提高市场覆盖率、降低库存、优化物流成本等。

| 知识链接 |

"互联网+"的几种模式

一、"互联网+医疗"模式

该模式为民众就医提供了便捷、高效的解决方案。全国已有近100家医院通过微信公众号实现移动化的就诊服务和快捷支付，累计超过1200家医院支持微信挂号，服务累计超过300万名患者，为患者节省超过600万小时，大幅提升了就医效率，节约了公共资源。

二、"互联网+金融"模式

相比传统金融，互联网金融的出现满足了需求量巨大的企业小额融资需求，企业不仅获取信息和资金的渠道增多了，而且获取资金和提供服务的成本也降低了。在合理风控的前提下，利用网络平台的额度与速度的优势，不但可以解决融资难题，更可以优化整体的资金周转。同时，第三方支付等互联网金融模式也给居民生活提供了无限便利。

三、"互联网+公共服务"模式

该模式鼓励政府利用新媒体、社交网络等互联网平台建立"智慧城市"的管理和服务体系。同时，政务民生服务平台应该与市场各方合作，分类逐步开放相关数据和接口，降低企业进入和运营成本。

四、"互联网+交通"模式

该模式为民众出行创造了最佳条件。高德地图、百度地图等LBS公司，就提供出大数据，分析每周每天的不同时段，哪些路段拥堵，哪些路段畅通，以此推荐民众进行精确出行路线规划。此外，滴滴和快的的"打车红包"，让民众养成了新的打车消费习惯，而例如租车、拼车、代驾领域，也都有颇多亮点。未来，车联网、交通监控、车辆通信、无人驾驶等技术都可能成为现实。

五、"互联网+教育"模式

该模式为学生创造了便捷的学习条件。大家熟悉的在线教育，就是"互联网+

教育"的产物，新东方创始人俞敏洪表示，移动互联网会改变中国教育资源分配。借助移动互联网，未来的远程在线教育会越来越逼真，效果会越来越好。而互联网的教育平台也不断涌现，例如家教平台、答疑平台等。

六、"互联网+物流"模式

该模式通过网上采购和配送，使企业更加准确和全面地把握消费者的需要，在实现基于顾客订货的生产方式的同时减少库存，降低沟通成本和顾客支持成本，增强销售渠道开发能力的战略。

【动手实践】

请登录国美电器网和苏宁易购等购物网站，进行商品浏览、网站菜单功能演示等。借鉴这些购物网站，设计小王就职企业的网络销售的渠道结构。

【课堂思考】

1. 什么是分销渠道？
2. 什么是旅游中间商？
3. 随着互联网的发展，你认为未来旅游企业的分销渠道将有哪些发展趋势？

实训任务：班级同学合理分组，每组选择一家旅游企业，通过互联网或实地收集该旅游企业的详细资料，分析该旅游企业目前拥有的分销渠道有哪些，如何进行有效的渠道管理。

任务三　大数据在旅游分销渠道中的应用

一、应用场景

大数据分析在旅游分销渠道中扮演着重要角色，利用大数据分析市场需求进行客户细分与目标市场定位帮助企业优化运营、提升客户体验和提高销售效率。大数据在旅游分销渠道中的运用正在改变传统的旅游行业，创造了更具灵活性和精准度的销售与营销模式。

（一）数据收集与管理

1. 数据分析的内容

利用大数据分析客户数据，实现个性化推荐、动态定价和优化促销策略。整个过程的实时数据分析与反馈机制确保了营销策略的灵活性和响应性，使企业能够更好地适应市场变化和顾客需求。这样的数据驱动决策方法不仅提高了客户满意度，还显著提升了企业的经营效率和盈利能力。

2. 数据来源

在线旅游代理商（OTA）：如 Booking.com、Expedia 等平台收集的用户搜索、预订和评价数据。

社交媒体：客户在社交网络（如 Facebook、Instagram 等）上的反馈和互动。

客户关系管理（CRM）系统：公司内部收集的客户交易记录、反馈等信息。

市场数据：行业报告、市场趋势分析和竞争对手的定价信息。

客户数据：包括用户的个人信息（姓名、年龄、性别）、消费习惯、在线行为（浏览历史、购买记录）等。

第三方数据：通过合作伙伴、社交媒体、旅游网站等获取的数据，包括用户评价、旅游趋势、市场需求等。

传感器数据：在旅游景区、酒店等地使用传感器收集的实时数据，如游客流量、气候变化等。

交易数据：在各大旅游平台上的交易记录，包括订单信息、支付方式、退款记录等。

3. 数据收集方法

在线调查与问卷：通过电子邮件、社交媒体或旅游平台发送调查问卷，收集用户反馈。

网站和应用分析工具：使用 Google Analytics、Mixpanel 等工具跟踪用户在网站和应用上的行为。

社交媒体监测：使用社交媒体分析工具，收集用户对旅游目的地、酒店、航空公司等的评论和反馈。

数据爬虫：通过编写爬虫程序，从各种旅游相关网站上抓取信息。

4. 数据存储

（1）存储方式

关系型数据库：如 MySQL、PostgreSQL 等，适用于结构化数据存储，方便进行复杂查询和分析。

非关系型数据库：如 MongoDB、Cassandra 等，适合存储非结构化或半结构化数据，如用户评论、社交媒体帖子等。

云存储：利用 AWS S3、Google Cloud Storage 等云平台，存储大规模数据，提供弹性和可扩展性。

数据仓库：使用 Amazon Redshift、Google BigQuery 等建立数据仓库，将来自不同来源的数据进行整合和优化，以便进行分析。

（2）数据存储管理

数据清洗：对收集的数据进行清洗，去除重复和错误数据，确保数据质量。

数据建模：根据分析需求，对数据进行建模，设计合适的数据结构，方便后续分析。

数据安全：实施数据加密、访问控制等安全措施，确保用户数据和企业敏感信息的安全性。

5. 数据整合分析

基本统计分析：计算用户的基本统计特征，如平均消费、访问频率等，以了解用户行为。

数据可视化：使用数据可视化工具（如 Tableau、Power BI）展示分析结果，以便更直观地理解数据。

关联分析：通过关联规则挖掘（如 Apriori 算法），发现不同产品之间的关系，帮助制定交叉销售策略。

聚类分析：使用 K-means 等聚类算法，对用户进行分群，识别不同用户群体的特点与偏好。

预测性分析：建立回归模型（如线性回归、逻辑回归），预测用户的未来行为和需求。对历史数据进行时间序列分析，预测未来的旅游趋势与销售量，以帮助库存管理与市场策略制定。

设置实时监控仪表盘，跟踪关键指标（如销售额、用户访问量）变化，对实时数据进行处理，及时调整营销策略快速响应市场动态。

利用机器学习和数据挖掘技术，发现潜在的用户行为模式和市场趋势。基于历史数据，预测未来的旅游需求、用户偏好等，以支持决策。分析实时数据，以便及时调整市场策略。

（二）数据处理与分析

在旅游分销渠道中，大数据分析不仅依赖于数据的收集与存储，更需要有效的数据处理与分析。这一过程能够帮助旅游企业从海量数据中提取有价值的信息，从而优化业务决策和提升用户的体验。

1. 数据处理

（1）数据清洗

去重：识别并删除重复的数据记录，确保每条数据的唯一性。

格式化：统一数据格式，如日期、货币等，确保不同来源的数据可以兼容。

缺失值处理：对于缺失数据采取填补（如均值填补、插值法）或删除处理，确保数据完整性。

异常值检测：通过统计方法（如 Z-score、IQR）识别并处理异常值，防止其对分析结果的影响。

（2）数据整合

多源数据融合：将来自不同渠道的数据（如用户行为数据、交易数据、社交媒体数据等）整合到一个统一的数据模型中，便于后续分析。

ETL（提取、转换、加载）流程：设计 ETL 流程，自动化数据的提取、转换和加载，提高处理效率。

数据仓库建设：将处理后的数据存入数据仓库中，为后续分析提供支持。

数据存储优化：索引建立，为提高查询效率，对常用的查询字段建立索引，减少数据检索时间。分区管理，将数据按时间、地区等维度进行分区存储，提高数据访问的效率。

2. 数据分析运用

（1）描述性分析

基本统计分析：计算用户的基本统计特征，如平均消费、访问频率等，以了解用户行为。

数据可视化：使用数据可视化工具（如 Tableau、Power BI）展示分析结果，以便更直观地理解数据。

（2）探索性分析

关联分析：通过关联规则挖掘（如 Apriori 算法），发现不同产品之间的关系，帮助制定交叉销售策略。

聚类分析：使用 K-means 等聚类算法，对用户进行分群，识别不同用户群体的特点与偏好。

（3）预测性分析

回归分析：建立回归模型（如线性回归、逻辑回归），预测用户的未来行为和需求。

时间序列分析：对历史数据进行时间序列分析，预测未来的旅游趋势与销售量，以帮助库存管理与市场策略制定。

协同过滤：基于用户历史行为和偏好，为用户推荐相关的旅游产品或服务。

内容推荐：根据产品内容特征（如旅游目的地、价格、用户评价等）为用户推荐相似产品，提高转化率。

通过数据的分析与整理，对用户在分销渠道（如网站、App 等）上的行为数据进行分析，了解客户的需求与偏好。

运用数据挖掘技术识别顾客的搜索习惯、购买频率和关键决策因素。将顾客按偏好、行为、地理位置等进行细分，采用聚类分析等方法，识别出高价值客户群体，或是潜在增长市场。帮助营销团队制定更精准营销策略与分销渠道。

（三）优化促销策略

企业能够有效利用大数据分析顾客数据，实现个性化推荐、动态定价和优化促销策略。整个过程的实时数据分析与反馈机制确保了营销策略的灵活性和响应性，使企业能够更好地适应市场变化和顾客需求。这样的数据驱动决策方法不仅提高了客户满意度，还显著提升了企业的经营效率和盈利能力。

1. 个性化推荐

利用用户数据提供个性化推荐产品，如定制化旅游套餐、合适的酒店或航班，提升用户体验。实施推荐算法分析用户行为数据，以提供最合适的旅行产品。

（1）推荐算法

协同过滤：根据其他相似顾客的行为为用户推荐产品，分为用户基础和物品基础。

基于内容的推荐：根据用户过往的兴趣和偏好推荐相似产品。

混合推荐：综合使用多种推荐算法，以提高推荐的多样性和准确性。

（2）实施个性化推荐

在网站、App 或邮件中提供个性化的推荐内容，以吸引用户点击和购买。

2. 动态定价

（1）定价模型

市场导向定价：根据竞争对手的价格和市场需求动态调整价格。

时间敏感定价：在特定时间（如节假日、旅游高峰期）提高价格，根据实时需求变化调整。

（2）实施动态定价

通过实时数据分析监测竞争对手的价格和市场供需，自动调整定价策略。

利用算法实现价格的实时调整，确保在保证收益的同时保持竞争力。

3. 优化促销策略

基于顾客细分结果设计个性化的营销活动，如特定群体的优惠券、限时促销等，提高用户参与率。通过电子邮件、社交媒体广告等渠道进行精准投放，确保营销信息有效传递。

（1）数据驱动的促销策略

A/B 测试：通过测试不同的促销方案，分析哪种方案能带来更高的转化率。

多渠道营销：结合不同的营销渠道（社交媒体、电子邮件、在线广告）进行推广，根据数据反馈调整策略。

（2）实施优化促销

在合适的时机推送定制化的促销信息，利用顾客的购买历史和偏好进行精准营销。

（3）实时数据分析与反馈

利用大数据分析平台（如 Hadoop、Spark 等）实现对顾客行为和市场动态的实时监控。设定关键绩效指标（KPI），监测广告效果、促销活动表现等。

通过持续监测顾客反馈和行为数据，优化后续营销活动，建立反馈循环，根据实时数据分析结果调整营销策略、个性化推荐和定价策略。

（四）优化分销渠道

1. 多渠道整合

整合多个分销渠道的分析结果，优化资源分配，例如，根据某些渠道的市场表现，调整广告预算和推广策略。分析市场动态和客户需求波动，采用实时数据监控系统，监控竞争对手定价以及市场供需变化，及时调整旅游产品的价格，调整价格以最大化收益。通过大数据算法实现动态定价，根据客户的实时行为和市场趋势自动调整价格，基于历史销售数据预测不同时间段的需求和价格弹性，实现更精细的定价。采用多渠道分销策略，确保潜在客户在选择如何预订时能够接触到旅游产品。

2. 渠道效能分析

对各分销渠道进行效能评估，识别出最佳的渠道组合。

运用大数据分析，对渠道的转化率、客户获取成本等进行监测，为后续渠道优化提供数据支持。利用大数据技术实时监测市场表现、顾客行为和分销效果，为营销和运营决策提供依据。

设置重要指标（KPI），如转化率、客户满意度等，进行动态跟踪。

大数据分析能够使企业快速响应市场变化，根据实时数据调整营销活动和销售策略，确保满足客户需求。运用数据可视化工具向管理层展示关键数据，帮助形成数据驱动的决策文化。

大数据对旅游分销渠道的运用能够极大地提升企业的竞争优势。通过对顾客数据的深入分析、个性化推荐、自动化定价和多渠道优化，旅游企业能够更有效地满足客户需求并提升收入。例如 Booking.com 通过分析用户行为和评论数据，推出个性化推荐，显著提升了转化率。

根据市场和顾客需求动态调整产品价格，增加了收入并增强了客户忠诚度。Airbnb 利用社交媒体数据分析客户偏好，实现个性化宣传，优化房东与租客之间的匹配，提高了用户的满意度和平台的活跃度，推动了业务增长，最终实时的反馈机制和数据驱动的决策流程确保了企业能够在快速变化的市场环境中灵活应对，保持可持续发展的能力。

二、在线分销

在线分销指企业通过在线旅行社（Online Travel Agent，OTA）分销产品的营销模式。例如，携程、美团等品牌通过数字化平台向旅游者销售旅游及酒店企业的产品，并向企业收取一定比例的销售佣金。OTA 在获利模式上除了佣金模式，还有批发模式和广告模式。在批发模式下，OTA 会买断部分产品或服务，然后加价卖给消费者，从中赚取比佣金更高的差价；在广告模式下，企业可以向 OTA 付费获取其站内的排序或者其他流量资源。

（一）在线分销的基本原理

OTA 作为企业重要的在线分销商，主要为企业带来如下竞争优势。

1. 品牌知名度

OTA 将旅游产品和服务从线下转移到线上销售，实现了产品、价格、点评等信息的透明化，提升旅游企业在互联网上的曝光率。

2. 提供新的客源

OTA 是大多数旅游者在进行行程规划和预订时的常用渠道。随着通过 OTA 预订旅行产品的用户增加，OTA 已经成为一个重要的流量入口，源源不断地为旅游产品和服务供应商提供新的客源。

3. 口碑传播

OTA 在其平台上会提供客户对产品和服务的点评功能，主要点评的维度包括服务态度、产品、价格、便捷性。客户在 OTA 平台上对某酒店的好评会为其吸引更多新客户。

4. 收益管理

酒店、航空公司、邮轮等业态的产品具有"易逝性"特点，而 OTA 为企业提供灵活的价格计划动态管理功能，因此，通过和 OTA 合作可以更好地进行收益管理。随着 OTA 对客源市场的控制，OTA 与旅游产品和服务供应商之间的关系变得微妙。在酒店业中，大部分酒店对 OTA 的合作是"爱恨交加"。一方面，OTA 为企业提升了曝光率、口碑和新的客源；但另一方面，客源市场逐渐被 OTA 控制，会丧失对市场和价格的主导权，不得不向 OTA 支付越来越高的佣金。

5. 在线分销的合作原则

OTA 对合作的主要要求是价格一致性和库存保证，即所有在线分销渠道以完全一致的价格进行在线销售，即便不同渠道的成本结构有所差异，并确保在线销售的实时房态和库存保证。

价格一致性原则使 OTA 可以获得相对公平的价格政策，也使企业可以便捷地管理不同的在线分销商的线上定价，并可以对价格体系的变动进行统一管理，同时使收益管理工作能更好地落实。对于消费者而言，价格一致性原则使其打消了对价格的顾虑，增强了消费信心。

（二）利用 OTA 获得更多的客源和订单

企业可以采取如下方法，从 OTA 渠道获取更多的客源和订单。

1. 流量提升的方法

（1）加入 OTA 的特定频道

例如，"优选酒店频道""特价团购频道""目的地攻略频道"等。这些频道为各取所需的消费者提供了快速检索入口，而加入这些频道的企业将获得更多曝光率。

（2）付费排序

在 OTA 的搜索结果页，排名靠前的企业可以获得更多曝光率。企业可以通过付费排名的方式来获得更多流量。

2. 转化率提升的方法

（1）在 OTA 提供丰富且高质量的图片信息

大部分用户的浏览习惯已从看文字转向图片和视频。因此，图片和视频对订单转换率的提升至关重要。企业需要重视提供高像素、高清晰度，突出酒店特色的最新的照片。以酒店行业为例，建议每一种房型展示不少于 3 张照片，包括客房整体、卫生间和局部特色照片；建筑外观图分白天与夜晚照片全景、局部、俯视图等；可以精选一些周边休闲、娱乐和旅游资源的照片；15—60 秒内的短视频对订单转换率的提升非常有帮助。此外，旅游企业还需要格外重视点评图片，因为潜在客户往往优先浏览带图点评。

（2）注意影响 OTA 网站上的曝光率和排名的因素

这些因素包括点评的数量、分数，优质点评率，佣金比率，拒单率（到店无房、到店无预订、确认后满房、确认后涨价都是减分项），库存情况（库存一致、少拒单、谨慎关房），酒店信息内容的完整度（信息完整度 80% 以上、图片质量较高等）。

（3）其他因素

其他影响订单转换率的因素还包括对客户在线提问的回复速度、在 OTA 平台上进行广告投放等。

（三）在线分销与在线直销的竞合关系

OTA 为企业提供客源并收取高额佣金，不费吹灰之力坐收渔翁之利，而且越来越"嚣张"。因此，直销对企业能否掌握市场主动权非常关键。目前，企业直销主要采取两种模式：一种是打造自己的官方网站，通过搜索引擎营销和搜索引擎优化、会员忠诚度计划开展直销；另一种是借助微信等社交媒体连接用户，然后通过内容和活动不断"激活"粉丝，从而产生转化。

企业有条件能够这样做，主要原因在于 OTA 虽然掌握了客户的来源渠道，但客户需要到企业的"地盘"上体验和消费，这就给企业带来粉丝和会员转化的机会，然后再通过官方网站和微信公众平台的运营吸引客户通过其直销工具（官方网站、公众号、小程序）进行下一次预订。

虽然很多酒店企业开展在线直销，但在"获客"和"转化"两个方面远远不如 OTA 做得成功。关键因素在于，酒店企业在线直销的技术和运营手段与 OTA 的数据化营销和运营相比还存在很大差距。大数据和人工智能技术的迅速发展，不断驱动用户线上体验的提升，"获客"和"转化"越来越依赖数据。用户的数据在其消费旅程中（消费前、消费中和消费后）无处不在，OTA 运用数据化营销和运营技术进行全触点"获客"，并基于获得的数据为用户主动提供恰到好处的产品和服务，从而实现精准"转化"。在"转化"完成后，OTA 还可以进一步完善每一位用户的画像，不断地为个体用户量身定做合适的解决方案。OTA 的数据化营销和运营之道值得旅游及酒店企业学习。一方面，企业要学习 OTA 成熟的数据化营销和运营技术，例如，以用户数据平台和营销自动化技术为特色的 DOSSM-MarTech 系统就是适用于企业数据化营销和运营的工具；另一方面，企业需要采取正确的方法和步骤，建立线上运营的专职团队，重视用户数据的采集、分析和利用、制定数据驱动的运营流程，采用数据分析方法不断优化营销和运营效果。

在线直销和在线分销是一种数字孪生关系，企业通过在线分销获取新的客户，通过在线直销进行运营。

| 实训任务 |

请在网上搜索"酒店直销和分销"相关的文章或案例，讨论酒店应该采取什么措施平衡在线直销和分销的关系，并制作成演示文档进行阐述。

1. 实践项目设计与执行（如基于某旅游产品进行渠道选择与分析）。
2. 数据收集与分析实践。
3. 项目报告与展示。
4. 成功案例分享（如某旅游公司如何通过大数据优化分销渠道）。
5. 失败案例分析与教训总结。

三、大数据分析在分销渠道中的运用实例

（一）携程的数据收集与存储

携程网作为中国领先的在线旅游平台，提供酒店预订、机票预订、旅游度假、汽车租赁等多种服务，拥有海量的用户和交易数据。为了在竞争激烈的市场中保持领先，携程网依靠大数据技术进行用户行为分析、市场趋势预测和个性化推荐。

1. 数据收集

携程通过用户在其网站和 App 上的行为记录，包括浏览历史、搜索关键词、点

击率和购买记录,收集用户的行为数据。用户在注册时提供的基本信息(如姓名、年龄、性别、居住地等)也被收集,形成用户画像,记录用户的浏览历史、搜索关键词、购买行为等。这些数据帮助携程了解用户的偏好和需求;通过网站和移动应用收集用户的评论、分享和反馈,分析用户对不同旅游产品和目的地的看法;在一些旅游景点,携程通过与传感器和定位服务的结合,收集实时的游客流量数据,以帮助分析游客行为和热点区域;还与其他旅游相关平台(如航空公司、酒店、租车公司)合作,收集价格、库存和用户评价等方面的数据。分析用户在社交平台上的评论和分享,可直接洞察的用户满意度,以了解其偏好和需求。这些第三方数据补充了携程自身的数据,提供了对市场趋势的预测,使其分析更加全面。

2. 数据存储

携程使用关系型数据库(如 MySQL)存储结构化数据。这些数据包括用户信息、交易记录、产品库存等。关系型数据库便于进行复杂查询和数据管理。采用 Hadoop 生态系统(如 HDFS、Hive)来处理和存储大量非结构化和半结构化数据。这些数据包括用户评论、社交媒体内容和日志数据。

携程能够处理海量数据,确保数据的可扩展性和高效存提取关键特征,构建用户行为和消费特征模型,包括用户行为(如活跃度、购买频率等),产品特征(如价格、类型、评分等),时效特征(季节性变化、假期影响等)。在数据存储过程中,携程对收集到的数据进行清洗,以去除重复和错误的数据,确保数据的质量和可靠性。

3. 结果与影响

通过个性化推荐和易用的用户界面,携程网能够为客户提供更符合需求的产品,提升了用户的在线购物体验。

精准的推荐和价格策略有效提高了用户的预订转化率,使携程能够实现更高的销售额。

基于数据分析,携程能够在热门目的地和旺季提前调整库存,为用户提供更高的服务,并减少资源的空置率。

通过持续的数据分析与市场洞察,携程能够敏锐地把握市场动态,并迅速做出反应,提高了在竞争激烈的在线旅游市场中的竞争力。

数据分析结果为携程的管理层和产品开发团队提供了决策支持，帮助其抓住行业机会，推动业务创新和产品优化。

通过全面的数据收集和存储进行市场洞察，携程能够及时获取市场变化和用户需求，快速响应市场趋势。收集的用户数据帮助携程构建用户画像，从而实现精准的个性化推荐，提升用户体验和转化率。携程网通过有效的大数据收集与存储，建立了强大的数据基础，支持后续的数据处理与分析。这一过程不仅提高了用户满意度，还帮助携程优化产品定价和库存管理，减少资源浪费，提高运营效率，使携程在竞争激烈的旅游市场中保持领先地位提供了重要支持，也为推动旅游行业的数字化转型奠定了基础。

（二）Expedia 的预测分析与个性化推荐

Expedia 是全球知名的在线旅游服务平台之一，提供酒店、机票、度假套餐等多种旅游产品，拥有大量用户及多种旅游产品。为了在竞争激烈的市场中吸引和留住用户，Expedia 依靠大数据技术进行用户行为分析、市场需求预测和个性化推荐。

1. 数据收集

Expedia 通过追踪用户在网站和移动应用上的行为，如搜索历史、点击率、浏览时长等，收集用户的访问数据。

购买行为：记录用户的预订信息，包括机票、酒店、租车等交易数据。这些数据帮助 Expedia 了解用户的购买习惯和偏好；分析社交媒体上的用户评论、分享和互动，获取关于目的地和旅游产品的实时反馈，以了解用户的情感和偏好；收集市场动态和竞争对手的价格数据，分析行业趋势和消费者需求变化。利用地理位置数据和天气信息，Expedia 能够更好地预测旅游需求，例如，在节假日或特定活动期间的热门目的地。这些数据帮助 Expedia 优化定价策略和市场定位。

使用关系型数据库（如 MySQL）存储结构化数据，确保快速查询和事务处理。采用大数据技术（如 Hadoop、Spark）存储和处理非结构化数据，将来自不同来源的数据（用户行为、社交媒体、市场数据）进行整合，形成统一的数据视图。

2. 数据分析

Expedia 利用时间序列分析和机器学习算法，基于历史数据预测未来的旅游需求（包括预测特定日期的预订量、热门目的地等）；通过分析历史价格数据和市场趋势，建立模型预测价格变化，帮助用户选择最佳购买时机；通过分析用户的行为数据和偏好，Expedia 构建详细的用户画像。这包括用户的消费能力、旅游偏好和行为习惯，根据用户的历史行为为其推荐相关的旅游产品（如向浏览过特定酒店的用户推荐相似或相关的酒店和活动），以评估不同推荐策略的效果。

3. 结果与影响

通过精准的个性化推荐，Expedia 能够提供符合用户需求的旅游产品，显著提升用户体验，增加客户的满意度。

制定更有效的市场营销策略，针对不同用户群体进行精准营销，提高广告投放的 ROI（投资回报率），优化价格和促销策略，增强市场竞争力，提升预订转化率

Expedia 通过全面的数据收集、精细的数据处理和深入的数据分析，成功地实现了预测分析与个性化推荐。通过大数据技术的有效应用，Expedia 不仅提高了用户满意度，还优化了运营效率，增强了市场竞争力。

（三）Airbnb 的动态定价模型

Airbnb 是一家全球领先的短租平台，连接房东与旅客。为了在竞争激烈的市场中优化房源的出租率和收益，Airbnb 采用了大数据分析技术，特别是动态定价模型，以实时调整房源价格。

1. 数据收集

收集每个房源的基本信息：包括房源的名称、地址、房型、床位数量、房东评分、可用日期、设施（如 Wi-Fi、游泳池等），以及房源的照片等。这些信息通常在房东发布房源时由他们填写；监测房源的历史定价信息，包括以往的价格波动、预订情况，用户在入住后对房源进行评分和评论的信息，这些数据为动态定价提供了基础；通过追踪用户在平台上的行为，如，搜索历史、浏览过的房源、收藏的房源和最终的预订行为，收集用户的偏好和决策过程，通过网络爬虫技术实时抓取竞争对手的房源定价，实时收集市场上的房价变化、竞争对手的定价策略、房源的空置率和预订率；收集与地理位置相关的信息，包括附近景点、交通便利性、当地活动、节假日和特殊事件（如大型会议、音乐节等）的日程安排，以及分析天气对房源需求的影响，用于了解市场趋势和用户需求。

2. 数据分析

对收集到的数据进行清洗，包括去除冗余、空值和不一致的数据。同时，根据分析需要进行数据标准化和特征提取，确保数据的质量和可用性。

在动态定价模型中，通过特征工程提取关键影响因素，例如，时间特征（如周末、假期等）、地理特征（如位置、附近景点等）、用户行为特征（如用户的预订历史、搜索习惯等）。

动态定价模型构建，使用线性回归、异方差回归或更复杂的机器学习算法（如决策树、随机森林、梯度提升等）来预测房源的最佳价格。这些模型基于房源属性、市场供需和用户偏好等多个因素进行训练。

需求预测：结合用户行为数据、市场数据和环境数据，为每个房源预测未来的需求，从而制定适当的价格策略。

实时价格调整：根据实时市场数据和算法动态调整价格。当需求增加时，算法会自动提高房源价格；反之则调低价格，以便保持房源的竞争力。利用用户的历史行为和偏好，实施个性化定价策略。为回头客和高活跃度用户提供优惠，促进再预订。

3. 结果与影响

通过动态定价，Airbnb 的房东能够最大化他们的收益。根据市场需求和竞争对手的定价，房东可以在需求高峰期提高价格；反之则降低价格，以吸引用户。动态定价帮助房东优化房源的出租率，尤其是在淡季，通过合理的价格策略吸引更多客人。个性化定价策略使用户感受到更多的价值，提升了他们的满意度和忠诚度。

Airbnb 通过全面、精细的数据收集和强大的数据分析技术构建了动态定价模型。利用 Apache Kafka 等技术，对实时数据流进行处理，分析当前市场状况；根据市场需求、季节性变化和竞争对手价格，自动调整房源的定价；通过对历史预订数据和市场数据的分析，预测即将到来的需求高峰期，帮助房东优化定价策略，提高了房源的利用率和收益，增强了竞争力。

大数据分析在旅游分销渠道中的应用不仅涵盖了数据收集与存储，还涉及数据处理与分析的各个方面。这些技术的有效应用，使企业能够更好地理解市场需求、优化产品服务并提升用户体验，为企业的持续发展提供了强大支持。

实训

1. 实训目的

通过本次实训，学生能够正确利用大数据来进行产品营销。

2. 实训要求

基于你感兴趣的企业，根据公司营销目标、网络消费者购物行为等因素要求来拓展公司的营销渠道。

3. 实训材料

计算机、互联网络、身份证、发布的商品、摄像机、互联网及前期资料等。

4. 实训步骤

（1）选择自己熟悉的某家企业。

（2）选择通过第三方网络交易平台开拓网络渠道。

①进入淘宝网首页，单击"注册"按钮，然后按照流程往下进行。注意：选项中的"自动创建支付宝"默认是选上的。

②进入邮箱中激活账号。

③会员账号申请好后，登录到淘宝首页，单击"我的淘宝"按钮，进入后台，查看"我是卖家"选项。

④选择发布方式。

⑤选择商品所在的类目。

⑥进行商品信息的设置，包括标题、图片、属性、详细描述、注意事项等。

⑦发布一件成品成功后，可连续再发布几件成品。

（3）与网络营销平台建立相互链接。

（4）通过公司建立网络来销售。

5. 成果与检验

每位学生的成绩由两部分组成：学生实际操作情况（50%）和分析报告（50%）。

实际操作主要考查学生完成拓展服务渠道的实际动手操作能力；分析报告主要考查学生根据资料分析，选择网络渠道结构、网络消费者购物行为分析、网络渠道形成选择及管理策略的合理性，分析报告建议制成PPT。

项目七 大数据分析与产品促销策略

◆ **学习目标**

知识要求

了解旅游产品促销、知道旅游产品促销的内容作用及实施过程、掌握旅游产品促销策略。

技能要求

能根据旅游产品促销方法,设计 KOL、直播、短视频和秒杀促销在旅游企业中的实施要点及步骤;能依据现状、按照一定的衡量标准选择促销方案。

◆ **职业素养目标**

激发学生对服务行业的热情,让他们意识到提供优质服务的重要性,培养学生的团队合作能力,鼓励学生在促销策略的制定与实施中,勇于尝试新想法、新方法,发展创新思维,认识到创新在旅游促销中的重要性。

任务一 旅游产品促销

| **案例导入** |

分析张家界旅游营销大全

近十年来,张家界在中国网络上可谓风生水起,各种营销事件层出不穷,如俄罗斯空军特技飞行表演、新疆"达瓦孜"传人天门山世界最陡钢丝极限挑战,"卡通市长"亮相张家界国际乡村音乐节,借助电影《阿凡达》营销张家界、世博园张家界"卖空气"等。这些不同时间、不同类型的各类数字营销事件,着实让张家界这座旅游城市在世人面前大出风头,一次次占据各大网络媒体的头条,一次次吸引广大网民的眼球。

张家界拥有中国第一个国家森林公园——张家界国家森林公园，武陵源风景区更有世界自然遗产、国家5A级旅游景区、世界地质公园等一系列头衔，可谓出身"名门望族"。虽说"皇帝的女儿不愁嫁"，但张家界为何一直在网络上进行炒作，个人不得而知。引用张家界市政府官员的话是"旅游经济是'眼球经济''注意力经济'，没有众多的网络营销，就不会有源源不断的游客。未来，张家界在营销方面还将不断推陈出新，让更多游者不仅要来第一次，还要来第二次、第三次"……无论怎么样，张家界的各种数字营销真的让张家界旅游业空前成功，不少慕名而来的海外游客表示，可能没听说过湖南，但张家界的名字却熟悉。2009年，张家界共接待了国内外游客1900万人次，旅游总收入实现了100亿元，在国内同类旅游城市中处于领先水平。而仅仅2010年上半年，张家界接待中外游客817万人次，实现旅游总收入43亿元，分别较上年同期增长了16%和19%。在向全球展示张家界的旅游资源优势的同时，张家界开拓境外市场也获得极大成功。2011年，来自境外的游客已达到140万人次，包括韩国、日本、东南亚、欧美、澳大利亚等地的游客。

历数近十多年来张家界的数字营销事件

1999年，"穿越天门"世界特技飞行表演

时间：1999年12月8—11日

影响：来自美国、匈牙利、俄罗斯、捷克、斯洛伐克、立陶宛、德国、法国、哈萨克斯坦9个国家的15名运动员（包括进入世界排名前10位的特技飞行员）为人类历史上演了一场征服自然、挑战极限的"前无古人"的"空中芭蕾"，此次活动让张家界闻名世界。

张家界2006年俄空军特飞表演"穿越天门"事件

时间：2006年3月17—19日

策划人：叶文智

结果：被迫取消；叶文智酝酿了几千个日日夜夜，消耗了人力、物力、财力无数。他旗下公司的损失不下3000万元。

评论：作为中国"俄罗斯年"的重头戏之一，"2006俄罗斯空军张家界天门山特技飞行表演"活动终于在一片喧嚣声中落下帷幕，活动最大的卖点"穿越天门"也因各方面的阻力最终功亏一篑。

借助《阿凡达》营销张家界

时间：2009 年

影响：张家界在"阿凡达"事件营销方面，进行了多层次的深入调查。首先悬赏 10 万元找悬浮山的"真迹"，然后开展与黄山的悬浮山原型之争；其次开展山的冠名，将乾坤柱更名为"哈利路亚山"，甚至还有后续的黄龙洞——将表演场地命名为"哈利路亚音乐厅"。这次营销影响深远，很多国外游客就是通过电影《阿凡达》更加了解了张家界，张家界境外旅游市场得到有力的开拓。

中国张家界·国际乡村音乐周之"卡通市长"

时间：2009 年 5 月

影响：湖南张家界"卡通市长"赵小明"丑化自己"，以夸张卡通造型代言"国际乡村音乐节"一事，当时在海内外引起广泛关注，赵小明也一跃成为炙手可热的网络红人，Google "卡通市长"可找到相关网页 519000 篇，百度则可找到相关网页 5770000 篇，试播中的湖南卫视国际频道更是 24 小时全天候高频率滚动播出"卡通市长"的形象宣传片，中国香港《明报》、日本《中文导报》、新加坡《联合早报》、加拿大《华侨时报》和美国《侨报》等世界知名华文媒体都对此事进行了大篇幅的报道，"卡通市长"这回是真的"红"遍全世界，张家界也再次"红"遍网络。

"卡通市长"世博园里空气及空气 MM 营销

时间：2010 年 7 月 26 日

地点：上海世博园

影响："卡通市长"赵小明把特制的 6 瓶空气分别赠送给五大洲的 6 个国家馆，还举行了实地呼吸张家界空气的"幸运观众抽奖"活动。1500 名现场观众中有 150 位获赠张家界空气纪念品。另外，在网络上，一组张家界空气 MM 的照片迅速走红网络。

张家界天门山"冰冻活人"大赛

时间：2011 年 1 月 3 日

地点：张家界天门山

嘉宾：耐寒奇人陈可财和中国第一"雪人"金松浩与全国各地知名媒体

结果：媒体报道很给力，2 日在线直播点击率一路升，高达 30 多万人次。其他的还有"寻找翠翠""湘西压寨夫人""天门山虎照""海选狐仙",像这类数字营销事件,张家界真的还有很多。在我们目前所处的网络环境中,所有的数字营销基本是和市场挂钩的,功利性太强;只要是做营销,最关心的还是自己的利益。数字营销本身就是双刃剑,既然是营销,就是市场行为,营销行为和举措只要不违法,就无可厚非,但是一定要对数字营销行为有预见性,要对营销后果做到尽量可控。

张家界近十年来的一些数字营销已经引起广大网民的关注。在一些网民的关注下,张家界也发生了一些较为反面的营销事件,如早些时候的"电视台卖药""公安局内酒店""张家界天门山虎照"等。这些事件后果还是较为反面的,甚至可以说张家界之前做得那么多提高城市美誉度的努力在一夜间化为乌有。另外,在市场经济环境的数字营销中,政府应该发挥其职能,预测可能产生的负面效果并对其进行评估,并表现出相应的理性。

(资料来源:张家界旅游景区在线官网 hitp://mww.zjjta.com/news/news_3091.html)

思考与讨论:
1. 对张家界的数字营销,你的态度是支持还是反对,为什么?
2. 张家界的数字营销主要运用了哪些旅游促销方式?其优势有哪些?是否适合你所在的城市?为什么?

拓展锻炼: 班级同学合理分组,每组选取一个旅游企业,通过互联网或实地收集该旅游企业的详细资料。假设国庆节即将来临,请你为该旅游企业设计一份与国庆主题相契合的促销组合策划方案。

一、旅游产品促销概述

(一)旅游产品促销的概念

1. 促销的概念

促销,即促进销售,是指企业通过人员推销或非人员推销的方式,向目标顾客传递商品或劳务的存在及其性能、特征等信息,帮助消费者认识商品或劳务所带给购买者的利益,从而引起消费者的兴趣,激发消费者的购买欲望及购买行为的活动。

现代市场营销中除了产品、价格、渠道，另一个重要的因素就是促销。除了适销对路的产品，吸引人的价格，目标顾客易于获得他们所需要的产品，企业还要控制其在市场上的形象，设计并传播有关产品的众多信息，也就是说，需要以企业和产品的积极方面去影响消费者的态度和观念。因此，企业必须高度重视与中间商、客户等进行沟通。

促销本质上是一种通知、说服和沟通活动，是谁通过什么渠道（途径）对谁说什么内容。这种沟通说服有几种途径，如雄辩式说服、宣传式说服和交涉式说服。各种说服方式的目的在于沟通，菲利普·科特勒认为，沟通的构成要素包括信息发送者（即信息源）、编码、信息和媒体、解码、接收者、反应、反馈和噪声等（如图7-1所示）。

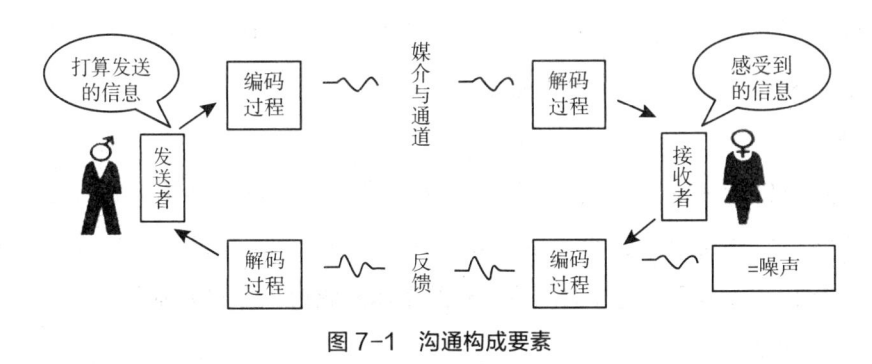

图7-1 沟通构成要素

2. 旅游产品促销的概念

旅游产品促销是指旅游企业通过一定的传播媒介和方式，将旅游企业、旅游目的地及旅游产品的信息传递给旅游产品的潜在购买者。旅游企业通过各种传播媒介向目标旅游者传递有关旅游产品的信息，引起旅游者的注意、促使其了解、信赖并购买自己的旅游产品，以达到扩大销售的目的。

企业要把有关旅游信息传播给旅游消费者，可以通过发布广告的形式广为传播有关旅游产品的信息，也可以通过各种营业推广活动传递短期刺激购买的有关信息，还可以通过公共关系手段树立或改善自身在公众心目中的形象，更可以通过派出推销员面对面地说服潜在购买者以形成外界刺激，激发购买者的欲望，促使其采取行动。

（二）旅游产品促销的内容

旅游产品促销的内容可以从多个方面进行规划和实施，为了能更准确地理解旅游产品、从事旅游产品促销，我们可以从旅游产品的构成要素着手。一般来说，旅游产品包括六大要素。

1. 旅游餐饮

为满足人们饮食基本需求而由饮食服务业提供的饮食及各种服务，构成旅游产品不可缺少的一个基本要素。随着旅游活动的发展，餐饮服务已不仅限于满足人们的物质需求，而成为一种饮食文化，其本身构成一种旅游资源，出现了"饮食旅游""烹调旅游"等旅游产品。

2. 旅游住宿

旅游者近 1/3 的旅游时间都在酒店、宾馆中度过，因而，酒店、宾馆所提供的产品和服务成为旅游产品的一个基本要素。

3. 旅行

旅游是由旅行和游览组成的，因此，由交通部门提供的客源地到目的地的位移及景点之间的位移构成了旅游产品的重要内容。历年来，旅游交通的收入在旅游总收入中占有很大的比重，充分地说明了旅游交通是旅游产品最基本的构成要素之一。

4. 旅游景观

旅游的一大需求是游览，而旅游景观则是满足这一需求的主体产品。景观是否丰富独特，直接决定着旅游产品的质量好坏。对旅游者而言，总是期望以最短的旅行去获取最丰富的游览。可见，旅游景观是旅游产品的吸引物，是旅游产品最直观、最核心的部分。

5. 旅游购物

旅游期间，在旅游地购买旅游纪念品、工艺美术品、土特产、生活用品、食品及药材等活动均为旅游购物。旅游购物是旅游产品设计、生产中不可缺少的一个重要内容。

6. 旅游娱乐

娱乐项目是旅游产品的基本构成要素，也是现代旅游即综合型非观光旅游的重要内容。娱乐项目只有多样化、知识化、趣味化、新颖化，才能广泛地吸引各类旅游者。

以上是旅游产品的基本构成要素，一种旅游产品缺少其中任何一种要素，便是残缺不全的产品，而以上要素构成的并非旅游产品的最终形式，旅游产品最终表现为旅游线路。

（三）旅游产品促销的作用

旅游促销作为一种沟通手段，其目的在于传递有关产品的信息并最终销售产品。具体说，旅游促销的作用表现为以下几点。

1. 提供旅游信息这是旅游促销的基本功能

旅游地或旅游企业在何时、何地和何种条件下，向何种消费者提供何种旅游产品，是旅游促销活动所要传递的基本信息。潜在旅游者正是通过这些信息了解、熟悉旅游地或旅游企业的何种旅游产品能满足其需求，以及在何种条件下才能满足其需求。

2. 突出产品特色，塑造与众不同的形象

相互竞争的同类产品往往差别不明显，尤其是作为无形服务的同类旅游产品的差别更不易被旅游者分清。旅游促销的目标之一就是要为产品创造一个具有特色和个性的形象，使产品从竞争者中脱颖而出，促使消费者作出购买决策。

3. 刺激旅游需求，引导旅游消费

旅游产品作为高层次的非一般生活必需品，其消费需求弹性大、波动性强，具有一定的潜在性和朦胧性。通过生动形象、活泼多样的旅游促销手段，可以强化旅游消费需求，甚至创造和引导特定旅游产品的消费需求。

（四）旅游产品促销的实施过程

旅游营销者在策划促销活动时，不仅需要考虑所计划传递的信息，还需要考虑如何才能向潜在购买者有效地传递这些信息。这就要求营销者必须认真分析自己产品的特点，了解该产品的现行定位和在潜在购买者心目中的现有形象。具体来说，其过程如下。

1. 明确目标受众

明确目标受众所要解决的问题是信息的接收者是谁，是哪个群体，这个群体的影响者是谁，这就决定了信息的传达者应该说什么、怎么说，以及什么时候说，同时还决定了由谁来说。

2. 确定所要达成的目标

旅游企业作为旅游信息发送者，希望达成的最大目标是受众在受到旅游信息刺激后产生购买行为。但我们知道，消费者作出购买决策是需要时间的，旅游企业应该允许消费者有一个从接收到购买的过程。按反应效果模型，潜在购买者在付诸购买行动之前，通常要经过知晓、认识、喜爱、确信和购买等阶段，而且在每一个阶段，消费者选择接收信息的侧重点是不同的，旅游企业应根据处于不同阶段的消费者的特点，确定该阶段期望消费者作出的反应。

3. 确定所传递的信息

旅游企业在明确了所要达成的促销目标后，旅游经营者就要拟定有效的信息。经营者都希望旅游信息一传递给目标受众就会使其购买，实际上这种可能性极小，多数情况是目标受众接收信息后，会经历"引起注意—提高兴趣—激发欲望—进行购买"这一过程。同时，还要注意旅游信息的内容、结构及其表达形式的选择。

4. 确定传递信息的媒介

信息传递可通过广告、营业推广、人员推销和公共关系等多种手段进行，其中又有很多媒介可供选择，各种手段及媒介有各自的优缺点及适用条件，企业应根据产品及服务的特点选择使用。

5. 选择信息源

信息源即发送信息给信息接收者的人。一个理想的信息源可以使所传递的信息具有较强的吸引力和可记忆力，能产生较好的促销效果。

6. 收集反馈信息

旅游信息沟通有广告、营业推广、人员推销和公共关系四大策略。在上述沟通策略中，各种不同的策略组合各有其优缺点。实际沟通效果如何，目标旅游市场受众的态度发生哪些有利于沟通者的变化，如何做得更好，旅游企业要密切注意对这些沟通信息的反馈，调整改善沟通策略，以不断提高沟通效果。

7. 编制促销预算

旅游营销需要一定的投入，要实现一定的目标必须投放一定的促销费用。为使有限的促销费用更有效地发挥作用，编制科学的促销预算是十分必要的。编制预算的常用方法有四种。

①量入为出法，即旅游企业应确定可以拿出多少资金用于促销费用；②销售百分比法，即旅游企业把销售额或销售价的一定百分比作为沟通与促销费用；③竞争对策法，即参照主要竞争者的促销预算来编制本企业的促销预算；④目标任务法，即旅游企业首先明确所要达到的目标及为此必须完成的任务，在此基础上测算所需要的费用。

8.促销组合策略

在确定促销费用后，旅游企业还要把费用合理分配于广告、营业推广、人员推销和公共关系等具体促销方式中，各种促销方式作用不同，且又有一定的互补性、替代性。旅游企业在促销预算费用的分配方面一般不能平均分配，而要根据不同旅游产品、不同时期、不同目标受众面有所侧重。

二、旅游产品促销策略

所谓旅游产品促销组合，是指旅游企业有目的、有计划地将广告、营业推广、人员推销和公共关系等促销手段进行灵活选择、有机组合和综合运用，形成整体的促销攻势。由于各种手段都有其不可避免的利弊之处（见表7-1），因此，在整个促销过程中，旅游企业必须根据自己的营销目标和所处的营销环境，灵活地选择、搭配各种促销手段，制定旅游产品促销组合策略，以期提高促销的整体效果。

表7-1 各种促销方式的比较

促销方式	优点	缺点
广告	辐射面广。可根据产品特点和消费者情况灵活地选择广告媒体，并可多次重复宣传	信息量有限，说服力较小。消费者对产品的反馈情况不易掌握，购买行为落后
营业推广	刺激强且迅速，吸引力大，起到改变消费者购买习惯的作用	刺激时间较短。有时会导致消费者的顾虑和不信任，产生逆反心理
人员推销	直接面对顾客，有利于交流与沟通，便于解决顾客提出的各种问题，促成及时成交	成本高，对推销人员的素质要求高
公共关系	易获得公众信任，建立企业和产品的形象和信誉	见效缓慢，需经常推动

（一）旅游产品促销组合策略的类型

不同策略对各种促销方式的重视程度是不相同的。以人员推销为主的策略，通过人员将产品推向市场，最终到达消费者手中的推式策略。以广告促销为主的策略，通过广告和宣传吸引消费者，促进产品销售的拉式策略。

1. 推式策略

推式策略是指利用推销人员与中间商促销将产品推入分销渠道，也就是说，生产者将产品积极推到批发商手中，批发商又积极地将产品推给零售商，零售商再将产品推向消费者。

推式策略的意图就是旅游产品生产者或提供者劝说和诱使旅游中间商及旅游者来购买自己的产品，使旅游产品通过各个销售渠道，并最终抵达旅游者。推式策略常用的促销方式有人员推销、营业推广或公关活动等销售推广手段。

2. 拉式策略

拉式策略立足于直接激发最终购买者对购买本企业旅游产品的兴趣和热情，促使消费者向中间商、中间商向制造商企业购买该产品。

拉式策略所重视的是对旅游者的促销，尽力使更多的旅游者产生旅游需求，以旅游者的购买行为作为拉动，促使旅游中间商一层一层求购，最后实现旅游产品的销售。这种策略是以广告宣传和营业推广为主，辅之以公关活动等。

3. 推拉结合策略

在通常情况下，企业也可以把上述两种策略配合起来运用，在向中间商大力促销的同时，还通过广告刺激市场需求，推销和广告促销同时进行。

4. 其他促销组合策略

旅游产品的促销组合策略是多种促销手段的综合运用，通过广告、销售促进、公共关系、人员推销、直接营销、合作营销和口碑营销等多种方式，以达到吸引顾客、提升品牌形象和促进销售的目的。不同的促销策略可以根据市场环境、目标顾客和产品特点进行灵活组合，以实现最佳的促销效果。

（1）体验营销策略：通过创造、引导并满足消费者的体验需求，提供难忘的旅游体验。包括设计体验主题、因地制宜设计营销事件、调动游客参与主动性和持续创新，增加附加体验值。

（2）关系营销策略：建立和发展与旅游者、旅行社、导游等的良好关系，核心是建立坦诚的、相互信任的伙伴关系，从而进行面对面的推销。具体类型包括：①旅游顾问：提供专业的旅游咨询服务，帮助顾客选择合适的旅游产品；②定制服务：根据顾客的需求，提供个性化的旅游产品和服务；③现场演示：在旅游展销会或活动现场，通过实物展示或体验活动吸引顾客。

（3）事件营销策略：通过策划、组织有名人效应、新闻价值或社会影响的人物或事件，提高旅游景区产品知名度和品牌形象。

（4）数字营销策略：利用互联网进行广告宣传、产品信息查询、互动交流和交易等，具有跨时空、多媒体、交互式、拟人化、成长性、整合性和超前性等特点。数字营销也是线上平台鼓励顾客购买旅游产品的主要方式，其具体类型包括：①折扣优惠：提供价格优惠，如早鸟优惠、团购优惠、会员折扣等；②赠品促销：购买旅游产品附赠礼品或服务，如赠送景区门票、酒店住宿券等；③积分奖励：顾客消费累计积分，积分可以兑换礼品或未来的旅游产品；④抽奖活动：购买旅游产品有机会参与抽奖，赢取免费旅游或其他奖品。

（5）合作营销策略：合作营销策略是指旅游企业与其他企业或机构合作，共同推广旅游产品。合作营销策略的具体类型包括：①与旅行社合作，共同推广旅游线路和产品；②与航空公司合作，推出机票+酒店的打包产品；③与知名景区合作，推出联票或联合促销活动；④与其他行业的知名品牌合作，互相推广，扩大影响力。

（6）广告策略：旅游产品促销中最常见的方式之一。广告策略通过各种媒体渠道（如电视、广播、报纸、杂志、互联网、社交媒体等）向目标市场传达产品信息，吸引潜在游客的注意。广告策略的具体类型包括：①品牌广告：主要用于提升品牌知名度和美誉度，树立品牌形象；②产品广告：重点介绍产品的特点、优势、服务内容等，吸引潜在游客；③季节性广告：根据旅游市场的季节性特点，推出相应的促销广告，如冬季滑雪、夏季海滨等。

（7）公共关系策略：旨在通过与公众建立良好的关系，提升企业的品牌形象和声誉。公共关系策略的具体类型包括：①媒体公关：通过新闻稿、新闻发布会等方式,利用媒体平台传播正面信息;②公益活动:参与或组织社会公益活动,树立企业的社会责任感形象;③危机公关:在发生负面事件时,及时采取措施减轻影响,恢复企业声誉;④口碑营销:通过顾客的口口相传,推广旅游产品。如:鼓励满意顾客向亲友推荐旅游产品,提供推荐奖励;鼓励顾客在社交媒体上分享旅游体验,传播正面评价;通过顾客创作的游记、照片、视频等,展示产品的吸引力,用户生成内容从而吸引消费者。

(二)影响促销组合策略的因素

旅游企业决定促销组合时,一般要受到以下因素的影响和制约。

1. 旅游产品的性质和特点

不同性质、不同特点的旅游产品,其购买者和购买需求各不相同,采取的促销方式也应有所差异。对于顾客众多、分布面广、购买率高,而每次购买量又较少的产品,使用人员推销费用高、效率低,比较适合于广告促销;对大众性的、单位价值较低的旅游产品,可采用以广告宣传为主,其他促销方式为辅的促销组合;而对那些比较特殊的、单位价值较高的旅游产品,由于市场面比较窄,可以采用以人员推销为主,其他促销方式为辅的促销组合。

旅游产品的资源禀赋是旅游产品开发的先天条件,是决定旅游产品吸引力大小的关键因素。一般来说,具有垄断性自然资源和深厚内涵的旅游产品,对旅游者有着强大而持久的吸引力,因此,可以经久不衰;而缺乏文化内涵和资源特色的旅游产品易被模仿,同质化严重,只能通过价格战维持相对竞争优势,生命力也不会持久。

2. 旅游产品的层次

按照现代市场营销学的产品整体概念,任何一种产品和服务都是一个整体系统,不单用于满足某种需要,还要求其具有与之相关的辅助价值的能力。根据整体产品概念理论,旅游产品可分五个层次(如图 7-2 所示)。

(1)第一层次,旅游核心产品

核心产品是指向消费者提供的产品的基本效用和利益,是消费者真正要购买的东西,因而也是产品整体概念中最基本、最主要的部分。旅游核心产品是指为旅游产

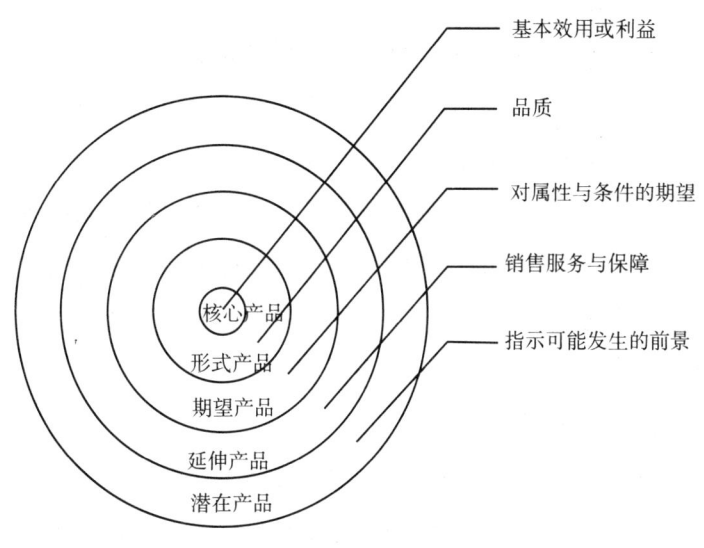

```
                    ┌── 基本效用或利益
                    │
                ┌── 品质
                │
            ┌── 对属性与条件的期望
            │
        ┌── 销售服务与保障
        │
    ┌── 指示可能发生的前景
核心产品
形式产品
期望产品
延伸产品
潜在产品
```

图 7-2 旅游产品的层次

品满足旅游者生理需要和精神需要的效用，是与旅游资源、旅游设施相结合的旅游服务，主要表现为旅游吸引物的功能，具体体现在食、住、行、游、购、娱六大要素。

（2）第二层次，旅游形式产品

形式产品也称有形产品。形式产品是核心产品的载体，是核心产品借以实现的形式或目标市场对某一需求的特定满足形式，即产品出现在市场上的面貌。形式产品一般有五个特征，即品质、式样、特征、商标和包装。产品的核心利益可以通过形式产品展现在消费者面前。旅游形式产品是以旅游设施和旅游线路为综合形态的"实物"。

（3）第三层次，旅游期望产品

即为旅游者在旅游活动时期望得到的与旅游产品密切相关的一整套属性和条件。比如，旅游者在投宿宾馆时期望得到干净的床位、毛巾及安静的环境等。

（4）第四层次，旅游延伸产品

延伸产品也称附加产品，是指消费者购买形式产品和期望产品时，附带获得的各种利益的总和。旅游延伸产品指为旅游者的旅游活动所提供的各种基础设施、社会化服务和旅行便利的总和，包括旅游者在购买之前、购买之中和购买之后所得到的任何附加服务和利益，如售前咨询、售后服务及购买中的其他服务等。

（5）第五层次，旅游潜在产品

潜在产品是指现在产品在未来的可能演变趋势和前景。如果说附加产品包含着产品的今天，那么潜在产品就指出了它将来可能的演变。如旅游需求变化的多样性导致旅游企业产品内容的相应变化。

由此可见，任何一种旅游产品的消费都是一个整体系统。旅游者不单只为满足某种需求，还应得到与此有关的一些辅助利益，相应的旅游企业所出售的旅游产品也应该是一个整体系统，只有向旅游者提供更完善的服务，才能更完美地满足旅游者的需求。

3. 旅游产品生命周期与促销组合

旅游企业应用产品生命周期理论的目的主要在于：缩短旅游产品的投入期，使旅游者尽快熟悉与接受旅游产品。设法保持与延长旅游产品的成熟期，防止旅游产品过早被旅游市场淘汰。对已进入衰退期的旅游产品应明确是尽快退出市场，以新产品代替老产品，还是通过促销使旅游产品的生命力再度旺盛。

旅游产品的生命周期过程，在一定程度上就是旅游企业对旅游产品的经营管理过程。良好的管理模式可以延长产品的生命周期，甚至可以使产品从衰退期再次进入成长期。如果管理不善，就算是得天独厚的资源禀赋也会使旅游产品趋向衰落。旅游企业可以利用大数据参照如下方法判断产品在生命周期的哪一阶段，根据该阶段的特点选择不同的促销组合方式。

（1）类比法

即参照类似产品生命周期曲线的各个阶段来推断某一产品的生命周期阶段，以及各阶段的延续时间。例如，用黑白电视机的生命周期来判断彩色电视机的生命周期。

（2）销售量增长率判断法

即根据旅游企业常用的产品销售增长率指标来判断产品增长趋势，在引入期采取高促销和选择性分销，在成长期扩大市场份额，在成熟期维持市场份额，在衰退期采取退出策略。

投入期：市场认知度低，销售缓慢，利润可能为负，增长率低或负增长。该阶段重点在于市场推广和品牌建设，例如高促销、选择性分销等。

成长期：市场认知度提高，销售快速增长，利润迅速提升，增长率高。该阶段重点在于扩大市场份额，例如品牌建设、促销活动、扩大分销渠道等。

成熟期：销售增长放缓，市场趋于饱和，竞争激烈，增长率放缓。该阶段重点在于维持市场份额，例如产品改进、市场细分、营销组合调整等。

衰退期：销售和利润持续下降，市场需求萎缩，增长率下降甚至为负。该阶段重点在于退出市场或维持最小运营，例如维持策略、收缩策略、放弃策略等。

一般旅游产品生命周期的不同阶段具有不同的特点（见表7-2），掌握这些特点，旅游企业可以科学地制定各阶段的市场营销策略

表7-2 旅游生命周期各阶段的特点

特点	投入期	成长期	成熟期	衰退期
销量	低	快速增长	缓慢增长并达到高峰	下降
利润	亏损	利润上升	最高利润并开始减少	大幅下降
市场份额	低	扩大	最大至市场饱和	下降
顾客	创新者	市场大众	市场大众	落后者
竞争者	少数	逐渐增加	快速增加至最多	减少

旅游产品在不同的生命周期阶段，需要采用不同的促销组合，如表7-3所示。

表7-3 产品生命周期与促销组合

产品生命周期	促销目标	促销组合
投入期	旅游中间商、旅游者了解产品	以广告宣传为主，其余手段为辅
成长期	提高市场占有率，使旅游者信任	以广告人员推销为主
成熟期	稳定客源、吸引潜在客户，提高市场占有率	更新广告，以广告宣传和人员推销为主
衰退期	提高产品信誉，促使旅游者购买	以营业推广为主

4.市场特征

不同的旅游市场，由于其规模、类型、消费者数量及分布情况各不相同，因此，应采取不同的促销组合。一般规模大、消费者分布分散、地域广阔的市场，应采取

以广告宣传为主的促销组合；规模小、消费者分布集中、地域狭窄的市场则应以人员推销为主。此外，市场上潜在消费者较多时，应采用广告宣传，以利于广泛开拓市场；市场上潜在消费者较少时，则应采用人员推销，以利于深入接触消费者，促成交易。

当竞争对手设计出新产品时，可能引导消费新时尚，使旅游者需求发生变化，从而导致原有产品生命周期缩短。因此，要想在市场上立于不败之地，就必须不断创新，增加产品内涵，以满足需求、创造需求为目标。

5. 消费者购买准备过程阶段

消费者的购买过程一般包括认知、了解、喜欢、偏好、信赖和购买阶段，在不同阶段，各种促销手段的作用不同。在认知阶段，广告和公共关系的作用很大；在了解和喜欢阶段，广告的作用较大，人员推销的作用次之；在偏好和信赖阶段，人员推销的作用较大，广告的作用小于人员推销；在购买阶段，主要是人员推销在发挥作用。

旅游者需求变化是旅游产品生产的出发点，它的变化会引起旅游产品核心内容的变化。当旅游者兴趣发生转移、需求发生变化时，产品的生命周期自然会受到影响。

6. 促销费用

各种促销手段所花费用不等。一般来说，人员推销费用最昂贵；广告因媒体不同，费用也不尽相同，但总体来说比较昂贵；营业推广一次性开支较大；公共关系费用也属于长期性开支。企业制定促销策略时应根据自己的促销目标、财力、各种促销手段的费用及效果等，进行综合考虑、全面衡量，以求用尽可能少的促销费用取得尽可能大的促销效果，提高促销效率。

除了上述因素，企业声誉、知名度、促销预算、竞争状况和市场营销组合状况等会影响企业的促销组合策略制定。因此，企业在促销前，必须对以上所有因素统筹考虑，对各种促销方式灵活选择和组合，方能收到理想的促销效果。

| 案例 |

韩国主题旅游

以韩剧为招牌的韩国主题旅游游客再现韩国电影《丑闻》中的场景，至今已在亚洲国家流行了不少年，其热度经年不减，近几年在中国更是大有燎原之势，热度一浪高过一浪，在韩国文化观光旅游的推动下，各类盛典及精彩演唱会、明星访华、歌迷见面会、韩国电影节、广告代言等，让中国观众目睹了韩国明星耀眼的风采，感受到了韩国独特的风情。韩国国家旅游局针对亚洲的韩流热，不失时机地推出了韩流主题旅游产品。

1. 机场开设韩流主题旅游商品店

为承接席卷的韩流热潮，方便更多游客了解和亲近韩流，韩国旅游局在仁川国际机场第46号登机口附近，开设以韩流为主题的旅游商品店，店内专辟出展示韩流文化的韩流馆空间，设有播放《冬季恋歌》《蓝色生死恋》《大长今》等韩剧的大型屏幕，并有明星大型海报角，供游客拍照留念。特别是韩流先锋明星的大型海报更是让喜爱韩流的游客欣喜万分，在自己喜爱的明星大幅海报前拍照留念是不少游客乐此不疲的爱好。除韩流相关纪念品，店内还出售品种繁多的各类商品，包括世界知名品牌均入店销售，在这种商店购物让游客感到别有韵味。

韩流旅游商品店设在第46号登机口主要是因为这里是飞往中国、东南亚等地的登机口。韩流主题商店的开设，给中国、日本及东南亚等地游客关注和了解韩流、了解他们所喜爱的韩剧明星、购买所喜爱的特色韩流纪念品提供不少的便利。

2. 商业街建新型影视场馆展示经典场景

为了让海外的韩剧迷能够身临其境地体验一些著名韩剧的经典场景，在韩国明洞的TSpark大厦5层，还专门建了一座新型的影视场馆，给访问韩国的游客提供通过韩剧精彩场面感受明星风采、体验韩国大众文化的机会。

新型影视场馆是按照经典电影电视剧中的各种拍摄场景布置的新型影视场馆，只能在银幕上欣赏的电影、电视剧的场景和道具，展现在影迷面前，让影迷沉浸在昔日的剧情中，迁回于现实和剧情之间。参观者可以试穿和佩戴影片中的各类服装和饰品，过一把当演员的瘾，圆一个做明星的梦，并且现场临时演员生动逼真的精彩表演也会给观众耳目一新的感觉，此场馆布置主要有以下一些电影电视剧的经典场景。

韩国美男子裴勇俊主演的《丑闻》再现18世纪朝鲜上流社会的奢侈浮华生活，剧中的服装、道具非常昂贵，男女主角的主要活动空间——赵元和赵夫人的房间更是布置精细、华丽富贵，淋漓尽致地表现出了当时上流社会奢侈的生活。此场馆就布置了花花公子赵元（裴勇俊饰）及赵夫人（李美淑饰）的房间，再现了电影中的风花雪月，这里是朝鲜时代上流社会的缩影，精致的布景、精心制作的古典服饰，让参观这里的每一位游客为之心动，韩剧的影迷甚至可以当场佩戴电影中的道具、饰品，或试穿剧中做工精致的韩国传统民族服饰拍照留念。

《冬季恋歌》中野外场景中的南怡岛被布置得别有一番韵味，另外，还把内部布置成南怡岛雪人长凳的场景，在灯光和照明设备的辉映之下，显得浪漫温馨，《八月照相馆》中忧郁的正元（韩石圭饰）和他那颇古朴的照相馆、布置得跟电影一模一样，实际也是一个正在营业中的照相馆，为参观此处的游客提供快捷的拍照服务，并且可以拍摄穿着韩国传统服饰的相片。

获得第41届韩国大钟奖的电影《老男孩》中，吴大修被监禁的简陋寓所和电梯，那阴森的构造和诡异的气氛也仿效得非常逼真、生动。为了方便参观者，该影视场馆配有中文和日文讲解，另外，还有精品店及休闲吧。

（资料来源：https://www.atb.gov.cn/hhsglnews/ArliclePrint.asp? ArticlelD-6854）

（三）大数据化在旅游产品促销中的运用

| 知识链接 |

全国最佳旅游宣传推广

文化和旅游部资源开发司发布的2023年全国国内旅游宣传推广十佳案例和34个优秀案例名单。

名单包括2023年爆火的哈尔滨冰雪、淄博烧烤、贵州台江"村BA"等均入选全国十佳案例，这些案例不仅展现了各地旅游资源的独特魅力，更体现了利用大数据进行营销在推动旅游业发展中的关键作用。同时，也为其他地区开展宣传营销活动提供了宝贵的借鉴与启示。

表7-4　2023年全国国内旅游宣传推广十佳案例

序号	报送单位	案例名称
1	黑龙江省哈尔滨市文化广电和旅游局	"约会哈尔滨　冰雪暖世界"哈尔滨文旅推广营销案例
2	山东省淄博市文化和旅游局	进淄赶烤　文旅唱戏——借力"淄博烧烤"流量为城市文旅赋能

续表

序号	报送单位	案例名称
3	福建省文化和旅游厅	"四时福建"——"气候+旅游"文旅融合营销项目
4	贵州省台江县文体广电旅游局	贵州台江"村BA"形成农文体旅商融合大IP
5	吉林省文化和旅游厅	"长白天下雪"全媒体营销
6	四川省文化和旅游厅	打造"安逸"熊猫——创新四川文旅品牌营销
7	江苏省文化和旅游厅	"快车慢游"助力长三角一体化高质量发展—百个长三角高铁旅游小城"激活文旅市场新动能
8	广西壮族自治区文化和旅游厅	"秋冬游广西"黄金季系列宣传推广活动
9	河北省文化和旅游厅	"这么近，那么美，周末到河北"跨界联合营销活动
10	重庆市文化和旅游信息中心	"重庆——最宠游客的城市"品牌传播活动

（1）"约会哈尔滨 冰雪暖世界"推广营销案例：通过深度挖掘哈尔滨的冰雪文化，策划开展一系列冰雪主题活动，如哈尔滨国际冰雪节，展示哈尔滨独特的冰雪旅游景观和冰雪运动特色，让各地游客在体验冰雪旅游独特魅力同时，也感受了温暖并存的待客热情和服务品质，促进了冰雪旅游市场的繁荣。

（2）淄博"进淄赶烤 文旅唱戏"案例：巧妙地将地方特色美食与文化旅游紧密结合，向游客展现了淄博的多元魅力。该案例充分利用了"淄博烧烤"这一地方美食的流量效应，通过线上线下相结合的方式，扩大了宣传覆盖面，不仅提升了淄博的城市形象，也为当地文旅产业的发展注入了新的活力。

（3）福建"气候+旅游"文旅融合营销案例：巧妙地将气候变化与旅游体验相结合，打造了一系列以季节为主题的文旅活动。例如，春季推出"花海漫步"活动，夏季以"海岛避暑"为卖点，秋季聚焦"红叶赏秋"，冬季推广"温泉养生"，通过四季营销策略实现了旅游资源的全年化利用，提升了市场吸引力和竞争力。

（4）贵州台江"村BA"农文体旅商融合案例：该案例成功之处在于将乡村体育赛事作为媒介，通过"村BA+"营销模式推动了乡村经济的多元化发展。赛事期间，游客可以在观赛的同时体验当地的民俗文化，品尝地道的农家美食，参与农事体验活动，甚至购买到特色农产品，为乡村振兴战略的实施提供了可借鉴的模式。

（5）"长白天下雪"全媒体营销案例：该案例充分利用了全媒体平台，通过电视、网络、社交媒体、短视频等多渠道的联动传播，构建了一个立体化的宣传网络。例如，在电视广告中通过精美画面和动人故事展现长白山雪景的壮丽与神秘；通过社交媒体上的话题挑战和网红直播，提升了长白山旅游的品牌吸引力。

（6）四川"安逸"熊猫文旅品牌营销案例：以四川的国宝大熊猫为切入点，不仅承载着地域文化的深厚底蕴，更是将其塑造成了连接四川与世界的桥梁。同时，通过"安逸"熊猫这一可爱而又富有亲和力的形象，向国内外游客传递出了四川的悠闲与舒适，也使四川文旅品牌更具辨识度和吸引力。

（7）江苏"快车慢游"助力长三角一体化高质量发展案例："快车慢游"项目巧妙地利用长三角地区发达的高铁网络，通过整合长三角地区的文化旅游资源，串联起百个高铁旅游小城，为游客提供了一场别开生面的旅行体验，推动长三角地区旅游市场的一体化发展。这种模式也打破了传统旅游的局限，让游客不再只是匆匆过客，停下脚步细细品味每个小城的独特魅力。

（8）"秋冬游广西"黄金季系列宣传推广活动：以其独特的地域特色和丰富的秋冬旅游资源为基础，采用了线上线下相结合的方式，利用社交媒体、旅游平台和跨区营销等手段进行宣传推广。同时，还推出了秋冬季旅游优惠政策和特色产品，如民族节庆、美食节和摄影大赛，有效地吸引了国内外游客的目光。

（9）"这么近，那么美，周末到河北"跨界联合营销：近年来，河北省依托环绕京津的独特区位优势，以"这么近，那么美，周末到河北"品牌为引领，精准地把握了京津游客的心理需求，拓展京津冀三地文旅跨界联合营销新路径，成功打造成为京津游客周末休闲度假的首选目的地。

（10）"重庆——最宠游客的城市"品牌传播活动：重庆案例最大的特点就是践行了以游客为中心的服务理念。例如在重大节假日期间，重庆轨道交通延长运营到凌晨2点，为方便游客观看李子坝轨道穿楼的景象还专门修建了观景台；通过发微博、发短信等方式呼吁市民错峰出行，为游客让路让桥让停车位，将重庆人的热情好客展现得淋漓尽致。

综上所述，这10个案例之所以能够脱颖而出，主要得益于它们利用大数据分析，将地域特色与文化深度结合、创新营销与多元宣传渠道、强化游客体验与互动参与、注重品牌塑造与传播张力以及加强跨界合作与资源整合等方面的核心优势。共同点在于均强调了地域特色、充分利用新媒体平台、注重品牌塑造和强化服务质量等重点；而差异性则体现在文旅融合的深度、宣传渠道选择的契合度、营销策略的创新程度以及品牌塑造的认可度等方向。

这些显著的特质也启示我们，不同层级的旅游目的地产品在开展旅游宣传营销时，应当紧密结合自身实际，充分挖掘地域文旅资源特色，精准定位目标市场，合理运用促销策略，积极开展跨界合作，并始终坚守提供优质服务的初心。只有这样，才能在激烈的市场竞争中脱颖而出，赢得游客的青睐与信任。

（资料来源：https://www.ctnews.com.cn/2023年全国国内旅游宣传推广十佳案例、优秀案例名单公布）

1. 拓展营销合作方式

旅游促销就是旅游营销者将有关旅游产品、旅游企业、旅游目的地的信息，通过各种媒介传递给旅游产品的潜在购买者，促使其了解、信赖并购买自己的旅游产品，以达到扩大销售目的的一系列活动。传统常用的四种促销方式有广告、人员推销、营业推广及公共关系。

旅游广告是指旅游目的地国家或地区、旅游企业或旅游组织以付费的形式，通过媒体向目标市场的公众传播经过选择和加工的旅游信息，以扩大影响、提高知名度、树立鲜明旅游形象、促进旅游产品销售的一种促销方式。

旅游人员推销是通过销售人员与潜在客户的直接沟通来达成交易的一种促销方式。旅游推销过程分为发掘客户、推销准备、见面推销、异议处理、促进成交、后续服务六个阶段。旅游营业推广是指旅游目的地国家或地区、旅游组织、旅游企业在某一特定的时期和范围内，对旅游者或旅游中间商提供短期性刺激和鼓励的一种活动，目的在于促使旅游者或旅游中间商尽快或大量购买特定的旅游产品及服务。旅游营业推广具有刺激性强、短期效果显著及非常规性、非经常性的特点。针对不同的推广对象，旅游营业推广的方式有所不同。

旅游公共关系是指旅游目的地国家或地区、旅游企业为增进社会的信任和支持，通过传播媒介，在社会公众中树立、维护良好的形象和信誉，发展与社会公众之间良好的关系，创造有利于旅游业发展的经营环境而采取的一系列措施和行动。旅游公共关系的方式有参与和举办各种活动、公益赞助和捐赠、大型事件赞助、利用和创造新闻等。旅游危机公关是指在旅游活动过程中发生了危及公共关系的事件，涉及旅游危机事件的相关主体对危机事件的制度所采取的措施及处理方式。

我们现在进入了一个"网络大数据竞争"的时代，那些能够更好地构建、协调和管理他们与网络合作者关系，通过合作为顾客创造价值的组织将获得最大的利益。

在旅游业中，合作的趋势尤其明显，分散、多部门以及行业相互依赖的特征为国内和国际组织间的合作与决策提供了强有力的催化剂。旅游产品的供给者来自不同的区域，但从旅游者感受旅游产品的角度应该是出行无障碍的、服务感受无缝隙的、一体的体验过程。因此，各区域的旅游合作（包括其中的营销合作）是整个产品构成中环境背景因素的一个重要组成部分。其中，政府又起到了很重要的作用。

2. 区域性合作以及区域性营销合作

近年来，中国旅游区域合作的兴起是国际经济一体化交流、合作、竞争背景下的产物，是中国经济发展与旅游业发展进入深化阶段的标志。

（1）目前中国旅游区域合作的特点

中国旅游区域合作方兴未艾，前景广阔。在合作层次、类型、特征上，明显带有中国资源丰富基础上合作的鲜明特色。

1）旅游区域合作呈现四个层次

这四个层次分别为省（区市）内、以省（区市）为单元相关联的大区域内、各大区域之间以及跨边境、跨国合作。从省内合作看，如安徽省召开"两山一湖"旅游联动协调会，黄山、池州、宣城三市签署了旅游联动合作协议，协作联动的范围涉及开放开发、市场准入、税费减免、项目用地、产品宣传以及激励机制等方面。

省区市间大区域内的合作如京津冀三地达成的大旅游区合作协议。跨区域合作如2005年上海赴丽江旅游合作促进推介会；京津冀3省市采取措施进一步推动与港澳台地区旅游合作。跨国合作有位于中国西南与东南亚、南亚接合部的云南省，代表中国参与了澜沧江—湄公河次区域合作，参与澜沧江—湄公河6国游。

2）国内区域合作呈现四种类型

若从旅游资源、市场以及资源与市场结合的角度分析，中国旅游区域合作目前主要有四种类型，它们分别是资源一体型、资源互补型、客源互送型、客源—资源合作型。

资源一体型是指合作的基础是建立在旅游资源具有一体化特征的基础上，如四川、云南和西藏就联手打造"中国香格里拉生态旅游区"项目，建立一整套合作运行机制。又如，西藏、青海和甘肃敦煌宣布正式开展区域旅游合作，共同塑造中国青藏高原整体形象。

资源互补型的典型之一是上海大都市风情、苏州园林风光和浙江山水画卷组合成的中国东部旅游产品，三地打出"同游江浙沪，阳光新感受"的促销口号，在西班牙、埃及等地推销，产生轰动效应。

客源互送型，如京津冀地区，有媒体报道2005年"五一"京津冀地区合作的基础是互送客源。

客源—资源合作型又分为客源资源单向合作型和客源资源双向互送型两种。前者如上海与丽江的合作推介，丽江的风景与上海的客源是基础；后者如泛珠三角区域合作，港澳与珠三角客源与旅游资源互送共享。

在此四种基础上，还呈现各种多边、交叉合作的类型。

3）旅游区域合作的特征

中国旅游区域合作开始于20世纪90年代的江苏、浙江、上海三省（直辖市），近几年在全国范围兴起，旅游区域合作的特征有两个：一是以政府主导为主，二是发展有待深入。

（2）中国旅游区域合作创新途径

中国旅游区域合作深入、健康持续的发展，有赖于在借鉴国外发展经验基础上结合中国国情的创新。中国旅游区域合作的创新途径首先应从合作理念着手，对相关主体应发挥的作用进行科学的定位，然后从理念、营销、品牌等方面展开多方位的创新实践探索。

1）树立合作的竞合理念

首先，从现实来看，寻求各种形式区域合作的动机可能有多种原因，如认识到共同面临的问题、存在着共同利益的机会、接待数量上的增加或资金需求等。但是，有研究表明，鉴于游客出游时间与金钱有限，在许多情况下旅游目的地之间的竞争是多于合作的。因此，应该认真分析合作的可能性。笔者的观点是，合作的前提应该主要是非竞争性旅游资源和客源市场的联合。主要目标为：近处客源互动，远处整体促销。即，从吸引游客的角度来看，对内相互输送客源；对外统一促销，建立跨区域、跨国联合体。以区域内、区域间合作为例，通过共同建设，信息便利了，交通顺畅了，无障碍的概念深入人心，在有限的时间里，游客能在区域内去更多的地方，也吸引了回头客，因而市场得以被做大。

另一方面，区域联合体对外共同促销。欧洲斯堪的纳维亚国家的旅游局之间的合作就是以竞争与合作共存的营销理念为原则的，通过协助国际营销活动，首先把游客吸引到斯堪的纳维亚地区，然后斯堪的纳维亚国家之间再竞争说服吸引游客到各自的国家去。他们共同合作创造一个市场，然后相互之间通过竞争来瓜分它。这种竞合的理念是进行合作创新的基础。

2）以主题产品为精品龙头

我国西北省份正共同打造国内"丝绸之路"旅游线，无独有偶，联合国开发计划署于2005年2月启动了丝绸之路区域项目区域合作项目，由联合国与中国、哈萨克斯坦、吉尔吉斯斯坦、塔吉克斯坦和乌兹别克斯坦中亚4国政府联合发起了丝绸之路区域项目，建立了实施阶段的战略对话机制，各方正在为加强丝绸之路沿线国家之间的复兴丝绸之路在贸易、投资和旅游3个重点领域经济合作的传统而共同努力。像丝绸之路这类主体产品，由于其内在的有机联系使其成为跨区域合作的最佳切入点之一。其他区域的主题产品如湖北省与重庆共同打造长江三峡旅游产品、江西等省份联合打造的红色旅游主题对开拓市场会有一定的帮助。把主题产品做成精品应成为旅游区域合作创新的发展方向。

3）探寻在主要客源地宣传深化的途径

如何使本国家、本省、本区域的旅游资源与产品最有效地在主要客源地推广出去，需要精心的设计。可采用多种途径。笔者认为，澳大利亚在中国发起旅游专家培训计划的做法可为中国旅游业借鉴。澳大利亚旅游局于2002年起在中国发起澳大利亚旅游专家培训计划（Aussie Specialist Program，ASP）。该计划分为3个部分，第一部分分9个单元，内容是简介和澳大利亚目的地介绍；第二部分包括8个单元，标题为体验澳大利亚；第三部分是行程计划，由两个模块组成。该澳大利亚旅游专家旅行社专业资格主要针对旅行社从业人员，让他们熟悉澳大利亚的主要景区和产品，从而加强他们推荐澳大利亚旅游产品的专业化水准。澳大利亚旅游局在目的地国旅行社营销培训的深化案例启发我们可采取类似的做法，比如，中国文化和旅游部，可在主要的旅游客源地国家或区域开发此类项目，作为旅游目的地资源合作深入推广的一种方式。

（3）旅行无障碍，信息高平台

以有效的顾客信息服务为目标，在信息技术的运用方式上探索科学、先进、适用的模式。未来旅游区域合作的广度和深度，直接受制于通信技术的开发应用能力的制约。未来区域旅游合作体旅游资源信息提供的技术能力有利于深化完善服务功能、塑造有竞争力的目的地形象。

运用网络信息媒体的成果之一是游客能及时得到便利的信息，使人们旅行更加无障碍。旅游目的地管理系统（DMS）为实现无障碍目标在技术上起到基础性的作用。奥地利蒂罗尔州旅游目的地信息系统TIScover是众多竞争中的佼佼者。它除了提供信息功能，还具有在线交易和销售功能。最初该系统是为奥地利蒂罗尔州内的服务设施而设计的，后来，6个奥地利的其他州加入进来，德国、瑞士也开始利用这个系统，亚洲的泰国也运用该系统发布泰国的旅游信息。

"TIScover"旅游目的地信息系统功能的现状包括：系统目前允许中小旅游企业通过外部网登录，更新其产品信息和可提供产品数量。允许不同企业选择不同方式参与信息系统，有的企业可以只发布信息，有的企业既发布信息又提供电子商务预订；旅游者信息数据库，数据可由人工输入，也可自动记录旅游者参与电子预订时输入的个人信息数据，具有广告管理功能；进行不同币种的自动价格计算；具备客户关系管理功能；一对一旅游营销功能；多途径销售。奥地利旅游产品不仅可以通过TIScover网站本身销售，还能通过与TIScover网站建立合作关系的门户网站、专业旅游网站以及与GDS系统密切关系的STARTAmadeus网站销售。"TIScover"的建设目标为：使当地旅游企业直接加入电子市场，并为到达前和到达后的游客提供全方位的、准确的信息服务。系统未来的发展计划主要有：设计用于预订和电话呼叫中心的软件；实施移动电子商务；支持车载信息终端；支持网络电视；建立网上俱乐部，提供优惠旅游产品和会员折让；整合地理信息系统（GIS），提供线路设计，按距离范围搜索功能；提供与要求最接近的旅游建议；提供智能搜索；提供旅游者评论。逐TIScover系统的运作模式与发展方向使其能称得上是未来中国区域旅游合作信息技术服务探索的先行者。

（4）合作深化，动态演进

目前中国各区域旅游合作体从合作的深度来看呈现不同的层次：有的区域合作体（京津冀）设立了3省市区域旅游合作办事机构；共同赴广州、深圳、香港、澳门开展旅游促销；有的区域合作体（江浙沪）在区域内旅游专业人才的相互认可业务资质证书，实行导游管理信息、执法信息共享，在国内外旅游交易会上组织联合展台；有的省旅游主管部门的领导（湖北）提出了"八互"的主张，主张对中南6省（湖南、安徽、江西、河南、山西、湖北）旅游联合体进行资源互享、客源互送、线路互推、政策互惠信息互通、节庆互动、交通互联、争议互商；有的（长沙市副市长黄中瑞）提出实现区域合作体资源、规划、营销、产业、市场、交通、信息、结算一体化。

从行动到建议，可以看出未来的区域旅游合作前景是越来越深入，创新会更加具体深入。美国夏威夷游客与会议局局长说，"过去的20年里，通过合作、协调、协同，直到近五年的一体化，引领潮流的组织不断增加其内外部连接性的层次，当一体化深入进行后，就可以进入共同演进的未来，即，合作方共同计划他们如何一起共同演变。寻求与其他同类景点或同一地区不同类型景点在促销和分销方面开展卓有成效的合作，这可通过旅游局的支持或景点之间直接合作得以实现，也可与交通和住宿企业开展联合促销和分销，这些企业往往希望增加其产品的额外利益和对市场的吸引力。

最明显的是景区与旅游公司的合作，提供周末度假产品的饭店也越来越乐意将景区门票作为其包价的一部分，景区成为饭店产品外延的一部分，饭店又成为景区的一个销售点。营销管理意味着确保环境和社会的需要以及核心消费者的满意度（Francois Vellas and Lionel Bécherel，1999）。对许多目的地营销机构有效性的衡量涉及来自他们利益相关者的支持与介入程度。供给商的介入对一些地区开展活动是非常必要的。比如，通过宗教渠道和特殊旅游批发商的口碑宣传对于保持朝拜旅游者前往耶利哥和伯利恒的每年逾百万的访问者的流动具有重要的意义。

在旅游组织与政府之间，许多国家和州旅游组织都扮演着各自政府的政策顾问的角色，他们都与各自国家或地区的旅游业有着正式或非正式的联系，以提供咨询和参与联合行动。商务旅游与休闲旅游产品的市场之间可以互相销售、互相结合。

以饭店为例，积极为商务游客和他们的客人创造一系列的"打包产品"，如，与主题公园、剧院或者博物馆合作，这样，他们将能够更成功地把商务游客变成延长停留时间的客人。饭店的这种跨领域销售是一种有效的市场营销方法，它不花费什么，而且合作双方都能使用这种方法。很多饭店把它们的商务设施推销给他们的休闲客人，例如，研讨会会议室、各种奖励性设施。大部分基础设施的介绍是以小册子的形式留在客人房间或者前台，详细介绍会议的各种设施、会议代表等。这种营销方式在执行过程中，使饭店管理者明白，休闲旅游者和商务旅行之间的关系是一个统一的、相互影响的整体。

目的地营销组织和供应商不断地意识到要努力兼顾休闲游客和商务游客的重要性。旅游业务与非旅游业务之间也存在着结合点。伴随着旅行的进行，货币兑换和信用卡、旅行者支票、保险服务的提供，为旅行社整合金融产品提供了天然的结合点。美国运通公司斜向一体化的全球性营销活动是多种业务经营的一个成功范例。总而言之，未来旅游组织将不再仅因它们的概念和能力的质量而得到判断，还包括他们的联结。联结的概念关系到组织的合作网络，即操纵核心能力、创造顾客价值和去除边界的一种同盟和关系。

3. 改革营销技术环境

网络在营销上的巨大潜能正在逐渐释放。数字营销相当于猎人工具的更新换代，工具的升级会带来一个时代的变革。信息化解锁的高招叫"零距离"经济，即生产者与消费者零距离发生 N 次"亲密接触"。距离的死亡是互联网革命的真正要点。数字营销的作用是让信息这个精灵，替代恐龙的物质之躯，用自由流动的信息，取代摩擦阻滞的物质。

生产和消费之间，有了直接快捷的"红娘"，让双方天天见面，大幅提高了双方"恋爱"的成功率。姜奇平认为，数字营销的核心是为企业提供一套能够对产品质量、市场变化、客户满意度等关键管理问题进行实时分析、判断的决策支持系统，宗旨就是企图帮助公司确定、了解、分析和保留他们的客户。

4. 应用信息技术

旅游是一个高度分散化和信息密集的产业，尤其能够感受到从互联网上获得的益处。

联合国旅游组织指出："旅游电子商务就是通过先进的信息技术手段改进旅游机构内部和对外的连通性（connectivity），即改进旅游企业之间、旅游企业与上游供应商之间、旅游企业与旅游者之间的交流与交易，改进旅游企业内部业务流程，增进知识共享。"发展到成熟阶段的旅游电子商务，是旅游企业/机构外部电子商务和内部电子商务的无缝对接。

信息技术在国内外旅游业应用的程度不同，因此信息技术对中外旅行服务产业结构以及运营模式的影响深度也有所不同。

目前，旅行社与网上企业的发展趋势是生存模式的双向互动，许多互联网企业购买传统运作实体，传统企业建立、完善和加强他们以网页为基础的运作。旅行社的应对战略是，如果你不能打败他们，那么就加入他们。旅游零售商和批发商应与一系列网络业务公司合作，相互提供服务，美国有的批发商为网络服务公司提供包价度假安排；旅行代理商又通过 Lastminute.com 预订其旅行。国外一个代理商网络 Travents.com 的创始人 David Feit 说，就旅行代理商整体而言在把网页作为得到新顾客、保留老顾客的手段方面，行动迟缓，顾客因而自动转移到自我服务的网址来预订他们自己的旅行。传统旅行社也应通过网络技术的支撑拓展其客户基础。

美国在线消费者的活动更多地使用供给商的网址来实际预订他们的旅行，从在线中介服务那里购买的服务不如从供给商本身那里购买的人多，网络使一些企业发现了服务中小规模企业的商旅市场的机会。例如，美国前三大（其多数消费者来自休闲市场的）在线旅行网点 Expedia、Travelocity 和 Orbitz 引领在线商务旅行市场。近 73% 的未加管理的商务旅行者目前在网上预订航空机票、酒店房间和汽车租赁业务。平均而言，小公司账户的 47% 的旅行是在线购买的。Expedia 在网上新开了一个公司旅行部分，过去是在 BUSINESS 项下，Expedia 认为它的产品将受到未管理或稍有管理的公司旅行部门的欢迎，其新业务定位在中端市场。

| 案例 |

用互联网思维引领转型升级

在信息技术的影响下，传统旅行社以往承担的"买卖中介"和"信息提供"功能大大减弱。信息化、现代企业制度及颠覆传统思维这三个关键词正深刻地影响着旅行社行业的发展。在新的市场环境下，旅行社要颠覆传统思维，应通过获取供应商提供的奖励来拓宽利润渠道，而不能只盯住销售终端旅游产品的所得。比如，通过消化酒店客房和航空机位，旅行社能够从酒店、航空公司得到非常可观的利润。在发达国家，旅游服务企业的利润。

电子商务、自由行以及目的地服务将是传统旅行社未来发展的重要方向，只有这样才能使旅行社从根本上划清与零负团费的界线。

电子商务不仅仅是增加一个销售渠道，它关系到旅行社的信息化程度；自由行不仅仅是新的市场定位，它包含了现代企业服务链条及意识的提升；目的地服务则不仅仅是地接，它是对传统服务方式的颠覆。以往旅行社打包式的服务将被这些碎片化的服务取代。这一在国内旅行社业还仍处于萌芽或者雏形状态的服务形式，在发达国家的旅行社业已经发展相当成熟了。

对于OTA来说，可以靠投入巨资在搜索引擎排位上来获取流量，通常这笔花费可以占到OTA整体营业收入的10%以上。在他看来，传统旅行社是不可能这么做的，否则只有死路一条。因为OTA的资金不仅来源于风投分期的投入，还可以通过上市或者并购获取。但是传统旅行社都是自有资金，因此，只能利用已有资源和进行成本控制来争取流量。

因此，传统旅行社要想利用互联网思维谋变，就要不断向产业链的上游和下游延伸，将联系资源变为掌控资源。有的旅行社投资景区，有的旅行社做酒店，而上海春秋创立了自己的航空公司，这些都是转型升级的重要内容。

此外，传统旅行社还可以依靠对服务质量的掌控，将优势资源巩固。上海春秋的邮轮旅游之所以能取得游客满意度98.2%的成绩，很大程度上就源自领队的优异服务。根据游客反馈，在所有的评分项中，领队的得分项最高，甚至超出了对邮轮本身的评价。而这些，也正是因为上海春秋作为一家大社，在多年的经营过程中，积累了丰富的经验。毫不夸张地说，上海春秋的领队具有临危不乱、刚毅果敢的能力。

未来，上海春秋的目标是用旅行社互联网思维武装，以信息技术为工具，打造具有旅游服务"外形"的新型企业形态。

对于旅游业来说，中小型旅社具有一定的灵活性和机动性，可以更好地满足细分市场和潜在市场的需求，而且可以避免行业内的垄断，是很有存在的必要的。国内专家学者普遍认为，中小旅行社只有走资源整合之路，走电子商务之路，和一些大型的分销网站或者第三方服务平台进行合作，走一条互助共赢之路才能走出被时代淘汰的结局……

（资料来源：https://mp.weixin.qq.com/s/KpfBajEDYBXvLqOTeLzr4A）

5. 营销方式体验化

《哈佛商业评论》预言体验经济时代即将到来。旅游休闲业是体验经济中的一个重要部门。体验就是企业以服务为舞台，以商品为道具，以消费者为中心，创造能够使消费者参与、值得消费者回忆的活动。

体验经济是更人性的经济，它使人摆脱消费异化，进入一种在性质上比工业生活方式更高一个文明层次的生活方式。周岩把体验营销理解成"它培育健康、爱、关怀等人类真正需求的生命文化体系。它引爆人们心中的欲望，指向特定产品以及以产品为载体的新生活方式，通过体验行销、直复营销、组织经营和循环服务四大策略来创造群体需求，激发消费时尚"。

伯恩德·H. 施密特，是把体验当作营销体系来研究的第一人。他把美学体系引入营销实践，抓住了体验问题的本质。伯恩德·H. 施密特的《体验式营销》指出了体验经济革命的基本出发点："体验式营销人员明白顾客同时受感情和理性的支配。"体验式营销，实际就是对"情感"支配的需求的系统开发对策。

体验式营销体系，由一个坐标系组成。X 轴是 SEMS（战略模块），Y 轴就是 ExPros（战术工具）。第一维（X 轴）是阿西姆·安萨利教授首先提出的战略体验模式（Strategie Experimental Modules, SEMs）将体验分解为感受体验（Sense）、情感体验（Feel）、创造性认识体验（Think）、身体体验和全部生活方式（Act）、社会特性体验（Relate）5 个分支。

第二个维度（Y 轴）体验战术工具由交流、信誉、产品、品牌、环境、网络和人组成。两者形成纵横交叉关系，通过"体验表格"这个网络，形成了以消费者为中心的需求流。芝加哥大学心理学系来哈利·思科琴特米哈伊提出 Flow（流）这一概念，流是对生活的最美好的体验和享受。流在大脑中"找寻意义"终极目标是"把生活汇集成流动的体验"。体验式营销同时意味着"消费流程最重要"。

任务二　旅游产品促销方法

一、KOL 促销

（一）KOL 促销的概念

KOL 即关键意见领袖（Key Opinion Lender，KoL），指在相关领域有权威和影响力的人、媒体或者组织，正拥有众多认同和信任其观点和理念的拥护者。KOL 的粉丝黏性较强，其价值观等方面被多数粉丝认同。粉丝们对 KOL 的推荐是带有信任度的，粉丝会真正地阅读、点赞以及分享推荐。在互联网和社交媒体时代，旅游大 V、旅游达人等 KOL 的体验经验，成为消费者选择旅游产品和酒店的重要参考依据，而 KOL 推荐也成为一种新兴的促销方式，吸引着越来越多的企业。

KOL 促销即企业选择符合品牌定位、与其目标客户价值观匹配的 KOL，并和这些 KOL 共同策划相应的社交媒体互动传播方案，使企业的品牌和潜在目标客户建立联系，以提升品牌、潜在客户获取和推广销售产品。

（二）KOL 促销的特点

在社交媒体渠道中，KOL 指具有号召力、影响力和公信力的账号，这类账号的运营者具有某圈层的专业知识，有高质量的且有见地的内容，吸引了众多粉丝。对于旅游业，直接相关的 KOL 账号包括美食类和旅游类，间接相关的账号涵盖需要针对其用户和会员提供增值服务的第三方公司，如银行的信用卡部。除了 KOL 这个名称，还有网红、主播、大 V 等类似概念的称呼。在严格定义上，这些称呼有点区别。例如，KOL 侧重于在某个垂直领域的权威性，而网红带有娱乐性，但二者在本质上都属于影响力促销。KOL 促销的特点主要有以下几个方面。

1. KOL 的选择决定 KOL 促销的成败

从 KOL 所拥有的粉丝数量，可以将 KOL 分为头部 KOL、腰部 KOL 和长尾 KOL。从 KOL 所在的领域，可以将 KOL 分为明星类 KOL、垂直类 KOL 和泛娱乐类 KOL。

头部 KOL 的粉丝群体量大，可以为酒店及旅游企业广泛而快速地引流，但价格昂贵；长尾 KOL 体量小，但费用低，可以同时合作多个长尾 KOL 以获得快速扩收效果；腰部 KOL 性价比较高。明星类 KOL 能够迅速引爆话题，泛娱乐类 KOL 传播信息多样化，垂直类 KOL 更容易获得用户信任。

2. KOL 所在平台不同，促销策略不同

KOL 活跃在不同的媒体平台上，比如微信、微博、头条、抖音、小红书、映客、淘宝直播、马蜂窝、喜马拉雅等。这些社交媒体平台的内容呈现方式和互动形式都不一样，玩法也不一样。比如，微博的 KOL 促销形式是话题讨论；抖音是创意短视频；小红书是商品推荐和种草。酒店及旅游企业要根据促销目标、目标客源的特征和产品属性选择合适的媒体平台。

3. KOL 促销模式不断变化，KOC 更值得旅游企业重视

在传统媒体时代，社会名人就是 KOL，比如孔子就是中国文化最大的 KOL。随着互联网的出现和不断发展，KOL 不再是名人的专利。互联网传播平台的快速发展使 KOL 促销平台和促销模式多样化，KOL 促销越来越商业化，因此，加上社交媒体平台的时效性短，要从 KOL 渠道获得理想的投资回报越来越难。关键意见消费者（Key Opinion Consumer，KOC）促销已开始得到营销界的重视。普通消费者只要在某个圈子或者领域中有影响力或者专业性，且通过社交媒体获得朋友圈好友的认同和拥护，就会成为有一定影响力的、得到其朋友圈信任的、能够带动朋友圈潜在消费者购买的人。KOC 所发出的内容可能比较粗糙，却代表了一个真实而普通用户的看法，容易在同理心的角度影响其朋友圈中的消费者。

对于旅游者，分享旅游体验是内在的需求。在朋友圈中发出的亲身经历的旅游体验、亲自拍摄的旅游照片和旅游过程中的评价，会吸引很多朋友的点赞和评论，并潜移默化地影响这些朋友。因此，旅游企业要重视 KOC 的促销。难点在于如何发现合适的 KOC 以及如何进行沟通和管理。不同点在于，KOL 可以通过商业合同约束其责任和义务，但对作为消费者的 KOC，合作模式是不可控的。

寻找 KOL 可以用一些指标来衡量，但是选择 KOL 却无法参照单一指标。比如，通过数据分析技术可以了解旅游企业微信公众平台上的内容分享数据，并确定传播源头和传播层级，但能否将这个传播者判定为 KOL 还需要结合其他经验分析。

（三）KOL 促销的实施步骤

1. 确定 KOL 促销目的

首先要确定 KOL 促销目的，常见的 KOL 促销目的有四种。

（1）形象推广：企业可以通过 KOL 以文字、短视频、直播等内容呈现形式广泛传播其品牌，让更多潜在用户了解企业的品牌、文化、产品、服务、社会贡献等。

（2）产品和活动促销：企业可以通过 KOL 宣传产品和活动促销，吸引更多的潜在用户对企业产品和服务产生购买欲望，并乐于将自己的产品推荐给亲朋好友。

（3）危机公关：企业面临侵权他人或者被他人侵权的事件时，通过 KOL 发声，从正面宣传自己的形象以避免不必要的损失，这往往比企业发声明更令人信服。

（4）用户沟通：KOL 的粉丝群体是企业的潜在目标客户群，企业可以通过 KOL 和这些潜在用户沟通，倾听他们的声音和反馈意见。

2. 选择合适的 KOL

并非所有的 KOL 投放都能产出与投入相匹配的价值，这就需要企业选对 KOL。企业要根据自身的促销目的、产品类型和预算选择合适的 KOL，了解 KOL 擅长的领域以及在该领域是否有成功案例尤其重要。选择 KOL 的方式有以下三种。

（1）通过新榜、清博等新媒体大数据平台和第三方评估机构寻找 KOL：在这些平台上可以根据地域和行业查询 KOL 的新媒体账号运营数据，如相关账号的总阅读数（含头条、平均、最高）、总点赞数。适合企业的类型有旅游和美食两大类。在这些平台上找到目标 KOL 后，可以关注其社交媒体账号，然后通过账号上留下的联系方式直接和 KOL 沟通。

（2）关键词搜索：在个人微信账号搜索框中输入相应的关键词，看有多少好友关注了这类账号，然后再逐个查看其所发内容的阅读量、点赞量及粉丝评论情况。

（3）同行调研：调研同行企业，了解他们是否有 KOL 渠道合作以及合作效果。

无论通过什么方式寻找 KOL，都要分析 KOL 以往案例的推广效果，综合分析

KOL 各方面的表现，除了阅读量、点赞数、转发、评论等基础数据外，互动水平、互动情感领向、转发层级、KOL 回复质量等也成为筛选 KOL 账号的判断指标。

3. 确定 KOL 促销活动方案

选择合适的 KOL 后，企业需要与 KOL 共同确认促销活动方案，制订有创意的营销计划。不能直接让 KOL 照搬企业已经确定的促销计划，因为每位 KOL 都有自己擅长的内容，也最了解粉丝的关注点和兴趣点。促销活动方案包括促销推广形式、具体操作进度、企业配合内容、预估阅读量、点赞量、分享量，在确定所有信息之后，签署合同确保双方的利益。

KOL 促销以内容作为推广主体，内容的呈现方式非常多样化，总结如下。

（1）选择能够体现企业形象或产品的图片并配上合适的文字内容，由 KOL 进行发布。

（2）KOL 本人使用产品，或者以产品为中心进行创意创作，最终以文案或视频的形式表达 KOL 对产品的喜爱并强烈推荐给粉丝用户，以此吸引更多的潜在用户产生购买欲望。

（3）KOL 可以根据企业品牌或产品的背景设计故事（如果已有故事的，可以根据原型故事再创作），让企业品牌或产品的形象更加立体化、人性化，给产品设计故事的同时，也表达了某种特殊意义或者情感等。

（4）KOL 可以在日常生活场景里出现，可以采用脱口秀的形式，也可以采用放情节形式 KOL 在某个瞬间巧妙地引出产品，可以一本正经地讲述，也可以夸张地推荐，这些可以视 KOL 最擅长的形式而定。

（5）制作网络上易于传播的视频，如情感触动、幽默恶搞魔性歌曲等形式，让 KOL 根据对产品的定义和理解进行自由的创作，并选择合适的平台进行传播。

4. 设计 KOL 促销的创意内容

在确定促销活动方案后，就需要进行内容的创意设计。内容的创意设计和制作可以由 KOL 负责，也可以由企业与 KOL 合作。利用 KOL 推广时，需要考虑消费者的真实需求，在文案方面避免过度强调品牌，因为用户忠诚度越高的 KOL 发布"硬广"，越容易引发粉丝的抵触心理。KOL 的推广内容设计要谨慎。设计文案时可以利用相关热门话题，以用户需求为中心，定制更具针对性和趣味性的内容。KOL 与粉丝交流的内容往往与其专业领域相关，KOL 分享的企业产品内容最好不要脱离其领域。KOL 促销的成功取决于其分享内容的质量，高质量的内容有利于企业的二次推广。

5. 设置落地页，承接 KOL 带来的流量

落地页指潜在用户点击广告或者推广链接后进入的第一个页面。在 KOL 进行推广前，要在内容中为推广方案设置带参数的二维码或者专属的 URL 地址，链接到专门制作的落地页，以承接 KOL 促销带来的流量，并在落地页中吸引用户进行下一步行动，如填写表单、订购产品。

6. 实施 KOL 促销活动

对整个促销活动来说，策划的实施才是最关键的一环。对策划营销活动的企业来说，能否让营销方案中的各项措施落到实处，能否让促销目的得到真正的实现将直接影响促销活动的效果。另外，促销活动的实施是对活动方案的检验，能够帮助发现方案中的不足，可以及时地对活动进行调整和控制，也能为今后更好地进行促销策划积累经验。促销活动的实施包括内部培训、活动启动以及活动调整和控制。

7. 推广效果分析

在促销活动实施中和实施后，要对 KOL 促销推广效果进行跟踪监控，分析相关数据。从落地页访问数量、访问时长、成交数量、新用户数量、转化率和跳出率等方面总结 KOL 的推广效果。

| 实训任务 |

根据本章所学到 KOL 寻找方法，寻找旅游和美景领域的微信 KOL，并关注 KOL 微信公众平台，然后从其历史发文中查找与酒店产品相关的推文。最后分析文案特点、行动召唤方式、落地页质量、阅读量、点赞量和留言等数据。

二、直播促销

随着移动互联网的飞速发展，直播越来越受企业的欢迎，通过直播可以提升人气，获得流量。在全民直播时代，通过互联网和社交媒体，体验即便是普通人也有机会通过直播成为网红。直播冲击了以往的促销引导模式，加速颠覆了企业的促销

模式。2020年，新冠肺炎疫情全球大流行，直播促销成为众多企业摆脱困境、获得生存机会的重要方法。

（一）直播促销的概念

直播促销指在PC端和移动端平台上以视频实时直播方式，进行品牌推广和产品销售的互动促销方法。直播在发展之初，往往是个人秀场，用来提升直播者的知名度。但随着消费者观看直播的习惯变化，直播逐渐成为企业的新宠。淘宝网是最早布局直播的电商平台。2015年后，直播促销逐渐从PC端转到移动端，直播平台竞争激烈，主流直播平台包括YY、映客、虎牙、六间房、花椒、斗鱼、微博直播、火山小视频等。

直播促销结合了短视频营销、社群营销、口碑营销、事件营销、电商促销等特点，打通了品牌、用户、交易和社区等要素。直播促销的模式包括在直播间插入视频广告、主播分享推荐产品、明星或者网红参与产品体验活动、电商卖家秀等。

（二）直播促销的特点

1. 实时互动，视听体验更精彩

在旅游业，直播促销的实时发挥特征让人感觉更真实，且主播能够与直播围观用户进行现场互动。与单向输出信息的图文模式相比，主播在直播时也充当导游和客服的角色，能够解答用户的疑问，或者根据用户要求个性化地展出或推荐旅游产品，以此带来更加良好的观看和互动体验，从而在潜在用户心中留下良好的品牌印象，在直播过程中将潜在用户转化为订购者。在视听效果上，直播除了比传统的文字、图片和视频更加生动外，还能结合视频特效带来更加精彩的视听体验。用户在观看直播时可以随时参与互动，和主播及其他用户不断地实时交流，发弹幕吐槽或者献花打赏，甚至一起改变节目的进程。

2. 用户有持续的参与感

旅游产品不同于实物产品，旅游产品多为虚拟产品，有人文服务体验的属性。直播可以让用户有身临其境的参与感，并且在优秀主播的引导下，这种参与感是线性持续的、立体的，可有效地集中用户注意力。

3. 聚集有共同兴趣的用户，目标精准

直播促销依托网络直播平台，吸引志趣相同的用户前来围观，不受地域限制。用户在观看直播时，需要在特定的时间段进入播放页面，这种播放时间的限制，能够真正识别并精准抓住目标人群。每一次直播都有突出的主题，每一位主播都有擅长的垂直细分领域，能够让有共同兴趣或需求的用户聚集观看并进行互动，通过互相感染、情感共鸣，诱发用户的从众心理。对企业而言，可以一次面对有共同爱好甚至需求的群体，建立品牌情感联系，精准定位用户客群。此外，通过围观用户互动、点赞和打赏的数据来判断和锁定目标用户，可以使直播促销的效果更好。

4. 形成感官刺激，达到"品效合一"目的

直播促销的"土壤环境"日益完善。一方面，移动端直播平台的普及、互联网速度的提升、直播工具（如手机、无人机）价格的平民化，这些都为直播提供了低成本的解决方案；另一方面，直播技术，如虚拟现实技术、图像识别、语音技术等突飞猛进，视听效果和互动效果不断提升。直播促销给用户带来优质的视觉和听觉体验，形成更直观、更全面的感官刺激，同时，植入广告与购买链接，将流量"变现"，达到追求品牌推广和转化效果的"品效合一"目的。

（三）直播促销的实施步骤

1. 确定目标市场并进行需求调研和分析

任何促销活动都要首先确定目标细分市场，并调研和分析选细场用户的特征和需求。直播促销也不例外。直播促销是向大众推销企业品牌，这就需要通过市场调研来了解目标市场用户需求，以便在直播过程中更好地聚合有相似或相同需求和爱好的潜在客户并通过直播互动将其转化为成交用户。

不同性别、地域、年龄阶段、身份、人生阶段的用户对旅游及产品的需求不同，在直播平台上的选择和对内容的偏好也不同。因此，首先要确定直播的受众群体，然后分析其需求。市场调研时，需要了解目标市场用户观看直播的频率、选择直播的平台、关注的内容及喜欢的主播类型等，然后从用户的购买习惯、购买记录、用户年龄段、用户地域分布等方面进行数据分析，从用户思维角度了解直播内容是否能够满足用户的需求。一旦确定精准的目标市场和精准的目标用户，就可以在之后

的直播目标和创意上做到有的放矢，吸引更多的用户参与，获得更多的收益。

2. 根据直播目标选择合适的直播平台和主播

对于直播活动，首先确定好目标，是以增加粉丝和流量为主要目标，还是要以订单转化为主要目标？如果以获取流量为主要目标，要在内容上进行精心而有创意的策划；如果以订单转化为主要目标，则要提供诚意足够的优惠。目标不同，内容创意不同，选择的直播平台和主播也不一样。

直播平台也有其定位，例如，斗鱼直播和虎牙直播侧重于游戏直播，淘宝直播侧重于电商，YY 直播、映客直播侧重于泛娱乐。因此，选择合适的直播平台很重要，事先要分析直播平台的定位和用户特征是否匹配旅游业的客户群。除了第三方直播平台外，企业也可以采购营销自动化直播平台，将直播平台搭建在企业的微信公众号中，这样做的好处是可以采集直播前、中、后的所有数据，形成用户画像，并在直播后和参与直播的用户进行个性化互动。

直播过程中的主播尤其重要，主播要能够熟悉网络聊天、性格活泼、语言幽默、反应敏捷、自我调节能力强，同时，主播要镜头感强，喜欢与人沟通、善于调节气氛，具备与直播内容相关的知识或经验，旅游直播就是在潜在用户中"种草"。要在用户心目中成功"种草"，旅游主播本身要熟悉行业，具有丰富的旅游业产品和运营知识。对于网红直播，要注意网红的知名度并非能保证良好的销量。粉丝对网红的"追捧"并不意味着相信网红推荐的商品。

3. 准备直播场景

旅游直播的场景分为室外和室内。室外场景是在旅游景点或者酒店内，而室内场景是在直播间内。室外直播要事先踩点，做好相关素材准备、拍摄的机位等，并和直播地的工作人员甚至旅游者提前对接好。室外直播的不可控因素较多，天气、设备故障、人为干扰等都会对直播有影响，需要提前准备好相应的预案。

室内直播以"主播头像+视频图片资料"为主要形式。这种形式在旅游直播中常用。主播在直播过程中，屏幕下方滚动播出旅游目的地的视频或者图片资料。

无论是室外，还是室内直播，内容的创意都会影响收看人数、"吸粉"效果、粉丝活跃度和转化率。旅游直播的内容选择要考虑社会热点、时间热点和旅游者的兴趣点。例如，在春季寻找花开满园的地点直播，在秋季选择满山秋色的地点直播，在夏季选择海边沙滩直播，在冬季选择白雪皑皑的滑雪场地直播。

旅游者特别关注一场直播的内容是否能够带来文化、景观等方面的友好感官体验。对直播时用的文稿、主播等人的运动轨迹、出镜事物的调度进行提前准备，并进行彩排演练。

在直播形式方面，要考虑是单一镜头直播、多机位直播还是多直播间联动；在直播工具方面，要根据直播形式准备好摄像机、三脚架、手机、无人机、充电器、插排、导播台、补光设备、摄像机、无线网络或移动流量卡、话筒、提词器、展示道具等。

4. 准备直播内容

直播成功的关键之处在于最后呈现给受众的内容。在整个内容方案设计中需要市场和销售人员共同参与，使产品和服务在促销和视觉效果之间做到平衡。在直播过程中，过度促销往往会引起观众的反感，在设计直播内容方案时，如何把视觉效果和促销方式融合非常重要，旅游直播的内容方案可以从四方面进行准备。

（1）直播内容的文化性。旅游主播的职责是将旅游目的地的独特卖点及其文化价值呈现给观众，将真实的感受传递给观众。旅游直播往往边走边拍，并配以体验项目，充分展示旅游目的地的文化特色、风土人情、文化故事，以引起观众的情感共鸣。

（2）直播内容的趣味性。直播要将旅游目的地的文化性等复杂的话题内容，通过大众熟悉和喜欢的方式表达出来，并加入一些趣味元素，如趣味口令红包，让话题互动充满趣味性。

（3）直播内容的创意性。在直播内容设计上要能另辟蹊径，给用户带来耳目一新的感觉，这样才能吸引用户持续关注直播活动。要精心策划直播封面、标题和内容，以提高直播间的点击率。直播间点击率越高就说明越受用户欢迎，也因此容易获得直播平台的推荐。

（4）直播内容的合规性。直播内容的准备还要注意遵守相关行为规范。2020年，中国广告协会发布了《网络直播营销行为规范》，对直播商家、主播等直播营销参与者在电商平台、内容平台、社交平台等网络平台上以直播形式向用户销售商品或提供服务的网络直播促销活动制定了行为规范。

此外，直播的实时性和互动性给旅游业带来了便利的同时，也带来了一定的风险因素。比如，直播过程中随时可能受到观众的吐槽和质疑，这可能对直播活动造成不良影响。直播过程中的风险还包括：观众对企业服务水平、服务态度、产品质量、主播形象等问题的抱怨。针对企业高管或相关人员进行人身攻击、恶意差评、恶意刷屏、讨论敏感话题或与竞争对手进行比较等。在直播内容准备方面，要对直播过程中的突发事件准备好预案和应对措施。

5. 直播互动和转化环节的设计

（1）直播前预热。成功的直播活动离不开预热。除了通过直播平台向粉丝预告，还包括通过其他社交媒体平台、社群、短信或电子邮件，线下服务场所，员工及嘉宾进行活动预热。企业要在开设了官方账户的其他社交媒体平台上，如抖音、微信公众号、微博等，提前进行直播活动广告，方式包括内容推送和消息推送；对有短信和电子邮件用户列表的企业，通过短信或者电子邮件向用户发布直播活动；不少企业在日常的社交媒体营销过程中，有微信群、QQ群等社群，都可以进行直播活动信息的传播；旅游及景区的线下服务场所要通过纸质宣传品、电子屏进行直播活动宣传；更重要的是，要发动员工、直播嘉宾转发消息，共同为直播活动预热。

（2）直播中的转化环节设计。旅游直播促销的最终目的是服务于转化收益，主播最重要的任务是为企业产品带来销量。因此，直播促销的转化流程策划很重要。例如，在直播过程中，产品购买链接何时发送？在哪些场景和时间段重复出现购买链接？在直播店铺的购物车中，商品的数量不能太多，以免影响用户的选择。主推的产品要在排序上靠前，而且主播在直播过程中要不失时机地提及重点产品，提高用户关注度。为了确保转化率，播出时长、预告时间点、播出内容、播出话术都要精心策划。在直播过程中要吸引用户进行点击购物车、点赞、评论、加购等行为，以帮助提升直播间互动频次。直播间的互动效果越好，直播账号的权重越高。因此，主播要引导用户多进行互动。常用的互动方法包括直播前暖场互动，邀请客户进入直播间；直播中的问答互动或有奖互动，让主播在首播预热、刺激分享、关注时长、人数突破等节点发放福利。

（3）直播后的用户跟进。直播活动的结束并不是直播促销的结束，而是一个新的开始。要对直播前和直播中的客户进行跟进，促进更多的订单转化。跟进方式包括人工跟进和促销自动化跟进。促销自动化跟进是通过数据驱动，分析直播过程中用户的行为，判断用户对产品的态度，然后对不同的用户采取不同的跟进措施，比如通过定期发放优惠券、特惠产品等方法吸引粉丝留存。通过对直播后的活动管理，有效留住粉丝，就可以在后续的直播活动中获得更多用户的青睐。流量越多，直播转化效果就会越好。

6. 直播活动结束后的反馈收集和总结优化

在直播平台上，直播间开直播频次越多，开播时间越长，直播账号的权重就越高。因此，直播促销不是一次性的，而是周期性开播，保证一定场次的直播，并且每场直播的时长也要注意，不能太短。为了不断提升直播促销的效果，需要在每一场直播活动后，对直播过程中的数据和用户反馈进行收集和分析。包括分析参与直播的人数和属性；分析直播环节的用户互动情况，包括用户点赞、打赏的数量；分析最终的成交量等。也可以对参与直播的用户进行调研，倾听用户的意见，以便及时进行方案调整。

总而言之，直播促销的最终目的是获取收入。直播间的交易流水越高，直播间的权重越高。所以，要根据后期的数据及反馈，不断进行方案调整和优化。

| 实训任务 |

选择一个移动端直播平台，注册直播账号，以某个旅游目的地为对象，按照本节中的知识点和步骤进行一次室内直播。

三、短视频促销

| 知识链接 |

在数字化浪潮的推动下，旅游景区的促销策略正经历着一场革命。抖音，这个日活用户数亿的平台，已经成为文旅行业不可忽视的营销新阵地。观看《从11个"网红"案例，看旅游景区如何利用抖音做营销》，试分析短视频促销的策略与技巧。

（1）重庆洪崖洞：凭借其独特的巴渝传统建筑特色和与《千与千寻》中油屋相似的夜景，洪崖洞在抖音上迅速走红，游客量激增至1200万，超过了故宫的游客量。

（2）河南宝泉旅游区：通过打造"宝泉郁金香节"和"抖音区域互动赛"，宝泉旅游景区成功吸引了大量游客,相关视频播放量破亿,成为中原地区的旅游热点。

(3)北京野生动物园:利用抖音平台的直播和短视频,北京野生动物园向用户传递了动物们的可爱形象,疫情期间通过抖音实现了1900多万元的销售额。

(4)西安大唐不夜城:以盛唐文化为背景,大唐不夜城通过抖音用户@皮卡晨的"不倒翁小姐姐"表演,吸引了无数游客,成为2019年抖音播放量最高的景点。

(5)贵州焕河村:一个"85后"年轻人通过抖音账号"黔东农仓"和"古村乐乐",将焕河村的特产、美食和风景推向全国,使这个小村庄成为"网红打卡地"。

(6)河南老君山:凭借其独特的雪景,老君山在抖音上迅速走红,成为冬季旅游的热门目的地。

(7)西安摔碗酒:永兴坊的"摔碗酒"通过抖音平台的传播,成为西安的网红产品,每天吸引成千上万的游客前来体验。

(8)四川稻城亚丁:因为电影《从你的全世界路过》而成为抖音上的热门景区,稻城亚丁以其震撼的自然风光和藏传佛教的神秘传说,吸引了大量游客。

(9)江西武功山:通过抖音上的"江西旅游Rap"神曲和云海美景视频,武功山成为旅游爱好者的新宠。

(10)青海茶卡盐湖:被称为中国"天空之镜"的茶卡盐湖,通过抖音上的摄影挑战活动,迅速提升了知名度。

(11)武汉欢乐谷:通过抖音平台的短视频运营和直播售卖门票,武汉欢乐谷实现了线上到线下的全场景数字化经营。

(资源来源:https://mp.weixin.qq.com/s/auwWSvC5zMTnHcogB4zVfA 行业报告智库:从11个"网红"案例,看旅游景区如何利用抖音做营销?)

(一)短视频促销的概念

短视频促销是企业借助时长在几分钟内的短小精练视频对品牌,产品和服务进行推广的营销方法。短视频指在各种新媒体平台上播放的、适合在移动状态和短时休闲状态下观看的视频内容,时长从几秒到几分钟不等,横版短视频一般在5分钟以内,竖版短视频一般在1分钟以内。短视频短小精练、传播速度快,制作门槛相对较低,社交属性强,容易受到人们的喜爱。这使短视频应用层出不穷,用户数量不断上升。除娱乐功能,短视频借助短、新、快、奇的特点,逐渐成为旅游行业的一大有效营销手段，企业利用快手、抖音这些短视频App开展短视频促销，进行品牌传播、引流获客和商品销售，也带火了很多旅游目的地。

短视频"带货"转化的能力不可小看。作为一种立体、直观，并结合声响、动作、表情的多媒体营销工具，容易让观众在视觉、听觉上得到强烈的刺激，从而让观众产生浓厚的兴趣。以抖音、快手为代表的短视频平台提供了电商功能，让观众边看边购。

短视频促销与直播促销都属于通过视频这一媒介进行促销，但两者之间有一定的区别和联系。

1. 短视频促销与直播促销的区别

（1）直播促销具有实时性，必须在一定时间到直播平台上进行观看，可以与主播进行实时互动；短视频是通过线下录制视频再上传到短视频平台，没办法对用户的评论进行及时反馈。直播促销可以边看边买，实时变现，也可以接受来自用户的虚拟礼物进行变现；短视频的变现则主要是靠广告植入。

（2）直播过程考验及时的反应能力，而短视频考验更多的是表演能力。

（3）直播促销更注重推广和互动，短视频则注重内容质量。在短时间内制作一部含广告的高质量短视频绝非易事，质量不高则无法获得短视频平台推荐或用户转发，没有获得推荐、转发就没有流量（在短视频平台付费推广的除外）。

2. 短视频促销与直播促销的联系

短视频促销可以和直播促销相结合，取长补短。比如，可以剪辑直播过程中的精彩片段，直播结束后，在短视频平台进行二次发布。也可以先通过短视频获得用户关注，然后将短视频的流量转化为直播促销所用，通过直播来获取收益。

在视频促销方面，除了短视频和直播，Vlog（Video Blog，即视频播客）也得到越来越多年轻用户的青睐。Vlog是由个人创造的、具有较完整故事性和真实情节的视频版博客。Vlog的长度不一，但需要有较高的编导、摄像、编辑能力。

（二）短视频促销的特点

1. 社区化和垂直化

一个短视频社交平台就是一个网络社区，用户可以进行留言和点赞等互动。用户感到视频内容有趣和新奇时，可以效仿视频内容承制上传，也可以发起热点话题引起更多用户关注，从而使话题在社区内不断发酵、传播，成为热点话题。但对于企业的短视频促销，不能在内容方面太多元化，短视频账号中的话题要注意内容的垂直性。抖音鼓励经营者聚焦在专业领域。旅游类的短视频账号必须将内容定位在旅游领域，酒店的短视频账号必须将内容定位在与酒店产品和服务特色及优势相关的方面。此外，作为一种"社区"，要重视风格的系统性和特色性，短视频账号的封面、背景颜色、文字都要给用户留下独特的印象。

2. 适合"种草"并有持续性引流效果

大众阅读习惯碎片化特征越来越明显，通过短视频了解新闻、获取信息大大节约了时间。目前，"90后"和"00后"成为短视频主流用户，他们更易接受短视频这种娱乐化的方式，年轻人制作的搞笑类视频，都会带来很高的浏览量并带来诸多粉丝关注。

因此，短视频能够快速地在用户心目中"种草"，且能有效地抓住用户注意力和碎片化时间。优质的短视频会有持续性引流的效果。短视频平台的展示规则是将用户感兴趣的内容主动推向合适的用户。以抖音为例，如果视频内容优质，点赞、转化、评论比较理想，抖音平台会分配一定的流量资源。如果在分配的流量中再次得到用户的认可，抖音平台会分配更多的流量资源。

3. 以优质内容和原创性取胜

创造优质内容是短视频促销的核心。在移动互联网和社交媒体时代，内容和广告的边界越来越模糊。短视频账号正处在用户流量和用户时间资源的争夺时期。能够创造好的内容，才能吸引流量并实现营销的目标，这要求短视频内容要有原创性。在抖音，短视频能够成功打造网红景点的关键因素是其优质原创的视频内容，包括极具特色的景点、吸引人的活动、当地特色美食等。如果是把其他短视频"盗版"到自己账号中，短视频平台可以识别且不会分配流量资源。

4. 活跃度和互动度是关键

优质的短视频容易获得更多的点赞、评论、转发以及更高的完播率，这样就能得到平台更多的流量资源。此外，完播率（看完整个视频的用户比例）对活跃度和互动程度有影响。视频的长度要根据目标用户设计，并非越长越好。短视频账号的运营者要重视用户互动，并安排专人负责运营。

（三）短视频促销的实施步骤

企业开展短视频促销：第一步首先要确定好促销定位，通过对目标客户群和竞争对手分析来确定账号的定位；第二步，选择合适的短视频平台注册账号并对账号图文信息进行"美化"；第三步，短视频内容的创意和发布；第四步，对短视频内容的推广；第五步，将短视频和电商运营结合，实现最终的转化目的。

1. 确定短视频的促销定位

随着越来越多的旅游企业开展短视频促销，要获得短视频平台的推荐流量以及占据用户更多的"碎片化"时间面临诸多挑战。差异化营销是企业获取成功的主要策略，短视频促销也需要这个策略。在旅游行业，亲子游、情侣游、养生旅游、美食体验等都是在抖音等短视频平台上受欢迎的主题，旅游企业需要根据自身独一无二的卖点和熟悉的专业领域确定好短视频的促销定位。

2. 注册账号并"美化"账号图文信息

短视频行业日益激烈的竞争，给企业提供了更多的选择。在我国市场以抖音和快手为代表。短视频平台在用户区域、用户特征以及内容推荐算法方面有差异。旅游及景区在选择短视频平台的时候需要先对其进行调研和分析，或在互联网上查询相关分析数据。

确定好短视频平台后，进行账号注册。建议企业进行官方认证。以抖音平台为例，通过企业认证后，会得到官方蓝标认证，并在账号头像的右下角出现蓝色的钩号。此外，蓝V企业认证的抖音账号，还具有外链跳转和联系电话功能。外链跳转可以跳转到企业官方网站或者指定的HS页面，而点击官方电话，就可以直接拨打企业电话。这些功能可以提升转化率。此外，短视频账号的首页信息，包括账号名称、头像、背景墙、个性签名等，这些是企业在短视频平台上给用户的第一印象，需要精心设计，突出其独特卖点和定位。

3. 短视频内容的创意和发布

旅游业的产品和服务不缺乏内容素材和独一无二的卖点，但是再好的产品、服务和卖点，在短视频促销上，也需要有创意的内容策划和制作，包括剧情策划、角色扮演、音乐搭配、精美的剪辑、标题的设计。

短视频策划要注重视频的开头和结尾。如果一个短视频不能在开始的前 3～5 秒吸引用户的眼球，用户就会离开。因此，必须精心策划短视频的前 3～5 秒的内容，并配上热门或者应景的音乐。短视频结尾的策划技巧会影响用户是否关注账号，在视频的结尾要设计好用户关注的引导用语。在视频内容策划上，在结尾部分埋设悬念也可以有效地吸引用户关注。

在短视频拍摄和剪辑方面，在移动端应用商店中有很多简单易用的工具可以下载。在拍摄方面，短视频平台自带的拍摄功能越来越多，包括大眼、瘦脸、磨皮等各种特效和道具；在文字方面，也有很多文字动画视频工具，一键制作文字动画视频；在视频剪辑方面，有不少移动端软件可以比短视频平台提供的剪辑功能更加强大，包括文字编辑、录音、更多特效。

在短视频的发布时间方面，午饭后、下班时间、睡前、周末、节假日都是用户刷手机的高峰时间。在这些时间段发布短视频，获得用户的点击率比较高。

4. 短视频内容的推广

短视频需要全渠道的推广，首先，鼓励企业员工通过自己的社交账号分享转发；其次，通过企业管理的各种社交媒体账号推荐；最后，可以购买一些展示数量来提升短视频的播放量和互动量。比如，"DOU+"是抖音平台推出的自助式"视频加热"工具，可以付费推广社交媒体平台上的短视频，获得更多的曝光次数。"DOU+"支持智能推送和自定义推送两种模式。自定义推送可以选择企业所在区域的方圆 6 公里范围内进行推送，对企业非常有帮助。

5. 结合电商运营和广告推广策略，实现产品和服务转化目的

实现产品和服务的转化是短视频促销的主要目的之一。在抖音平台上，可以在企业的抖音号中放上淘宝店铺的链接。此外，抖音还提供抖音小店，方便企业入驻开店。

企业除了自己开展短视频营销，还可以和短视频平台进行广告合作，实现产品推广的目的。比如，抖音提供品牌广告、竞价广告、达人合作和挑战赛四种广告方式。品牌广告是抖音 App 的开屏广告和信息流广告；竞价广告指按照每千人视频曝光量（CPM 模式，Cost Per Mille）、每次点击付费广告（CPC 模式，Cost Per Click）、

每次行为成本（CPA 模式，Cost Per Action）或者 OCPM（Optimized Cost Per Mille）模式进行广告投放。

达人广告实际上是 KOL 促销。抖音提供星图平台，方便企业直接通过星图平台找到合适的 KOL，进行品牌推广合作。

| 实训任务 |

在抖音短视频平台上，根据关键词"旅游"或者"景区"搜索开通了官方认证账号的企业。选择粉丝数量在 1 万以上的认证企业账号，然后观看这些企业的置顶短视频，并讨论这些短视频在内容创意和制作方面有哪些值得学习的地方。

四、秒杀促销

（一）秒杀促销的概念

秒杀促销指企业以限量、限时、限价和更大让利的方式，营造抢购的机制与氛围，刺激消费者在同一时间内到指定互联网平台上抢购产品，以获得更多曝光率、流量、粉丝和会员的营销方法。

秒杀促销并不仅仅是超低价销售，更重要的是通过秒杀活动吸引目标客户，并引导客户在参与秒杀活动的同时购买更多产品。

在移动互联网和社交媒体时代，秒杀活动内容的分享只需要通过"分享到朋友圈""发送给朋友"。这种便捷性和用户分享心态使得秒促销有了更快的传播速度和更广泛的触达人群。

不少企业在设计秒杀促销的活动规则时，还会设计传播机制和奖励体系上刺激用户。比如，对用户转发秒杀活动，业绩给予佣金奖励，这种利益驱动手段的确能够促使大众消费群体在社交圈层中进行传播。

（二）秒杀促销的特点

1. 有严格的规则和条款限定

秒杀促销有严格的规则限定，包括秒杀时间、秒杀产品、秒杀队数量、秒杀价格和秒杀条款。

在秒杀条款上，如果考虑不周密，有可能会引发巨大的"损失"，比如，曾经有商家忘了对用户秒杀产品的数量进行限制，导致个别用户以超低价格购买大量产品。而根据《中华人民共和国民法典》的规定，客户提交订单并支付相应价款后合同成立并生效。

2. 能够快速引爆市场

秒杀促销是事件营销的一种形式，能够引起在用户群体中的快速传播。如果能够选择正确的活动日期、结合热点事件、营造活动氛围、开展社群营销，秒杀促销就能够快速引爆市场。

对于有种子用户的企业，秒杀促销活动的引爆市场能力就更强。通过种子用户的影响力和自我传播的动机，为其获得更多新的用户。

3. 对活动的策划和组织有较高的要求

要成功地开展秒杀活动，需要精心策划，并注意以下方法。

（1）选择正确的活动日期

时间节点是影响活动传播效果的重要因素。秒杀活动的理想日期包括节假日、电商购物日、特定群体的节日和纪念日。

（2）结合热点事件

热点事件本身是另外一种形式的"天时"。秒杀活动如果能够将活动和热点事件关联，借势策划促销活动，引爆市场的成功率会大幅提高。

（3）营造活动氛围

活动日期和热点事件是外部因素，对活动氛围的营造是内部可控因素。在活动前需要广泛宣传预热，可引发用户的期待，提前锁定流量；在活动中需要不断造势，进一步激发活跃度和紧迫感。

4. 开展社群促销

建立秒杀活动的相关社群，在活动预热阶段和实施阶段，不断壮大社群人数，并组织在社群中通过内容推荐、话题互动、福利发放等形式，营造良好的社群氛围，沉淀一批种子用户，并通过这批种子用户的积极传播引爆整个市场。

5. 秒杀促销的效果和风险并存

秒杀促销以远低于客户预期的价格引爆市场，如果对参与活动的客户资格没有要求，就可以开展无差别的促销，但所获得的客户可能大多数是"价格敏感型"客户，其对企业的忠诚度还没有建立起来。因此，企业需要在秒杀活动后采取相应的策略提高用户的留存率。

特别值得注意的是，对以服务质量为生命的旅游业来说，如果对秒杀活动的客户降低服务质量，或者因为参与活动人数太多而影响服务质量，则在网上会出现更多负面点评，这就让促销效果适得其反，让企业事与愿违。

因此，秒杀促销对企业是把"双刃剑"，一定要预先确定好促销目标、客源定位、服务质量和售后服务标准。

（三）秒杀促销的步骤

1. 确定促销目标和客源定位

秒杀促销能够使企业的互联网销售平台在短时间内聚集大量人气，在访问量剧增的同时增加产品销量，并对企业的知名度提升有显著的作用。但秒杀活动由于折扣力度太大，对以经营服务品质为特点的旅游业来说，并不能作为常态。因此，是否开展秒杀促销，需要根据企业的营销目标而定，并根据营销目标确定合适的人群。秒杀活动的目标如下。

（1）引流拉新，即通过秒杀活动获取新的客户；

（2）成交转化，即通过秒杀活动实现产品销售目标；

（3）客户留存，即针对老客户的优惠促销，提升客户忠诚度；

（4）以爆款带动更多产品销售，通过秒杀爆款或者单款产品，带动其他产品的销售。

2. 秒杀活动的策划

企业秒杀活动的策划主要包括时机策划、产品策划、数量策划、定价策划、秒杀条款、推广渠道策划、内容策划、秒杀失败细节策划、用户连接和数据收集策划这几个部分。

（1）时机策划。给秒杀活动设计一个理由并选择一个有意义的日期，这样比较容易引起客户的注意并获得客户的认可。在旅游业的会员日、新产品发布日、节日时促销都是比较好的。秒杀时间包括推广预热时间和秒杀活动时间。推广预热时间不能太长，以免客户遗忘，并要设置好客户提醒时间。秒杀活动时间要考虑流量的高峰时间，比如，早晚上下班时刻、午餐和晚餐前后、睡前。也可以根据产品的属性设置秒杀时间，比如，在餐前进行自助餐秒杀。

（2）产品策划。秒杀产品的选择也会决定活动成功与否。首先，要考虑产品能否满足消费者的需求。如果产品不具有吸引力，即便价格再低，成交转化效果也会不理想。有广泛需求的大众化产品或者当季时令性产品更容易获得消费者的欢迎。如果是小众产品，就很难引发大量的抢购。此外，尽可能选择新产品或者改款产品进行秒杀，以免让老客户出现心理不平衡。选择新品进行秒杀，则会让老客户感觉受到照顾。此外，还要策划好非秒杀产品。秒杀促销的目的之一是通过爆款或者单款产品的秒杀带动更多产品的销售。也就是说，参与秒杀的产品只是"诱饵"，同时给用户推荐其他产品。因此，在页面布局上，不能将秒杀产品全部堆砌在一起，容易让用户忽视非秒杀产品。此外，还可以推出"满就送""满就返"等优惠措施促使用户购买更多产品。

（3）数量策划。参与秒杀活动的产品配额数量要有限制，不能太少或者太多，数量太少，太多的消费者抢不到，就会对活动失去兴趣甚至信任；数量太多，又会让人感觉不是先到先得，就会对活动不珍惜，此外，特别要注意对单个用户的购买数量限制。

（4）定价策划。一定要通过秒杀活动的产品定价让消费者感到商家有足够的诚意。但价格并非越低越好，否则赔本赚吆喝，只要足够低于消费者的预期即可。价格还可以根据活动主题而定，比如某产品在"520"电商"情人节"期间，定价为5.20元；在"双十一"期间，定价为11.11元。

（5）秒杀条款。对于活动的条款，要考虑好参与秒杀活动的客户的资格、支付条件和退款要求，产品使用要求等条款，避免产生对正常经营的影响。

（6）推广渠道策划。为了以最大效果引爆市场，秒杀促销活动的全渠道传播很重要。推广传播渠道要包括自有媒体渠道，比如官方网站、官方社交媒体账号、店内海报；合作媒体渠道，比如合作活动的社交媒体账号；付费媒体渠道，比如KOL。

（7）内容策划。秒杀活动的内容策划要注意标题、文案、图片。标题符合"4U"法则，即要让用户感到紧迫感（Urgent）、独特性（Unique）、实际用处（Useful）和具体性（Ultra-specific）。标题要突出优惠力度等关键信息，让消费者感到"过了这个村就没这个店"。图片的选择也非常重要，要以清晰展示产品主图，并能突出产品细节为佳；图片背景要简洁干净，有美感。特别注意图片、字体不要侵权。在文案布局上，要注意"行为召唤"按钮和文字的策划，让用户看完文案就可以立即点击购买，从而实现"品效合一"。

（8）秒杀失败细节策划。对于没有抢到秒杀产品的用户，如果仅提示用户购买失败，这不但会给用户不好的体验，而且有可能失去用户。因此，除了在规则中对秒杀的条件进行说明外，还可以给用户推荐其他优惠产品或者提醒用户下一次秒杀活动的时间。

（9）用户连接和数据收集策划。秒杀活动通常会给企业带来显著的流量，但这些用户还没有对其产品和服务形成黏性。必须在活动后与其互动。因此，将用户连接到移动端或者微信端，对用户进行消费和行为数据采集并打上相关标签就非常关键。为秒杀活动建立用户微信群，引导关注秒杀活动的用户通过识别二维码加入活动群，这也不失为一个好办法，但是要安排专人维护这个活动群。

3. 通过活动预热打造促销氛围

活动预热是秒杀活动能够引起用户关注的关键。除了在自有媒体，合作媒体和付费媒体渠道进行推广，还需要发动企业的员工和亲朋好友进行朋友圈宣传，对朋友圈分享有贡献的用户可以进行奖励。

在活动前，用户会了解活动的内容和规则，虽然活动尚未开展，但因为已经产生了流量，所以，需要在秒杀活动的详细页面介绍中搭配一些推荐产品，以提高其他产品的曝光率和展示效果。

4. 秒杀活动实施

在秒杀活动开始前，要检查和测试系统设置是否正确无误，包括秒杀时间、秒杀物品、秒杀数量、参与秒杀人员的资格和次数。并对秒杀过程中可能出现的问题做好预备方案。

在秒杀活动开始后，要对秒杀产品的库存进行实时关注。如果在活动开始几分钟内所有产品都被秒杀一空，页面上都是抢购完毕的提示，这会使用户体验较差。因此，需要对产品库存销售的时长进行控制。

5. 秒杀活动的后续管理

在秒杀活动后，要对秒杀活动的用户数据进行分析。特别是对秒杀活动带来的新用户，由于是超低价格引流，用户对企业的品牌美誉度和忠诚度还没有形成，这时需要用更多的会员运营手段提高新用户的留存和复购率。

实训任务

拓展旅游产品促销的方式

1. 实训目的

通过本次实训，学生能根据旅游产品的制定选择恰当的促销策略。

2. 实训要求

着眼于学生学校或家乡的旅游资源，在网上对旅游公司和景区开展促销的案例进行收集、分析，并根据本节所学的知识点汇总并制定自身所需的促销策划内容。

3. 实训材料

纸张、笔、计算机、互联网及书籍资料等。

4. 实训步骤

（1）选择自己熟悉的旅游资源。

（2）网上收集案例及资料。

（3）分析该旅游资源的特点，根据目标客户群体需求从利用大数据进行旅游产品促销的角度来设计营销方案。

5. 成果与检验

每位学生的成绩由两部分组成：学生实际操作情况（50%）和分析报告（50%）。实际操作主要考查学生完成拓展服务渠道的实际动手操作能力；分析报告主要考查学生根据资料分析，列举服务种类、归类，以及设计服务渠道实现方式的合理性，分析报告建议制成PPT。

项目八　大数据营销管理

◆ **学习目标**

知识要求

1. 掌握大数据营销管理的特点。
2. 理解大数据对营销管理的影响。
3. 掌握大数据营销管理的变革、策略。

技能要求

能熟练运用大数据营销管理的相关理论。

◆ **职业素养目标**

培养学生认真细致的工作作风。

任务一　大数据时代的营销管理

|案例|

星巴克大数据营销管理

在大数据时代，星巴克作为全球知名咖啡连锁品牌，积极利用大数据实现精准营销。

一、大数据收集与整合

星巴克通过门店销售系统、移动应用程序、社交媒体平台、在线调查和会员反馈等多渠道收集海量数据，包括交易信息、个人信息、偏好设置、消费历史、意见评价等。这些数据被整合到统一大数据平台，经过清洗、去重和标准化处理后，利用数据仓库和挖掘技术存储分析,为客户洞察奠定坚实基础。

二、个性化推荐与体验

星巴克的奖励计划和移动应用拥有数百万活跃用户,为个性化推荐提供依据。系统记录用户口味偏好、饮品温度和容量选择等。例如,分析发现30%用户早晨爱买热拿铁加榛果糖浆,25%用户下午爱喝冰美式。POS系统能通过智能手机识别客户,咖啡师提供个性化服务。"数字飞轮"计划结合多种因素推荐食品饮料,如天气炎热时向热咖啡用户推荐冰咖啡或星冰乐,温度超30摄氏度冰咖啡推荐成功率提高40%;工作日早晨推荐咖啡搭配三明治等套餐,节假日推荐特色季节性饮品糕点,圣诞节姜饼拿铁和圣诞蛋糕推荐点击率高出50%;位置不同推荐内容也不同。在优惠推送方面,星巴克基于用户数据精准营销,对近期未消费客户发送定制优惠,个性化优惠推送使40%未消费用户一周内再次到店,早晨时段专属优惠使销售额提高30%。

三、新店选址

星巴克利用数据智能选址,采用 Esri 开发的工具 Atlas,考虑与其他门店邻近度、人口统计数据和流量模式。如某繁华商业区虽有三家门店,但人口密度增长快、消费能力高、交通便利,星巴克仍在此开设新门店。分析区域年龄分布等因素,针对年轻白领群体在写字楼或购物中心附近开店并提供座位和高速网络,该策略使新门店销售额前三个月平均增长45%。分析交通流量等确定位置,地铁站附近门店30%客流量来自通勤人群,销售额超预期20%。合理选址使整个区域门店销售额平均增长15%。

四、产品创新与扩展

星巴克决定提供家享产品时,大数据发挥关键作用。收集门店饮品订购数据并结合家庭消费行业报告,了解市场趋势和需求。如南瓜拿铁秋冬受欢迎销量高,冰咖啡夏季销量上升,据此推出罐装南瓜拿铁饮料、南瓜味咖啡粉和咖啡豆,以及即饮冰咖啡饮料和冷萃咖啡包。相关产品推出后销售额超预期,带动其他产品销售,开拓新市场领域,提升品牌影响力和竞争力。

总之,星巴克通过大数据在营销管理的各个方面实现精准决策,为顾客提供卓越体验,因此,在竞争激烈的市场中保持领先地位。

(资料来源:根据网络资源汇总整理)

一、大数据时代营销活动管理的特点

（一）数据驱动决策

大数据时代的营销活动管理更加依赖数据驱动决策。企业通过收集、分析大量的消费者数据、市场数据和竞争对手数据，能够更加准确地了解市场动态、消费者需求和竞争对手策略，从而制定更加科学、合理的营销活动决策。

（二）精准定位

目标客户利用大数据技术，企业可以对消费者进行更加精准的细分和定位。通过分析消费者的行为数据、兴趣爱好、消费习惯等信息，企业可以将目标客户细分为不同的群体，针对不同的群体制定个性化的营销活动策略，提高营销活动的针对性和有效性。

（三）实时监测与调整

大数据技术使得营销活动的实时监测和调整成为可能。企业可以通过实时收集和分析消费者的反馈数据、营销活动数据等信息，及时了解营销活动的效果和存在的问题，并根据这些信息及时调整营销活动策略，提高营销活动的效果。

（四）跨渠道整合营销

大数据时代，消费者的行为和决策越来越受到多个渠道的影响。因此，营销活动管理需要更加注重跨渠道整合营销。企业可以通过整合线上线下渠道、社交媒体渠道、移动渠道等多个渠道的数据，实现对消费者的全方位覆盖和精准营销。

二、大数据对营销管理的影响

（一）市场调研

传统的市场调研方法往往存在样本量小、成本高、时效性差等问题。而在大数据时代，企业可以通过互联网、社交媒体等渠道收集大量的用户数据，进行更加全面、准确的市场调研。如可口可乐通过分析社交媒体上的用户评价和反馈，了解口味偏好和需求，改进创新产品。监测数据了解消费者对不同口味、包装设计、营销活动的反应，根据地区反馈推广新口味，调整包装策略。还利用大数据分析消费场景和行为习惯，制定精准营销策略，如夏季加大冷饮市场推广力度，体育赛事期间推出限量版包装。

（二）目标客户定位

大数据技术可以帮助企业更加精准地定位目标客户。通过对用户数据的分析，企业可以了解用户的年龄、性别、地域、兴趣爱好、消费习惯等信息，从而将目标客户细分为不同的群体，针对不同的群体制定个性化的营销策略。亚马逊通过分析用户购买历史和浏览记录，将用户细分为不同兴趣群体，推荐个性化商品。分析用户搜索行为和购买意向，提前预测需求，推荐相关商品。通过电子邮件、手机推送等方式发送个性化促销信息和商品推荐，提高购买转化率。

（三）精准营销

精准营销是大数据时代营销管理的核心。通过对用户数据的深入分析，企业可以了解用户的需求和行为模式，从而向用户推送个性化的营销信息，提高营销效果。阿里巴巴在精准营销方面成效显著。通过分析用户购物行为和偏好，推荐个性化商品和促销活动。利用大数据分析用户社交关系和口碑传播，进行精准社交营销，鼓励用户分享购物体验和商品评价，扩大品牌的影响力。

（四）客户关系管理

大数据技术可以帮助企业更好地管理客户关系。通过对用户数据的分析，企业可以了解用户的满意度和忠诚度，及时发现用户的问题和需求，采取有效的措施进行解决和满足。招商银行是中国领先的商业银行之一，其在客户关系管理方面充分利用了大数据技术。招商银行利用大数据技术管理客户关系。通过分析用户交易记录和行为习惯，提供个性化金融服务和产品推荐。分析用户投诉和建议，改进服务质量，提高满意度和忠诚度。定期进行满意度调查，根据反馈意见改进服务。

（五）大数据对营销活动管理的影响

1. 营销活动策划阶段

（1）市场调研更精准

在大数据时代，企业可以通过收集和分析大量的消费者数据、市场数据和竞争对手数据，进行更加精准的市场调研。例如，企业可以通过分析消费者的搜索行为数据、社交媒体数据等，了解消费者的需求和痛点，为营销活动策划提供更加准确的依据。

（2）目标客户定位更准确

利用大数据技术，企业可以对消费者进行更加精准的细分和定位。通过分析消费者的行为数据、兴趣爱好、消费习惯等信息，企业可以将目标客户细分为不同的群体，针对不同的群体制定个性化的营销活动策略，提高营销活动的针对性和有效性。

（3）创意策划更有针对性

大数据可以为营销活动的创意策划提供更多的灵感和依据。通过分析消费者的行为数据、兴趣爱好、消费习惯等信息，企业可以了解消费者的需求和痛点，从而制定更加有针对性的创意策划方案，提高营销活动的吸引力和影响力。

2. 营销活动执行阶段

（1）个性化营销更精准

在营销活动执行阶段，企业可以利用大数据技术实现个性化营销。通过分析消费者的行为数据、兴趣爱好、消费习惯等信息，企业可以为消费者提供个性化的产品推荐、促销活动、服务等，提高消费者的满意度和忠诚度。

（2）实时监测与调整更及时

大数据技术使得营销活动的实时监测和调整成为可能。企业可以通过实时收集和分析消费者的反馈数据、营销活动数据等信息，及时了解营销活动的效果和存在的问题，并根据这些信息及时调整营销活动策略，提高营销活动的效果。例如，某餐饮企业通过在线点餐系统收集用户反馈，及时调整菜品和促销策略。

（3）跨渠道整合营销更高效

在大数据时代，消费者的行为和决策越来越受到多个渠道的影响。因此，营销活动管理需要更加注重跨渠道整合营销。企业可以通过整合线上线下渠道、社交媒体渠道、移动渠道等多个渠道的数据，实现对消费者的全方位覆盖和精准营销。以某服装品牌为例，该品牌通过整合线上线下、社交媒体、移动等渠道数据，提高品牌知名度和销售转化率。

3. 营销活动评估阶段

（1）评估指标更科学

大数据技术可以为营销活动评估提供更加科学的评估指标。通过分析消费者的行为数据、反馈数据、营销活动数据等信息，企业可以制定更加科学、合理的评估指标体系，全面、客观地评估营销活动的效果。如电商企业引入用户留存率、活跃度、口碑等指标，全面评估活动效果。

（2）评估结果更准确

利用大数据技术，企业可以对营销活动的效果进行更加准确的评估。通过分析大量的消费者数据、市场数据和竞争对手数据，企业可以了解营销活动对消费者行为和决策的影响，以及营销活动在市场中的竞争力和影响力，从而得出更加准确的评估结果。如手机品牌分析用户购买行为、社交媒体和竞争对手数据，了解市场情况，调整改进活动。

（3）经验总结更有价值

大数据技术可以为营销活动的经验总结提供更加有价值的信息。通过分析营销活动的数据和评估结果，企业可以总结出营销活动的成功经验和不足之处，为今后的营销活动策划和执行提供更加有价值的参考。如化妆品公司分析活动数据，总结成功经验和不足，为今后活动提供参考。

三、大数据时代营销管理的变革

（一）营销理念的变革

在大数据时代，营销理念从以产品为中心转变为以客户为中心。企业不再仅仅关注产品的功能和特点，而是更加关注客户的需求和体验。例如，小米手机的 MIUI 系统就是根据用户的反馈不断地进行优化和升级的。同时，小米还通过社区营销和粉丝经济，建立了良好的用户关系，提高了品牌忠诚度。

（二）营销模式的变革

大数据时代的营销模式从传统的广告营销、促销营销转变为精准营销、内容营销、社交营销等新型营销模式。小红书通过分析用户的内容偏好和行为习惯，为用户推荐个性化的内容和商品。同时，小红书还利用社交营销，通过用户的口碑传播和分享，提高了品牌知名度和美誉度。

（三）营销组织的变革

大数据时代的营销组织需要更加灵活、高效。企业需要建立跨部门的营销团队，整合市场、销售、技术等部门的资源，共同推进营销工作。腾讯建立跨部门营销团队，整合市场、销售、技术等资源，他们密切合作制定策略，如，推新游戏时各尽其责，大幅提高了腾讯的营销效率和效果。

四、大数据时代营销管理的策略

（一）建立大数据营销平台

企业应建立大数据营销平台，整合内部和外部的数据资源，实现数据的统一管理和分析。大数据营销平台应具备数据采集、存储、分析、挖掘等功能，为营销活动管理提供强大的数据支持。某大型零售企业建立大数据营销平台，整合多类数据实现全面采集和统一管理。策划阶段分析用户数据提供精准定位和建议；执行阶段实时监测提供调整优化建议；评估阶段分析数据提供科学指标和准确结果。

（二）培养大数据营销人才

大数据时代的营销活动管理需要具备数据分析、数据挖掘、营销策划等多方面技能的复合型人才。企业应加强对大数据营销人才的培养和引进，提高企业的大数据营销能力。企业可以通过内部培训、外部招聘、与高校合作等方式，培养和引进大数据营销人才。例如，企业可邀请专业人士培训员工以提高数据分析和营销策划能力；招聘有经验人才充实大数据营销团队；与高校合作开展人才培养项目，为企业储备优秀大数据营销人才。

（三）数据驱动的营销决策

企业应建立数据驱动的营销决策机制，将大数据分析结果作为营销决策的重要依据。例如，京东建立庞大数据分析团队，分析用户购买历史、浏览记录等数据了解需求偏好，分析市场数据掌握竞争对手策略和动态，及时调整策略。如，在销售旺季，依据用户需求和市场趋势加大商品推广力度。

（四）精准定位目标客户

企业应利用大数据技术，精准定位目标客户。滴滴出行通过分析用户的出行数据和行为习惯，将用户细分为不同的出行需求群体，为用户提供个性化的出行服务。同时，滴滴出行还不断优化目标客户定位模型，提高定位的准确性和精度，提高了营销效果和用户满意度。

（五）个性化的营销服务

企业应提供个性化的营销服务，满足客户的个性化需求。星巴克通过分析用户的消费记录和偏好，为用户提供个性化的饮品推荐和优惠活动。同时，星巴克还通过移动应用程序为用户提供便捷的点餐和支付服务，提高了用户体验和满意度。

（六）有效的客户关系管理

企业应加强客户关系管理，提高客户满意度和忠诚度。海尔通过建立客户关系管理系统，对用户的需求和反馈进行及时处理和回应，提高用户满意度和忠诚度。

（七）创新营销模式

企业应不断创新营销模式，适应大数据时代的市场变化。抖音通过创新的短视频营销模式，吸引了大量用户的关注和参与同时，还加强与品牌商家的合作，共同打造营销生态系统，实现了互利共赢。

（八）加强数据安全管理

大数据时代，数据安全问题日益突出。企业应加强对数据的安全管理，采取有效的数据加密、访问控制、备份恢复等措施，确保数据的安全。企业可以通过建立数据安全管理制度、加强员工数据安全意识培训、采用先进的数据安全技术等方式，加强数据的安全管理。

五、大数据时代营销管理的挑战与应对

（一）数据安全与隐私保护

大数据时代，数据安全和隐私保护成为企业面临的重要挑战。企业需要加强数据安全管理，采取有效的数据加密、访问控制、备份恢复等措施，确保数据的安全。

苹果公司通过加强数据安全管理，采取了严格的数据加密和访问控制措施，保护用户的隐私。此外，苹果还遵守相关的法律法规，积极回应用户的隐私关切，提高了用户的信任度和满意度。

（二）数据质量问题

大数据中存在大量的噪声数据和错误数据，影响数据的质量和分析结果的准确性。企业需要建立有效的数据质量管理体系，对数据进行清洗、去噪、验证等处理，提高数据的质量。百度公司通过建立数据质量管理体系，对数据进行清洗、去噪、验证等处理，提高了数据的质量和分析结果的准确性。

（三）人才短缺问题

大数据时代，企业需要具备数据分析、数据挖掘、营销策划等多方面技能的复合型人才。然而，目前市场上这类人才相对短缺，企业需要加强人才培养和引进，提高企业的人才竞争力。阿里巴巴通过建立人才培养体系，加强对内部员工的培训和培养，提高员工的数据分析和营销策划能力。

（四）技术创新问题

大数据技术不断发展和创新，企业需要不断跟进技术的发展趋势，采用先进的大数据处理技术和工具，提高数据处理的效率和准确性。腾讯的大数据团队会密切关注大数据技术的发展动态，及时引入新的技术和工具。同时，腾讯还加强了技术创新，开发了适合自身业务需求的大数据应用系统，为企业的营销管理提供了强大的技术支持。

六、利用大数据提高营销管理效果的方法

（一）数据收集与整合

企业要广泛收集各种数据来源，包括内部数据（如销售数据、客户数据、库存数据等）和外部数据（如社交媒体数据、行业报告、竞争对手数据等）。通过数据整合平台，将这些分散的数据进行整合，形成一个统一的数据视图，为后续的分析和决策提供基础。例如，一家零售企业可以通过整合线上线下的销售数据、会员数据、社交媒体上的用户评论和互动数据等，全面了解客户的购物行为、偏好和需求。这样可以更好地制定营销策略，提高客户满意度和忠诚度。

(二)数据分析与挖掘

利用先进的数据分析工具和技术,对整合后的大数据进行深入分析和挖掘。可以采用数据可视化、机器学习、人工智能等技术,发现数据中的潜在模式、趋势和关联,为营销决策提供有力支持。例如,通过对客户购买历史的分析,可以发现客户的购买周期、偏好品牌、价格敏感度等信息,从而制定个性化的营销方案。通过对社交媒体数据的情感分析,可以了解客户对产品或品牌的态度和情绪,及时调整营销策略,提高品牌形象。

(三)个性化营销

基于数据分析的结果,企业可以为客户提供个性化的营销服务。通过电子邮件、短信、移动应用等渠道,向客户推送个性化的产品推荐、促销活动和优惠信息,提高客户的参与度和购买转化率。例如,亚马逊根据客户的浏览历史和购买记录,为客户提供个性化的商品推荐,大大提高了客户的购买转化率。

(四)实时营销

大数据技术使得企业能够实时收集和分析数据,从而实现实时营销。企业可以根据客户的实际行为和需求,及时调整营销策略,提供个性化的服务和优惠。例如,当客户在电商平台上浏览某一商品时,系统可以实时推荐相关的商品和促销活动。

(五)营销效果评估与优化

利用大数据对营销活动的效果进行实时评估和分析,及时发现问题和不足,进行优化和调整。可以通过关键绩效指标(KPI)的设定和监测,如点击率、转化率、客户满意度等,评估营销活动的效果。例如,企业可以通过分析电子邮件营销的打开率、点击率和转化率,评估邮件内容和发送时间的效果,进行优化和调整。

七、大数据时代营销管理的未来发展趋势

(一)人工智能与机器学习的应用

随着人工智能和机器学习技术的不断发展,它们将在大数据时代的营销管理中发挥越来越重要的作用。人工智能可以实现自动化的数据分析和决策,提高营销效

率和效果。机器学习可以通过对大量数据的学习,不断优化营销模型和算法,提高预测的准确性和个性化推荐的质量。例如,智能客服机器人可以通过自然语言处理技术,理解用户的问题和需求,提供快速准确的回答。智能营销助手可以根据用户的行为和偏好,自动生成个性化的营销方案和推荐内容。

(二)物联网与大数据的融合

物联网技术的发展将使更多的设备和物品连接到互联网,产生大量的实时数据。这些数据与传统的大数据相结合,可以为营销管理提供更加丰富和准确的信息。例如,通过物联网设备收集用户的生活习惯、健康状况等数据,可以为健康食品和运动品牌提供更加精准的营销机会。

(三)区块链与大数据的融合

区块链与大数据的融合将成为未来营销团队管理的重要发展趋势。区块链可以通过去中心化、不可篡改等技术,实现对营销团队管理数据的安全存储和共享,提高数据的安全性和可信度,为营销团队管理提供更加可靠的数据支持。

任务二 大数据时代下的营销团队管理

|案例|

华为的营销团队管理

华为作为全球领先的通信技术企业,在大数据时代下的营销团队管理方面也取得了显著的成效。

一、大数据支持的团队组建

华为利用大数据分析技术,对营销人员的能力和素质进行评估,组建了一支高素质的营销团队。例如,华为通过分析营销人员的简历数据、绩效数据、学习行为数据等,了解营销人员的专业技能、工作经验、团队协作能力等信息,从而挑选出最适合企业营销岗位的人才。

二、精准的培训与发展

华为为营销人员提供了精准的培训与发展计划。通过分析营销人员的绩效数据、学习行为数据、职业发展需求数据等，华为为每个营销人员制订了个性化的培训计划和职业发展路径。例如，对于市场分析能力不足的营销人员，华为为其提供了市场分析培训课程；对于客户关系管理能力有待提高的营销人员，华为为其提供了客户关系管理培训课程。

三、有效的激励与绩效评估

华为通过大数据技术，实现了对营销人员的有效激励和绩效评估。华为根据营销人员的绩效数据和贡献度，为其提供了丰厚的奖金和提成，同时还为其提供了晋升机会和培训资源。华为通过实时收集和分析营销人员的工作数据、销售数据、客户反馈数据等，对营销人员的工作表现进行评估，为其提供及时的绩效反馈和改进建议。

（资料来源：根据网络资源汇总而成）

一、引言

在大数据时代，数据已成为企业最宝贵的资产之一。大数据技术的出现为营销团队管理带来了前所未有的变革，使企业能够更加精准地了解市场需求、优化营销策略、提高营销团队的绩效。因此，深入研究大数据时代下的营销团队管理具有重要的理论和实践意义。

二、大数据时代下营销团队管理的特点

（一）数据驱动决策

大数据时代下的营销团队管理更加依赖数据驱动决策。营销团队通过收集、分析大量的市场数据、客户数据和竞争对手数据，能够更加准确地了解市场动态、客户需求和竞争对手策略，从而制定更加科学、合理的营销策略。例如，某企业的营销团队通过分析大数据，发现客户对某一产品的需求在特定时间段内呈现明显增长趋势。基于此数据，营销团队迅速调整营销策略，加大对该产品的推广力度，取得了显著的销售业绩提升。

（二）精准团队组建

利用大数据技术，企业可以对营销人员进行更加精准的筛选和组建营销团队。通过分析候选人的简历数据、社交网络数据、职业测评数据等，企业可以了解候选人的专业技能、工作经验、性格特点、团队协作能力等信息，从而挑选出最适合企业营销岗位的人才。例如，某企业在招聘营销人员时，通过大数据分析发现，具有社交媒体营销经验、数据分析能力强、沟通能力好的候选人更有可能在营销岗位上取得成功。因此，企业在招聘过程中重点关注这些方面的候选人，组建了一支高素质的营销团队。

（三）个性化培训与发展

大数据技术使得营销团队的培训与发展更加个性化。通过分析营销人员的绩效数据、学习行为数据、职业发展需求数据等，企业可以为每个营销人员制订个性化的培训计划和职业发展路径，增强培训效果和提高员工满意度。例如，某企业的营销团队通过分析员工的绩效数据，发现部分员工在数据分析方面存在不足。针对这一情况，企业为这些员工提供了专门的数据分析培训课程，帮助他们提升数据分析能力，从而提高了整个营销团队的绩效。

（四）实时绩效评估与反馈

大数据技术使得营销团队的绩效评估更加实时和准确。通过收集和分析营销人员的工作数据、销售数据、客户反馈数据等，企业可以及时了解营销人员的工作表现，为其提供及时的绩效反馈和改进建议，提高营销团队的绩效。例如，某企业的营销团队通过实时分析销售数据和客户反馈数据，发现某一营销人员的销售业绩下滑，客户满意度降低。企业及时与该营销人员进行沟通，了解其工作中存在的问题，并为其提供针对性的改进建议和支持，帮助其提升销售业绩和客户满意度。

三、大数据对营销团队管理的影响

（一）营销团队组建阶段

1. 人才筛选更精准

在大数据时代，企业可以通过大数据分析技术，对大量的候选人数据进行筛选和评估，挑选出最适合营销岗位的人才。例如，企业可以通过分析候选人的简历数据、社交网络数据、职业测评数据等，了解候选人的专业技能、工作经验、性格特点、团队协作能力等信息，从而提高人才筛选的准确性和效率。

2. 团队结构更优化

大数据分析可以帮助企业了解营销团队的人员构成和能力分布，从而优化团队结构。例如，企业可以通过分析营销团队的销售数据、客户反馈数据等，了解团队中不同岗位人员的工作表现和贡献度，进而调整团队人员配置，提高团队的整体绩效。

（二）营销团队培训阶段

1. 培训需求分析更准确

大数据技术可以帮助企业更加准确地了解营销人员的培训需求。通过分析营销人员的绩效数据、学习行为数据、职业发展需求数据等，企业可以了解营销人员在哪些方面存在不足，需要进行哪些方面的培训，从而制订更加个性化的培训计划。

2. 培训内容更具针对性

基于大数据分析的结果，企业可以为营销人员提供更具针对性的培训内容。例如，对数据分析能力不足的营销人员，企业可以提供数据分析培训课程；对沟通能力有待提高的营销人员，企业可以提供沟通技巧培训课程。

3. 培训效果评估更科学

大数据技术可以为营销团队的培训效果评估提供更加科学的方法和指标。通过收集和分析营销人员在培训前后的绩效数据、学习行为数据等，企业可以了解培训对营销人员的工作表现和能力提升是否产生了积极影响，从而对培训效果进行客观、准确的评估。

（三）营销团队激励阶段

1. 激励措施更个性化

大数据分析可以帮助企业了解每个营销人员的需求和动机，从而制定更加个性化的激励措施。例如，对于追求物质奖励的营销人员，企业可以提供高额的奖金和提成；对于追求职业发展的营销人员，企业可以提供晋升机会和培训资源。

2. 激励效果评估更及时

大数据技术可以帮助企业实时监测营销人员的工作表现和激励效果，及时调整激励措施。例如，企业可以通过分析销售数据、客户反馈数据等，了解营销人员在受到激励后的工作表现是否有所提升，如果激励效果不明显，企业可以及时调整激励措施，提高激励的有效性。

（四）营销团队绩效评估阶段

1. 评估指标更科学

大数据技术可以为营销团队的绩效评估提供更加科学的评估指标体系。通过分析营销团队的工作数据、销售数据、客户反馈数据等，企业可以制定涵盖多个维度的评估指标，如销售业绩、客户满意度、市场份额、团队协作能力等，全面、客观地评估营销团队的绩效。

2. 评估过程更透明

大数据技术可以使营销团队的绩效评估过程更加透明。通过实时收集和分析营销人员的工作数据，企业可以让营销人员清楚地了解自己的工作表现和绩效评估结果，从而提高绩效评估的公正性和可信度。

3. 评估结果应用更广泛

大数据分析的结果可以为营销团队的管理决策提供更加全面、准确的依据。例如，企业可以根据绩效评估结果，对表现优秀的营销人员进行奖励和晋升，对表现不佳的营销人员进行培训和辅导，优化营销团队的人员配置，提高团队的整体绩效。

四、大数据时代下营销团队管理的策略

（一）建立大数据营销团队管理平台

企业应建立大数据营销团队管理平台，整合内部和外部的数据资源，实现对营销团队的全面管理和分析。该平台应具备数据采集、存储、分析、挖掘等功能，为营销团队的组建、培训、激励、绩效评估等提供强大的数据支持。

（二）培养大数据营销团队管理人才

大数据时代下的营销团队管理需要具备数据分析、团队管理、营销策划等多方

面技能的复合型人才。企业应加强对大数据营销团队管理人才的培养和引进,提高企业的营销团队管理水平。企业可以通过内部培训、外部招聘、与高校合作等方式,培养和引进大数据营销团队管理人才。

(三)加强数据安全管理

大数据时代,数据安全问题日益突出。企业应加强对营销团队管理数据的安全管理,采取有效的数据加密、访问控制、备份恢复等措施,确保数据的安全。企业可以建立数据安全管理制度,规范员工的数据使用行为;加强员工的数据安全意识培训,增强员工的数据安全防范意识;采用先进的数据加密技术、访问控制技术、备份恢复技术等,确保数据的安全存储和传输。同时,企业还应加强对第三方数据服务提供商的管理,确保其数据安全管理措施符合企业的要求。

(四)创新营销团队管理模式

大数据时代,营销团队管理模式需要不断创新。企业应结合大数据技术,探索新的营销团队管理模式,提高团队的绩效和竞争力。例如,企业可以采用敏捷营销团队管理模式,打破传统的层级结构,建立扁平化的团队组织,提高团队的决策效率和执行能力;企业可以采用数据驱动的营销团队管理模式,通过数据分析和挖掘,为营销团队的决策提供科学依据,提高团队的决策准确性和有效性;企业还可以采用社交化营销团队管理模式,利用社交媒体平台,加强团队成员之间的沟通和协作,提高团队的凝聚力和战斗力。

参考文献

［1］陈雪营．旅游市场营销［M］．桂林：广西师范大学出版社，2020.

［2］赖斌．旅游市场营销［M］．北京：高等教育出版社，2014.

［3］肖凭．新媒体营销实务［M］．北京：中国人民大学出版社，2021.

［4］谢文芳．市场调查与预测［M］．北京：电子工业出版社，2021.

［5］李享．旅游市场调查与预测［M］．北京：清华大学出版社，2019.

［6］罗茜．大数据分析基础［M］．北京：清华大学出版社，2024.

［7］刘鹏．大数据导论［M］．北京：清华大学出版社，2018.

［8］刘必强．旅游产品促销框架对旅游者购买意愿的影响研究［J］．旅游学刊，2022.

［9］裴书晗．从受众角度看"旅游+直播"［J］．合作经济与科技，2022.

［10］鲁芳．考虑产品体验性和营销努力的分销渠道合作策略研究［J］．中国管理科学，2020.

［11］秦飞．大数据助力文旅数字化精准营销．清研集团，2022.

［12］大数据背景下旅游营销创新模式研究之三——国内大数据与旅游营销研究智行同成．

［13］关注百姓．贵州旅游火爆出圈 从这些旅游发展数据看贵州经济发展信心．

项目策划：张文广
项目统筹：谯　洁
责任编辑：刘志龙
责任印制：闫立中
封面设计：中文天地

图书在版编目（CIP）数据

大数据分析与旅游市场营销 / 李建涛，冉桂林，侯红山主编；李得发等副主编 . -- 北京：中国旅游出版社，2025. 1. -- ISBN 978-7-5032-7507-4

Ⅰ. F590.82

中国国家版本馆 CIP 数据核字第 2024DW4908 号

书　　名：	大数据分析与旅游市场营销
作　　者：	李建涛　冉桂林　侯红山主编 李得发　刘　军　蒲成林　冯雪珊副主编
出版发行：	中国旅游出版社 （北京静安东里6号　邮编：100028） https：//www.cttp.net.cn　E-mail：cttp@mct.gov.cn 营销中心电话：010-57377103，010-57377106 读者服务部电话：010-57377107
排　　版：	北京中文天地文化艺术有限公司
印　　刷：	北京明恒达印务有限公司
版　　次：	2025年1月第1版　2025年1月第1次印刷
开　　本：	787毫米×1092毫米 1/16
印　　张：	17.75
字　　数：	283千
定　　价：	55.00元
ISBN	978-7-5032-7507-4

版权所有　翻印必究
如发现质量问题，请直接与营销中心联系调换